本书得到国家社科基金项目
“我国食品召回管理模式研究”（项目批准号：14BGL008）资助

中国食品召回管理模式研究

潘文军——著

FOOD RECALL MODEL IN CHINA

社会科学文献出版社
SOCIAL SCIENCES ACADEMIC PRESS (CHINA)

摘　要

作为保障食品安全的最后一道防线，召回管理能够有效预防与减少缺陷食品带来的危害。针对日益严峻的食品安全问题，我国已初步建立食品召回管理制度，以推动食品召回监督管理的规范化。目前，在战略运作层面和技术操作层面，我国食品召回管理理论体系研究相对滞后。食品召回需要科学性、系统性、高效性与经济性管理和运作，需要将理论与实践相结合，实现食品召回的经济效益与社会效益。因此，基于食品生产企业视角研究我国食品召回管理模式，有助于促进食品企业召回实施效率提升以及食品行业召回管理规范化。

本书遵循“理论研究→观察现象→探究机理→构建模型→提出对策”的逻辑思路，从社会价值与经济价值相结合角度研究我国食品召回管理模式，这与我国食品召回实践现状与发展趋势相吻合。食品召回管理模式的构建基于食品召回管理过程设计；食品生产企业是食品召回的责任主体，基于食品生产企业视角完善食品召回管理模式是实现食品行业召回体系设计的基础。本书的主要内容与结论如下。

1. 食品召回管理基本概念与基础理论梳理

针对现有食品召回理论研究更多侧重于食品召回法律规范与制度体系建设，以及食品召回制度与相关文献对食品召回基本概念的界定较为含糊等问题，梳理食品召回管理基础理论。基于食品召回制度与实践分析对食品召回管理的概念、对象、主体、条件、模式以及食品召回供应链类型与食品召回体系等进行界定；同时，梳理食品召回管理模式的基础理论，包括召回管理理论、食品供应链理论与供应链协作理论。

2. 我国食品召回制度与食品召回实践分析

食品召回制度是构建我国食品召回管理模式的基础，同时，解决当前食品召回实践存在的问题也是构建食品召回管理模式的目的。我国食品召回制度主要规范食品安全与召回政府监管部门的行为，相对缺失对召回主体即食品生产企业的召回管理的规范性要求，这也与当前我国食品召回实践中食品生产企业召回实施的触发、执行与结果的整体效果较差等问题相吻合。通过召回制度与实践分析设计召回管理模式有助于召回具体操作与管理决策的规范化，召回管理模式的设计也是召回体系构建的前提；召回体系基于供应链协作研究行业内组织管理、信息协作与物流优化等；召回管理模式和召回体系的设计与完善是食品召回高效实施的基础，也是食品召回制度落实的载体。

3. 我国食品召回管理模式框架设计

首先，分析食品召回的必要性，通过食品安全与召回影响因素分析，抽取与评判确定性风险因素和风险损失，明确有必要召回问题食品的特征。其次，用危害程度、经济效果与技术能力等指标衡量食品可召回性，并对我国主要食品种类可召回性进行测度；同时，食品生产企业需要具备组织协调、计划执行、信息沟通、物流支持、回收处理等能力以支撑其高效实施召回管理。再次，设计食品生产企业召回决策过程，决策过程需要食品召回管理操作程序支撑，也是食品召回管理模式设计的基础。最后，设计食品召回管理模式与食品召回体系的架构。食品召回管理模式是指食品生产企业召回实施全程控制的规程，而召回体系是指基于供应链协作理论的食品行业召回支撑体系，企业层面召回管理模式是食品行业层面召回体系设计的前提与支撑。

4. 食品召回管理网络研究

召回高效实施需要供应链主体间的组织协作、信息共享与物流支撑。召回管理中组织、信息、物流一起形成食品召回网络，并与召回管理模式、召回体系相适应。基于召回主体协作关系构建食品召回组织系统网络结构，并分析生产企业与物流企业的委托代理关系以及生产企业与监管部门的博弈关系。进行食品召回管理信息系统原型设计，侧重系统流程与功能模块设计。通过食品召回物流形成机制与流程分析，研究召回物流网络，并构建 LRP 模型解决召回物流的选址－路线安排优化问题。

5. 食品召回管理对策研究

首先，完善我国食品召回管理制度，保障食品行业召回顺利实践。其次，加强我国食品召回供应链管理，提高召回管理各主体能力。再次，优化我国食品召回管理模式，促进企业召回能力提升与召回效率提高。最后，加快我国食品召回体系建设，促进食品行业召回规范化发展。

对我国食品召回制度建设、食品企业召回管理模式、食品行业召回体系、食品召回管理策略等进行研究，促进我国食品行业召回监督与管理规范化，其中完善食品召回管理模式有助于增强食品企业召回管理的规范性与科学性以及提高我国食品召回实践能力。

关键词： 食品召回；食品安全；召回体系

目录
CONTENTS

第一章

食品安全问题催生食品召回管理研究

第一节　食品安全问题成为全社会关注焦点

一　召回成为防控食品安全风险的手段

食品安全是一个世界性的问题，不安全食品将直接导致食用者健康受损，含有有害细菌、病毒、寄生虫或化学物质的食品可导致从腹泻到癌症等200多种疾病。据2019年世界卫生组织（WHO）通报，估计全世界每年有6亿人因食用受污染的食品而患病，并有42万人因此死亡。食品安全问题给卫生保健系统造成巨大压力，同时带来连锁恶性影响，蔓延到零售、餐饮、出口、金融市场，甚至影响政府公信力与社会诚信。食品安全领域出了问题将有损一个国家旅游和贸易的顺利开展，由此阻碍国家经济社会发展。

针对当前食品安全存在的问题，业界与学界已在加强种植与养殖源头安全控制、强化企业诚信经营管理、加大政府监控力度、完善食品安全法律法规等方面达成共识，这些措施对控制我国食品安全事件发生发挥了积极作用。上述应对措施更多的是在事前与事中对食品安全进行检测、监督与把控，一旦食品安全事件发生，需要对大批量问题食品进行召回处理。作为食品安全控制的后续手段，实施食品召回能够避免或最大限度减少不安全食品对消费者与环境造成的危害，同时食品召回体系的完善与实施力度的加大，有助于食品生产企业树立安全责任意识，从而做到事前、事中与事后相结合的食品安全过程控制。召回是国际通行的产品安全管理制度，是消除企业已投放市场产品安全隐患的有效措施，是监管部门行使公权保障消费者不受产品缺陷伤害的最后一道防线。

二　我国食品召回制度逐步完善

召回制度最早出现在美国，并应用于汽车行业。1966 年 9 月美国颁布实施的《国家交通及机动车安全法》明确规定汽车制造商有义务召回缺陷汽车。此后，在玩具、化妆品、药品与食品等多个领域实施召回制度。目前实行召回制度的国家包括美国、加拿大、澳大利亚、英国、法国、德国、新加坡、日本、韩国以及中国等。实施召回制度有利于提高生产商和销售商的产品质量意识，规范市场竞争秩序。

2002 年 7 月，国家质量监督检验检疫总局（简称国家质检总局）以发布公告的方式开启了中国“第一召”，即对抽查出的问题产品予以强制收回。2009 年 6 月《中华人民共和国食品安全法》取代《中华人民共和国食品卫生法》，并首次在国家层面提出“建立食品召回制度”，同时强化了“企业主体责任的落实”。2015 年 4 月修订的《中华人民共和国食品安全法》在产品召回范围延伸与生产经营者的召回制度要求等方面进行了完善。《食品召回管理规定》[①] 与《食品召回管理办法》是我国有关食品召回的最直接的规章制度，明确了食品召回的责任主体、监管主体、召回类型与召回时限等内容。

三　我国食品召回实践存在的问题

因为食品召回管理涉及政府、食品经营企业、消费者、媒体等多个

① 2020 年 7 月 13 日，国家市场监督管理总局决定对《食品召回管理规定》予以废止。

主体，所以在食品召回实践中需要各主体发挥各自的作用。具体包括我国监管机构不断加强食品的监督管理；食品生产企业能够在政府监督部门与销售渠道成员配合下开展食品召回活动；消费者对食品召回的关注与维权意识有所增强；以及媒体发挥舆论监督作用促进召回开展。

与此同时，我国食品召回实践中依然存在以下问题。首先是食品召回实施相关主体协作不紧密。在食品召回过程中，各责任主体并没有承担应尽的职责与发挥应有的作用，同时消费者与媒体对食品生产企业的召回进展情况也未追踪到位。其次是食品生产企业召回意识不强。食品行业鲜有食品生产企业主动实施召回，责令召回所占比例较大，表明食品生产企业召回意识不强、不愿实施召回、敷衍了事、召而不回。再次是政府职能部门召回监管不严。多个部门对食品召回进行监管，存在监管主体责任不清、监管衔接不畅，甚至相互牵制与推诿的现象。最后是舆论监督效果不明显。食品安全问题出现之初，媒体关注力度往往较大，促使涉事企业承诺实施召回，但是很多召回事件的实施状况没有得到很好的追踪报道与跟进监督，导致涉事企业的召回实施情况不明，甚至不了了之。

目前我国食品召回管理相关制度规定了食品召回的主要形式，并明确了食品生产企业与政府监管机构的职责。但是在食品召回过程中，企业与政府如何协作从而提升食品召回的效率依然是需要解决的问题。食品召回实践促进了我国食品召回管理模式的优化，但是食品召回管理前提条件、食品召回管理结果评价、食品召回管理流程优化、食品召回管理主体协作等食品召回管理模式中的关键问题还有待深入开展研究。

第二节　食品召回管理研究

一　问题提出

目前我国食品召回管理的研究侧重于食品召回制度的完善，而食品召回管理模式与食品召回体系设计方面的研究甚少，制约了我国食品召回实践的推进。具体来说，现有的研究存在以下几个方面的不足：①虽然国家层面已有食品召回制度，但是尚未形成一套科学完整的食品召回体系，基本没有食品召回体系设计研究；②虽然学界与业界都意识到食品生产企业是食品召回的责任主体，但是对于食品生产企业如何组织召回并不清晰，即食品生产企业的召回组织与管理决策有待明晰；③除了食品生产企业之外，食品召回还涉及食品供应链其他主体，食品生产企业与供应链其他主体如何形成协作关系也需要进一步探讨；④并不是所有问题食品都有必要召回，对食品召回的条件、要求与结果评判等实践问题的研究较少；⑤食品召回需要具体策略的跟进，目前的研究主要从加强监管、强化信息沟通等角度展开，而对食品召回供应链各主体的行为、食品召回策略的研究仍较少，有待进一步深化。

根据上述分析，本书以“中国食品召回管理模式”为研究主题，通过分析食品召回管理的前置条件、食品召回管理的流程与决策过程，明确食品供应链中各主体在召回实践中的协作关系，设计我国食品召回管理模式，探讨我国食品召回体系框架设计，进一步提出在食品召回体系构架下供应链相关主体的食品召回策略。本书主要解决以下问题：为什么需要实施食品召回；哪些情况下缺陷食品应该召回或者必须召回；食品召回与食品供应链的关系以及涉及哪些供应链相关主体；食品召回具体针对哪种类型的食品供应链、具体由哪个主体组织实施召回以及具体包括哪些处理方式；食品召回的主要环节包括哪些内容；如何进行食品召回决策；当前我国食品召回体系建设现状如何以及如何完善。本书将通过分析食品召回需求与解决召回存在问题，设计食品召回管理模式与食品召回体系结构。

针对上述需要解决的问题，本书主要研究以下几方面内容：分析食品召回的成因与食品召回的条件，明确食品召回的主体及其与供应链其他主体的关系。在此基础上，首先设计食品召回实施流程与决策过程，提出食品召回结果评判标准，并完善我国食品召回管理模式；其次基于食品召回涉及供应链主体的协作，从召回组织关系、信息共享与物流外包三个角度，分析食品企业与政府监管机构的食品召回博弈关系、食品召回信息系统的原型设计以及食品召回逆向物流 LRP 模型，从而扩充食品召回体系内容；最后基于供应链协作理论，探讨食品召回相关主体的召回实施策略，保障食品召回的顺利实施。

二　研究食品召回的意义

食品召回需要科学性、系统性、高效性与经济性管理与运作，需要将理论与实践相结合，实现食品召回的经济效益与社会效益。所以，研究我国食品召回管理体系的构建问题具有很强的理论意义与现实意义。“民以食为天，食以安为先，安以质为本，质以诚为根”，应是我国食品产业发展的经济规律与基本原则。食品召回管理体系理论的完善与实践的改进，有助于推动食品企业诚实机制的建立。实施食品召回管理，能有效地约束与抑制食品生产者与销售者的机会主义行为，消除由于信息不对称而产生的不信任因素。食品召回管理体系的建设与成熟，将促进我国整体食品行业形成健康、诚信的经济发展环境。

食品安全与食品召回直接影响到消费者身体健康，因此食品召回管理有别于常规的消费品召回。根据当前我国食品行业（特别是奶业）发展状况，需要通过加强食品生产企业的召回自律来强化行业的规范性，这对于行业可持续发展与社会诚信环境的建立尤为重要。通过食品召回管理模式与食品召回管理体系设计，有助于全社会与全行业树立食品召回意识，促进食品生产企业实施召回，减小与消弭食品安全危害；通过食品供应链相关主体的协作，借助合理组织、信息共享与物流支持，提高食品企业实施召回管理的效率与效益；通过制度约束与策略保障，促进食品企业主动实施食品召回，有助于保护消费者权益以及体现企业责任，促进我国食品行业健康发展与维护社会诚信。

三 研究思路

我国食品安全问题较为严重，影响到消费者健康安全、食品企业生存发展、政府公信力以及社会诚信等方面。针对当前我国食品安全存在的问题，业界与学者已在加强种植与养殖源头安全控制、强化企业诚信经营管理、加大政府监控力度、完善食品安全法律法规等方面达成共识，这些策略对于控制与减少我国食品安全事件发生发挥了积极作用。上述应对措施更多的是在事前与事中对食品安全进行检测、监督与把控，一旦食品安全事件发生，需要对大批量问题食品采取召回处理。

作为食品安全控制的后续手段，实施食品召回能够最大限度避免或减少不安全食品对消费者与环境造成的危害。同时，食品召回体系的完善与实施力度的加大，有助于食品生产企业培养安全责任意识，从而做到事前、事中与事后相结合的食品安全全过程控制。鉴于食品安全风险可能来源于食品供应链的各个环节，食品召回需要以食品生产企业为召回实施主体，同时与供应链相关主体分工协作，共同完成召回实施过程与后续处理活动。

基于当前我国关于食品召回管理模式的理论研究较少、食品企业召回实践较为无序，以及在国家层面并没有完善的食品召回体系的现状，本书选择我国食品召回管理模式作为研究对象，通过分析食品安全与食品召回的关系、梳理我国召回理论与实践发展过程、分析与解决我国食品召回管理与实践中存在的问题，以及探究食品供应链各主体在食品召回中的作用与关系，进一步厘清本书的研究对象与研究内容。本书研究目标是设计我国食品召回管理模式，促进我国食品召回实践的有效开展与食品召回管理理论的完善。

基本研究思路：分析当前我国食品召回现状与存在问题，提出研究食品召回体系设计的意义；以食品召回管理、召回模式与召回体系以及食品召回供应链协作管理为视角梳理现有研究，提出应从供应链协作管理视角整合食品召回资源，分析食品召回管理模式与设计食品召回体系；通过分析食品安全风险因素，分析食品召回条件与可行性，梳理食品召回流程与决策过程，形成我国食品召回管理模式；基于供应链协作理论，提出食品召回涉及多个主体的分工与合作，通过食品召回组织结构设计、信息系统设计与逆向物流优化，构建我国食品召回体系框架；基于食品召回主体博弈关系、信息系统架构与召回物流网络优化，提出食品供应链各主体促进食品生产企业实施主动召回的管理策略，支撑我国食品召回体系的建设与保障食品召回的有效实施。本书的研究思路与技术路线如图 1－1 所示。

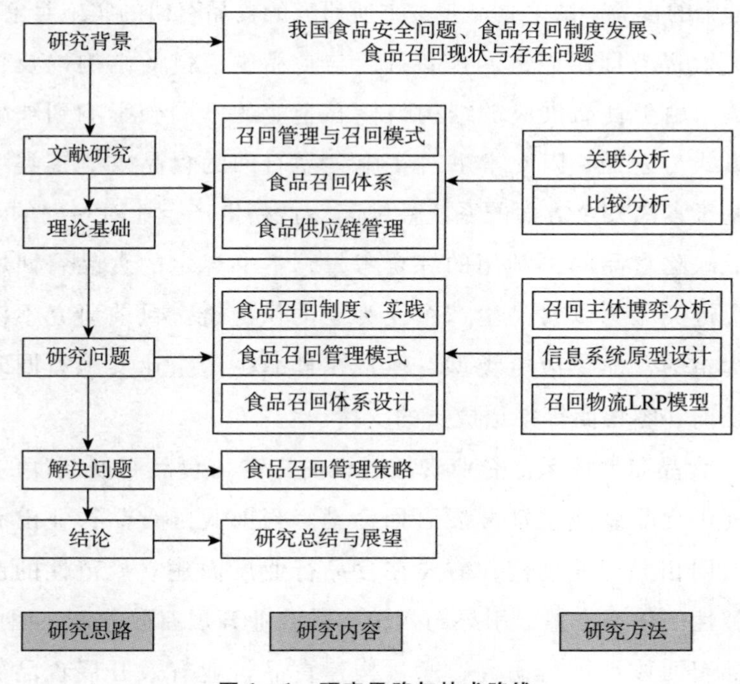

图 1－1　研究思路与技术路线

四　研究对象

本书的研究对象是食品召回管理模式，界定食品生产企业为食品召回管理模式的实施者。同时为了提升食品召回整体效率，需要食品行业协会在政府职能部门的监管下建立食品召回体系。而政府职能部门除了发挥监管作用外，需要提供法律、技术等支撑。当然食品召回在我国开展较晚，理论研究与实践相对落后，因此需要对食品召回管理基本概念、召回条件、召回流程等进行深入研究。

（1）食品召回类型与缺陷食品。食品召回是由于某类食品存在安全隐患或者已有安全问题，即食品召回的对象是具有安全问题的缺陷食品，即不安全食品。按照我国《食品召回管理办法》规定，不安全食品是指食品安全法律法规规定禁止生产经营的食品以及其他有证据证明可能危害人体健康的食品。缺陷食品是本书所研究的食品召回的实施对象。

（2）食品召回供应链。食品召回与食品供应链的结构以及各主体密切相关，由于食品供应链结构与核心企业的不同会影响到缺陷食品召回的方式与途径，因此本书对实施食品召回的食品供应链类型进行界定。基于食品安全方面的系统性缺陷、食品生产企业对召回的责任以及召回后缺陷食品的再利用的综合考量，本书界定的食品召回所在的食品供应链类型为以食品生产企业为主的供应链。目前研究不涉及以零售商为主的食品供应链类型，但是在食品生产企业实施召回时需要食品批发商、零售商等渠道成员的支持。

（3）食品召回体系。企业责任意识的提升与食品召回制度的完善，有助于促进食品企业主动开展召回活动。当前我国食品行业没有明确的食品召回相关行业规范，需要在食品行业层面建立规范性的制度保障与完整性的体系支撑，引导与规范食品企业开展召回管理。因此，本书对食品召回体系进行研究，通过构建食品行业有效开展食品召回运作与监管的支撑体系，加强食品行业召回的自律性与形成行业食品召回管理规范。做为行业层面的规范性制度保障，食品召回体系是基于政府监管层面，食品召回体系的针对者是我国食品行业。

（4）食品召回管理模式。按照我国食品安全与食品召回相关法律法规，食品生产企业应当依法承担食品安全与食品召回第一责任人的义务。食品召回管理模式是指食品生产企业开展食品召回的管理模式，主要分析食品召回原因与影响因素、食品召回条件与可行性、食品召回类型、食品召回流程与决策过程、食品召回的处理方式与结果评价。食品召回管理模式在企业层面明确食品生产企业实施召回管理活动的程序化模式，有助于食品生产企业作为责任主体实施召回的全过程有效管理。完善的食品召回体系是食品召回管理模式有效开展的支撑，合理的食品召回管理模式有助于食品召回体系具体实施。

通过上述研究对象与范围界定（见图1－2），进一步明确研究内容与过程，即确定食品召回类型为以主动召回类型为主，以食品生产企业为主体设计食品召回管理模式，以食品行业为主体设计食品召回体系，政府监管部门完善食品召回制度，上述设计是将以食品生产企业为主的食品供应链作为研究边界。

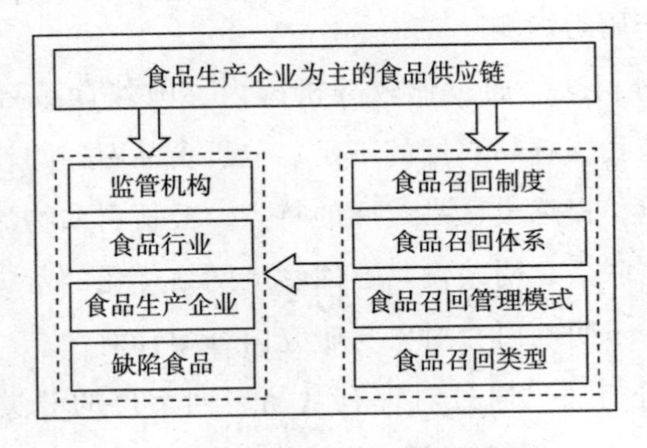

图1－2　研究对象与范围界定

五　研究方法

遵循“观察现象→分析不足→探究机理→构建模型→提出对策”的研究逻辑。本书以定性分析为主、数理模型分析为辅，基于供应链管理理论、召回管理理论、物流管理理论、供应链协作管理理论，运用博弈分析、原型设计、物流网络优化方法进行研究，一方面注重理论研究，另一方面注重食品召回实践研究。通过理论分析与案例分析相结合、定性研究与定量研究相结合的研究策略，提出理论框架、构建概念模型。主要研究方法包括文献研究法、系统论分析法、比较分析法、案例分析法以及博弈分析和LRP物流网络优化等数理模型。

（1）文献研究法。通过对相关研究领域的研究成果进行分析与归纳，总结其基本观点与不足；在已有研究观点基础上，提出本书研究的主要视角与研究观点。本书系统回顾和分析了食品召回管理策略、食品召回管理模式与食品召回体系等相关文献的研究成果，结合当前我国食品召回发展现状与存在问题，确定本书的研究对象、思路与研究内容。

（2）系统论分析法。将食品召回体系视为实施食品召回管理与监督的整体，将食品召回组织结构、食品召回信息系统与食品召回物流网络作为食品召回体系的子系统。从食品供应链主体协作的视角，探讨我国食品召回体系整体与子系统的关系以及子系统之间的协作对食品召回体系整体的作用与影响。

（3）比较分析法。通过比较分析国内、国外食品召回制度与管理方法，发现当前我国食品召回的不足；分析食品召回与汽车、玩具等产业召回的异同点，提炼出食品召回的特点；分析召回物流网络与一般物流网络的区别与联系，明确食品召回物流网络优化的落脚点；通过上述比较分析，进一步明确研究对象与研究内容的针对性。

（4）案例分析法。通过对现有食品召回案例的分类取舍，精选具有针对性与代表性的典型案例，分析食品召回案例有助于理解召回相关理论服务；通过食品召回若干案例分析归纳食品召回管理模式的一般性与普遍性规律，支撑本书的理论研究。

（5）模型设计与算法研究。构建政府与企业间的食品召回决策静态与动态博弈模型；采用启发式算法设计食品召回物流系统的LRP模型，并利用MATLAB软件进行编程与算例计算，验证研究结论。

第二章

理论基础与文献综述

第一节 基本概念厘定

一 食品召回管理的概念

（一）食品召回管理概念的修正

食品召回管理的定义是在2007年8月发布的《食品召回管理规定》中被提出的，食品召回管理是指食品生产者按照规定程序，对由其生产原因造成的某一批次或类别的不安全食品，通过换货、退货、补充或修正消费说明等方式，及时消除或减少食品安全危害的活动。该定义明确了食品召回的主体是食品生产者，食品召回的对象是不安全食品，具体召回活动内容包括换货、退货等方式，召回的目的是消除或者减少食品安全危害，以及食品召回需要按照该规定的程序进行。

按照我国2015年发布的《食品召回管理办法》，食品生产者通过自检自查、公众投诉举报、经营者和监督管理部门告知等方式知悉其生产经营的食品属于不安全食品的，应当主动召回。但是从实际应用来看，并不是所有产生危害的食品都有实施召回的必要性，因此本书对食品召回管理概念进行修正。

食品召回管理是通过分析问题食品系统性缺陷，明确缺陷食品的危害程度、批量大小、经济价值与可否再利用情况等条件，由食品生产企业发起与组织对缺陷食品的回收、再利用等无害化处理，实现缺陷食品循环利用，并对消费者进行退赔等措施以最大限度减少食品安全危害与强化食品安全社会诚信建设。

与传统食品召回管理的概念相比，修正的食品召回管理概念强调系统性缺陷分析、召回条件、食品生产企业、无害化处理、社会诚信五个方面。明确存在系统性缺陷是实施食品召回的先决条件，召回是一种对系统性缺陷的事前主动阻断机制。提炼实施召回需要的四个基本条件，召回条件确定了召回的必要性、经济与可行性。强调召回的无害化后续处理，缺陷食品召回后并不意味着召回的完结，还需要对召回的食品进行循环再利用。食品召回不仅是经济问题，更是社会问题，需要从食品层面上升到食品行业层面建立召回自律机制，通过召回机制建立食品行业良性发展环境与社会诚信环境。

（二）食品召回管理主要内容

基于我国食品召回管理相关规定提出的食品召回涉及的内容，本书对食品召回管理概念的内涵做进一步的梳理。食品召回管理概念的内涵主要包括食品召回的对象、食品召回的责任主体与履行义务、食品召回的监管主体与监管措施、食品行业召回规范、食品供应链主体召回协作、食品召回方式与等级、食品召回计划与召回活动、食品召回公告等内容。

食品召回管理内涵首先明确了召回的对象，即不安全食品，本书将在下文对不安全食品进行分析。其次明确了食品召回的相关主体，主要包括食品生产者与政府部门，二者分别作为责任主体与监管主体；同时召回的顺利实施还需要食品生产者与食品供应链其他主体开展协作，主要包括食品流通企业、召回物流企业等；在政府部门发挥监管的作用时，社会公众与新闻舆论也发挥监督作用。最后明确了食品召回的具体实施过程。简而言之，通过食品召回管理内涵的界定，明确召回什么、召回目的、谁来召回以及怎么召回等问题。

食品召回管理的内涵界定与主要内容分析有助于我国食品召回体系的设计。食品召回涉及主要内容的明确是食品召回体系设计的基础，通过分析食品召回组织协作关系、信息沟通方式等明确食品召回体系的构成与结构。食品召回体系涉及对食品召回管理主要内容的系统化设计，食品召回体系的设计与完善有利于加强我国食品召回实施与监管的规范化。

二　食品召回管理的对象

（一）不安全食品

食品召回是由于某类食品产品存在安全隐患或者已有安全问题，因此食品召回的对象是具有安全问题的缺陷食品，即不安全食品。《食品召回管理办法》规定，不安全食品是指食品安全法律法规规定禁止生产经营的食品以及其他有证据证明可能危害人体健康的食品。

现有的不安全食品概念界定较为宽泛，只是表明食品召回的实施对象存在安全问题（或安全隐患）。在食品召回实际操作中，食品存在不安全因素只是实施召回的必要条件。食品生产企业实施召回管理不仅仅考虑不安全食品存在危害，还需要考虑不安全食品的批量、召回实施的技术能力。

（二）缺陷食品

由于部分不安全食品没有必要实施召回以及实施召回的操作难度较大等现实问题，因此本书结合《食品召回管理规定》《药品召回管理办法》《缺陷汽车产品召回管理条例》《儿童玩具召回管理规定》《中华人民共和国消费者权益保护法》提及的缺陷产品定义，同时根据食品召回的必要性、可行性，对食品召回的对象进行重新界定，提出用缺陷食品概念替代不安全食品概念，并将前者作为食品召回的实施对象。

缺陷食品是指某一类别、型号或者批次的不安全产品，具备系统性缺陷。缺陷食品强调系统性缺陷，意味着存在系统性缺陷的问题食品，其危害程度甚大且流通数量大，对此类问题食品实施召回管理能够有效控制危害蔓延。

三 食品召回管理的条件

实施食品召回的问题产品必然存在系统性缺陷，这是食品召回实施的前提。但是并不是所有具有系统性缺陷的食品都有必要实施召回，还需要从技术角度考虑缺陷食品是否可以被回收，同时从经济角度分析召回后的处理结果。因此除了问题食品具有系统性缺陷外，还需要从缺陷食品的危害程度、缺陷食品的批量大小、缺陷食品的经济价值与缺陷食品可否再使用四个角度进一步确定实施食品召回的条件。本书在此处简要说明食品召回管理的四个条件，在第四章将详细讨论食品召回管理的对象与食品召回实施的可行性。

（一）通过界定系统性缺陷分析问题食品造成的危害程度

食品安全危害是指食品存在缺陷并对使用者造成危害，具体包括缺陷食品不符合食品安全相关法律、法规或食品安全标准提及的使用安全要求。食品安全危害需要进行评估，具体包括缺陷食品的数量、危害程度，主要体现在缺陷食品的分布上，即包括危及的主要消费者数量与地域范围。食品危害产生时的危急程度也影响危害程度，即缺陷食品出现时，如果危害能迅速放大则危害紧急程度较高，危急程度分为紧急危害与缓慢危害。欧美国家制定了完善的缺陷产品管理制度，对缺陷产品危害风险进行分类与分级，其中危害等级最高的是指产品有极大可能引起死亡、严重伤害或疾病。根据我国《食品召回管理规定》，通过评估食品安全危害的严重程度，食品召回等级可以分为三级。

（二）缺陷食品的批量大小对召回的发起与实施产生巨大影响

缺陷食品的危害程度是从缺陷食品危害性质角度进行评判，而缺陷食品的批量大小则从危害的数量进行评判。缺陷食品的危害程度受到生产批次或类别、流通数量与区域等因素影响。原材料、生产工艺、加工制造等原因所引发的某一批次、某一类型的食品中普遍存在的同一缺陷构成了食品安全系统性缺陷。这类缺陷存在于大批次与大批量的产品中，这些产品一旦进入流通环节将对大量消费者造成健康威胁。基于系统性缺陷造成的食品危害有别于非系统性缺陷造成的一般产品质量问题，后者只涉及个别消费者，前者造成的影响面较大，缺陷食品的批量越大带来的危害越大。同时缺陷食品的批次与类型分析，有助于找出引发系统性缺陷的原因，借助食品渠道信息，便于召回活动的实施与召回过程的控制。

（三）评估缺陷食品的经济价值，评判其对实施食品召回的影响

食品种类繁多、数量巨大，同时渠道复杂，一方面造成食品安全风险影响因素众多，另一方面有必要对存在安全风险的食品进行自身价值的评判。缺陷食品自身经济价值对实施召回的影响表现在两个方面：一是外界对缺陷食品及其召回的关注度，二是召回成本对生产企业的影响度。食品的自身价值越小，消费者对其重视程度越低。如果食品的自身价值较低，那么即使该食品存在安全问题，消费者、食品生产企业以及社会对其召回的需要也可能忽略不计。缺陷食品若自身价值较低，即使危害性较强，食品生产企业也会通过信息发布等形式告知渠道成员与消费者，采取就地处理的方式，而不需要进行缺陷食品召回处理。同时即使食品生产企业有召回的意识，但是企业对召回成本的承担能力也会约束企业实施召回管理。

（四）缺陷食品的回收再利用也成为实施召回的必要条件

缺陷食品存在有损使用者健康安全的隐患，但是这些召回的食品可以在进行召回处理后进入其他渠道实现资源的循环利用。缺陷食品召回后，食品生产企业会分析食品安全风险因素，若通过再加工制造新的食品，同时新食品不危及消费者健康，便可以再进入流通渠道到达消费者手中。若召回的问题食品不再适合消费者使用，可以通过分解处理，使分解的食品与食材作为饲料或者肥料，进入新的供应链与价值链。

四　食品召回的供应链类型

按照《食品召回管理规定》与《食品召回管理办法》，食品召回管理是指食品生产者按照规定程序，对由其生产原因造成的某一批次或类别的不安全食品，通过换货、退货、补充或修正消费说明等方式，及时消除或减少食品安全危害的活动。根据上述规定，食品召回分为主动召回与责令召回，基于主动召回的效率高、效果优，食品生产企业应该实施主动召回。因此本书构建的食品召回管理模式、食品召回体系以及提出的食品召回策略都是基于食品生产企业主动实施召回管理。

食品召回与食品供应链结构、主体相关，食品供应链结构与核心企业不同影响到缺陷食品召回的方式与途径，因此本书对实施食品召回的食品供应链类型进行界定。基于食品安全产生的系统性缺陷、食品生产企业的召回责任以及召回后缺陷食品再利用的综合考虑，本书界定的食品召回所在的食品供应链类型为以食品生产企业为主的供应链。虽然本书不涉及以零售商为主的食品供应链类型，但是在食品生产企业实施召回时需要食品批发商、零售商等渠道成员的支持。

按照我国食品召回管理的规定与办法，“食品生产经营者应当依法承担食品安全第一责任人的义务，建立健全相关管理制度，收集、分析食品安全信息，依法履行不安全食品的停止生产经营、召回和处置义务”，这就明确了食品召回的主体是食品生产企业。

五　食品召回体系

食品召回体系是将食品召回制度的定义和目标作为出发点，食品行业构建食品召回运作与监管的支撑体系。通过借鉴澳大利亚、新西兰食品召回体系的构建，提出我国食品召回体系应从完善食品召回法规、加强执法监管、规范食品召回程序、建立食品溯源制度、设立中央协调机构等方面着手。食品召回涉及食品生产企业、销售者、消费者等利益主体，同时是涵盖规范制度、市场监管、行业自律与部门协作等多个管理环节的系统工程。

本书在分析我国食品召回现存问题的基础上，借鉴欧美国家食品召回体系设计的主要内容构建我国食品召回体系。食品召回体系设计是基于国家政府监管层面，针对面向食品行业开展食品召回所需的制度保障与体系支撑，具体研究食品召回的组织运行关系、信息沟通机制、物流网络优化以及召回管理策略等内容。

食品召回体系设计在保护消费者权益与建设诚信社会基础上，通过食品行业的召回组织协作、技术支持与监督管理等规范化管理，降低召回社会成本。

六　食品召回管理模式

食品召回管理既可以表现为一种企业的管理行为，也可以被理解为一种国家对食品安全的治理方式。前者是从微观角度解释，即食品召回管理是一种主体行为。需要对问题食品进行召回管理，并且由食品生产企业实施召回活动更为有效，因此食品召回管理可以被理解为由食品生产企业实施召回的管理行为。后者是从宏观控制角度出发，即将召回管理的概念拓展至监督管理甚至是治理的角度。当前我国食品召回实践中，食品生产企业实施召回管理的主动性非常低，即使政府部门责令（强制）要求实施召回管理，食品生产企业也是非常抵制的。因此，食品召回管理在我国目前食品安全管理中，可以被理解为一种宏观层面的政府治理行为。

本书提出的食品召回管理模式更侧重微观的管理行为，即上文的第一种理解。目前我国学术界基本上没有明确提出食品召回管理模式的概念解释。本书尝试给出食品召回管理模式的定义，即由食品生产企业开展食品召回的全过程管理模式。也可以将食品召回管理模式理解为基于食品生产企业开展食品召回的管理过程设计与召回结果评价。食品召回管理模式表现为在食品生产企业开展的食品召回管理过程中，由食品召回管理方法、管理模型、管理制度、管理工具、管理程序组成的管理行为体系结构。

在这里，食品召回管理模式侧重微观层面的食品召回管理活动的程序化模式。食品召回管理模式与食品召回体系存在关联，食品召回体系是从食品行业角度构建促进我国食品召回实施效率提升的环境支撑，因此更多地表现为中观层面的控制行为。食品召回管理模式是食品召回体系设计的基础，因为食品生产企业作为食品召回责任主体，是与其他主体开展供应链组织协作的核心企业，其召回类型、召回流程等直接影响到食品召回体系结构与协作关系。同时食品召回体系是食品召回管理实践的支撑条件，通过食品召回体系设计与完善，能为食品召回实施提供制度保障、行业规范、技术支持等。基于食品召回涉及各主体之间的协作关系，确定食品召回的供应链类型是以食品生产企业为主的食品供应链类型。

第二节　相关基础理论

一　召回管理理论

召回管理的重要性已经得到社会各界的普遍重视，为此我国先后发布了缺陷汽车产品、医疗器械、儿童玩具、食品、药品共计五类缺陷产品召回管理规定（或管理办法），召回的对象涉及与国民经济发展和消费者健康相关的产品种类。

（一）召回与食品召回的基本概念

根据上述召回管理规定，召回的概念表述可以从以下几个层面进行总结。第一，对已上市销售的存在缺陷的产品需要实施召回；第二，召回的产品主要是指某一类别、型号或者批次的产品，其具备系统性缺陷；第三，生产企业作为实施召回的责任主体，同时政府部门作为监督机构；第四，生产企业按照国家相关规定程序和要求，对由其生产与流通的产品进行安全质量检测与风险评估；第五，召回由生产企业组织实施，具体采取警示、检查等方式发现产品安全问题，进一步采取修理、退货、换货、重新标签、修改并完善说明书、软件升级等措施对已召回的缺陷产品进行替换、收回、销毁，达到预防、减少、消除缺陷产品危害，从而避免其可能导致的人身伤害、财产损失。

召回的对象是指缺陷产品，产品缺陷是指因设计、生产、指示等方面的原因使某一批次、型号或类别的产品中普遍存在具有同一性的、危及健康和安全的不合理危险。针对食品召回，缺陷的原因还包括原材料引发的危害。召回的缺陷产品存在以下共性问题：一是存在危害，造成潜在或者现实危及消费者健康安全，且具备同一性，即由于生产工艺等共性问题产生同一批次、同一型号、同一类型的产品问题；二是缺陷可能发生在各个环节，由于检测、预警和发现的时间不同、场所不同，缺陷可出现在生产、销售等供应链不同环节。基于缺陷的共性问题或者特征，需要合理组织召回并实施有效管理，这有助于提高和加强召回的效率和效果。

按照我国《食品召回管理规定》，食品召回是指食品生产者按照规定程序，对由其生产原因造成的某一批次或类别的不安全食品，通过换货、退货、补充或修正消费说明等方式，及时消除或减少食品安全危害的活动。该定义明确了食品召回的主体与具体召回活动，但是该定义提出的不安全食品范畴太大，意味着食品召回的对象过于宽泛，然而事实上不是所有的不安全食品都需要实施召回；同时，该定义只是强调了问题食品的回收，并没有说明回收的问题食品需要进行二次利用，若是不安全食品不能再次循环利用，没有必要从流通渠道召回。

因此，本书对食品召回概念进行修正，食品召回是指对存在系统性缺陷的食品进行分析，根据缺陷食品的危害程度、缺陷食品的批量大小、缺陷食品的经济价值与缺陷食品再使用情况，由食品生产企业发起与组织对缺陷食品的回收、再使用等，实现缺陷食品的妥善处理，并通过对缺陷食品购买者和使用者采取更换或退赔等措施，以消除缺陷食品给消费者带来的危害和实现缺陷食品的循环利用。

（二）食品召回管理理论的构成

目前我国食品召回管理尚未形成明确的理论体系，根据已有文献研究，本书认为食品召回管理理论可从食品召回制度、食品召回管理模式与食品召回体系三个角度归纳。

食品召回制度理论涉及法经济学理论、规制理论等理论基础。市场经济条件下，食品生产企业作为理性主体对效率最大化的追求与法经济学对效率的关注存在密切关联。同食品安全问题一样，由于信息不对称与市场失灵，企业追求经济效率导致企业规避食品召回，从而导致由于缺少食品召回，社会公众对食品行业产生不信任。此时需要令消费者信任的第三方介入市场，即需要政府监管部门发挥作用。在市场失灵状态下发生食品安全问题，基于法经济学的“效率”思想，通过采取更加高效的政府监管模式，只对不负社会责任、不实施召回的企业施加惩戒，而不是对整个食品行业进行惩罚，从而消除消费者与社会公众对整体食品行业质量的怀疑。

同食品安全规制机制一样，食品召回也需要规制，食品召回规制同样属于产品责任规制机制的一种。对于不实施召回或者召回处理不当的责任主体，可采取合同规制、侵权规制以及刑法规制，三种规制依次据食品企业召回不当所产生的危害（侵害）加深而量定。政府规制是有效保障食品召回的手段，以信息不对称理论、外部性理论以及私益理论为正当性规制基础，政府监管部门加强食品的成分、警示说明等食品安全信息内容规制，有助于提高食品召回的效率。

食品生产企业作为召回的责任主体，需要构建自己的食品召回管理模式。同时由于当前我国食品召回实践并没有成熟与规范的管理规程，因此研究通用性食品召回管理模式十分必要。食品召回管理模式包括体制和业务两方面的管理模式，企业食品召回体制方面的管理模式侧重企业召回制度完善与召回管理体制创新等内容；企业食品召回业务方面的管理模式侧重召回部门设立、召回流程细化、召回作业规范以及召回管理评价等内容。借鉴重大科技任务组织管理过程，其管理模式有闭环控制、全生命周期管理等，都强调了项目的全过程管理，因此食品召回管理模式应实现召回产品闭环控制与召回全过程管理。

食品生产企业作为召回主体需要完善自己企业的食品召回管理模式。基于当前企业召回意识不足，即使企业实施召回其召回结果也不理想，仅仅依靠食品生产企业自行组织召回管理并不能保障食品召回高效执行。因此在国家或者行业层面构建食品召回体系对食品生产企业召回管理进行支持与控制，即通过食品召回体系构建使食品召回成为制度化规程，从而在整个食品行业落实食品召回制度。

食品召回体系涉及食品生产者、销售者、消费者、政府等多个利益主体，该体系涵盖企业自律、供应链组织协作、法规制定、技术支持、监督管理等多个管理环节。食品召回制度将企业自律与政府监管结合在一起，食品召回相关法律法规体系建章立制是构建食品召回体系的基础。通过落实食品召回制度以法律法规形式对食品企业加以引导和规范，从而使其形成召回意识并促进其主动实施召回。在食品召回的供应链管理下，组织协作方面需要对召回环节与过程进行优化，实现生产企业、流通企业、物流企业、再处理企业的分工协作。同时需要加强食品供应链关于食品安全信息，采购、生产、销售、回收等供应链全过程的产品与销售、渠道信息，召回触发、组织、上报、评价等召回过程信息的集成管理。食品召回体系除了需要信息技术外，还需要食品安全检测技术与召回管理技术标准的建立，前者需要国家市场监管总局组建食品召回专家委员会为食品安全危害调查和食品安全危害评估提供技术支持，后者需要构建行业认同的缺陷分析、缺陷认定、召回效果评估等召回管理技术标准体系。完善食品召回管理相关的信息技术、食品安全检测技术、召回管理技术标准是完善食品召回体系的内在要求，同时需要实现全过程管理以及供应链各个主体的信息协作、技术协作与组织协作。

二　食品供应链理论

（一）食品供应链管理一般理论

食品安全是一个跨企业、跨地域的综合性问题，基于此食品召回也是一个跨企业、跨地域的综合性问题，从供应链管理的角度出发研究食品召回解决方法具有重要意义。食品供应链是指食品生产和流通过程中所涉及的原材料供应商、生产商、分销商、零售商以及最终消费者等成员通过与上下游之间的连接组成的网络结构。食品供应链某个环节与某个主体发生问题都可能给整个供应链带来食品安全问题，因此食品供应链管理是近几年保障食品安全与食品召回的研究重点。

按照供应链的定义，食品供应链既包含上游的食品原材料提供商，中游的食品加工制造企业，下游的批发商、零售商与消费者等节点企业与消费个体，又包括作为监管者的政府机构、行业协会以及提供全程物流支持的物流企业。食品供应链表现为复杂的网链模式，其中有一家企业处于核心地位，该企业对供应链上的信息流、资金流、商流、物流起到调度与协调的作用。根据食品供应链中企业对食品安全保障的主导能力，多数文献确定食品供应链核心企业是食品生产企业，究其原因，食品生产企业的内部控制有效性水平和内部控制信息透明度对食品安全具有显著的正向影响。出于同样的理由，食品召回管理也涉及食品供应链的各主体，本书认为食品生产企业也是食品召回的核心企业，这一点也和我国食品召回相关制度的召回主体界定相吻合。

供应链是食品召回的网络支撑，在组织协调、信息沟通与渠道设计方面，加强供应链管理可以实现召回管理的过程控制。基于资源的循环利用，开展闭环供应链研究实践，有助于提高食品召回管理的社会价值。从闭环供应链角度来看，食品召回表现了食品采购、生产、销售正向流通与缺陷产品召回逆向回收的有机结合，同时将修复的安全产品再次借助原先的正向供应链渠道返回终端消费。本书认为闭环供应链理论与食品召回管理诸多要件存在契合。从召回对象来看，缺陷食品来源于正向供应链渠道，但是召回回收并不是终点。对缺陷食品进行回收、销毁、掩埋、提取可利用物资，甚至修复后使其再次回到消费市场，方是食品召回的最终去向。从召回主体来看，不管是正向供产销，还是逆向溯源回收，食品生产企业既是实施召回的核心企业，亦是闭环供应链的核心企业。

基于闭环供应链的食品召回做到“物以致用”，体现出食品生产企业的企业责任和社会责任。从召回范围来看，不安全食品是由原材料问题、设计失误、生产缺陷、流通污染以及标识不符等造成的。这些问题反馈于投诉、溯源、监测、检测、回收等食品召回程序。召回范围与召回程序的匹配，与闭环供应链的回收、检测/分类、再处理、废弃处理、再销售等环节形成的封闭链条相吻合。

（二）食品供应链管理主要内容

基于闭环供应链的食品召回管理要解决的问题就是如何更加有效地管理越来越多的逆向缺陷食品流动，例如顾客投诉的不安全食品、商业退回的问题食品、可返回其他有用环节的废弃食品等。闭环供应链理论有效地将正向供应链与逆向供应链整合，有助于提高缺陷食品召回与后续处置的效益和效率。随着食品产业市场不断成熟、环保规定日益严格和消费者安全意识提升，食品召回也必将成为食品企业营销的重要组成部分。食品召回的实施需要与之相适应的闭环供应链系统作为支持条件。

根据供应链管理相关理论，食品供应链管理主要涉及四个领域：食材供应、食品生产计划、采购与销售物流、需求。食品供应链管理职能领域则主要包括食品加工工程、食品质量工程、食品安全技术保证、食品生产控制以及采购与物流管理，物流管理主要包括库存控制、仓储管理、运输配送、分销管理与逆向回收等活动。食品供应链管理的辅助领域主要包括客户服务、加工制造、设计研发、会计核算、人力资源、市场营销。

供应链管理领域主要包括供应链计划管理、供应链信息管理、客户服务管理、供应链库存管理、运输管理、物流网络选址、供应链合作关系管理、企业组织结构、绩效评价与激励机制、供应链风险管理，如图2－1所示。基于供应链协作理论的食品召回管理也涉及上述十个管理领域，分别对应为召回计划管理、召回信息管理、召回客户管理、召回库存管理、召回运输管理、召回物流网络选址、食品召回组织协作、召回企业组织结构、召回评价与激励机制、召回风险管理。

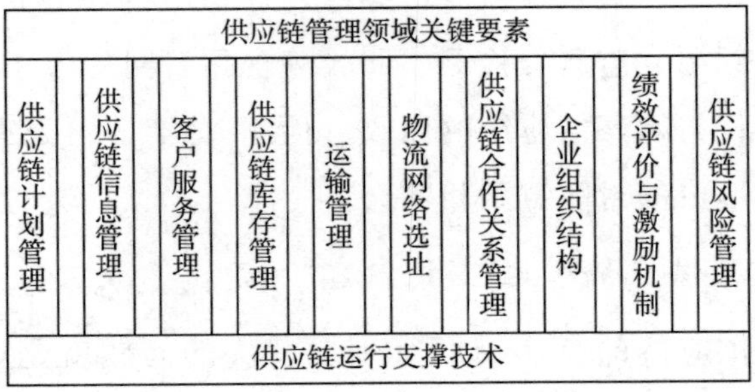

供应链管理领域关键要素									
供应链计划管理	供应链信息管理	客户服务管理	供应链库存管理	运输管理	物流网络选址	供应链合作关系管理	企业组织结构	绩效评价与激励机制	供应链风险管理
供应链运行支撑技术									

图2－1　供应链管理领域的关键要素

食品召回管理需要供应链管理理论支撑，但是也不能完全照搬，结合本书前期研究，本书将基于供应链的食品召回管理领域划分为食品召回管理模式、食品召回组织协作、食品召回信息管理与食品召回物流管理四个主要方面，分别对应本书后续的第四章至第七章内容。其中食品召回管理模式涉及食品召回计划管理、召回客户管理、召回企业组织结构、召回评价与激励机制、召回风险管理等内容；食品召回组织协作分析食品生产企业与政府监管机构的博弈关系、食品生产企业与物流企业的委托代理关系；食品召回信息管理分析食品召回信息流程、设计食品召回信息网络；食品召回物流管理主要进行食品召回物流网络优化，涵盖召回库存管理、召回运输管理、召回物流网络选址等内容。

（三）食品供应链协作理论

供应链运作中存在着各主体协作关系。协作是指一个在协调的方式下共同行动的状态，即供应链主体间通过正式关系和共同使命，在计划制订、任务分工、渠道共享与交流合作等方面相互认可，实现资源优化配置，使得供应链风险和收益可以得到分担和共享。供应链协作是指供应链中各节点企业为了提高供应链的整体竞争力而进行的彼此协调和联合努力。供应链企业通过协议或联合组织等方式结成网络式联合体，各主体在协同网络中通过共享信息实现紧密协作，共同完成目标。

随着供应链管理理论的深入与供应链管理模式的普及，供应链协作理论研究不断完善，同时应用面愈加广泛。与食品安全监管和食品召回管理相关的供应链协作理论研究视角主要包括社会化的食品安全监管机制、食品供应链质量控制、物流服务协作、应急供应链协作等方面，具体表现如下。

（1）食品安全监管长效机制研究。供应链协作理论应用于分析影响食品安全监管长效机制运行的因素，通过设计全程监管、协同联动、监管追溯、惩罚和扶持服务相结合、全社会参与的食品安全监管体系模型，构建政府、企业、社会共同参与的，协同、高效的食品安全监管运行机制。

（2）食品安全社会共治问题。不同权力结构下食品供应链多主体的协作管理需求不同，通过多主体协同契约设计与供应链全程信息披露机制，营造食品供应链质量控制的运作环境，从而实现供应链质量协同下的食品安全社会共治。

（3）食品供应链质量的混合治理。社会共治体制下食品供应链质量控制主要采取三种协作方式实现混合治理：一是建立可追溯体系，二是设计有效的组织形式，三是建立双边契约责任传递。三者协同使各自优势得到充分发挥，实现食品供应链质量控制的有效协同。

（4）供应链物流服务协作研究。物流服务商参与供应链协作管理主要体现在纵向协作层面，供应链系统上下游企业在进行纵向协作过程中也可能同时采取横向协作的形式，有必要建立由供应商、物流服务商和销售商组成的供应链系统，同时物流服务协作对供应链敏捷性、供应链企业绩效会产生直接和间接效应。

（5）应急供应链协作管理。针对食品安全与食品召回等应急事件，应急供应链以政府为主导可实现快速响应。应从战略层、策略层和技术层设计应急供应链协作管理框架，通过组织、流程和信息协同构建应急供应链协作机制。

第三节　国内外相关研究综述

食品召回管理包含内容较多，食品企业作为召回实施直接主体，其召回管理策略与管理模式影响召回体系设计，同时生产企业与食品供应链其他主体的协作关系也影响食品召回管理模式与召回体系结构。因此本书首先从食品召回策略与管理模式文献入手，分析食品召回管理模式涉及的主要内容，其次对食品召回管理的相关文献进行总结，最后对食品召回供应链协作方面的文献进行梳理。通过文献整理、分析，以期全面认识与了解国内外相关研究状况，为本书基于供应链视角的我国食品召回管理模式设计寻求研究依据、思路与方法等。

一　食品召回制度与管理方面的研究

（一）食品召回原因方面的研究

食品召回是指由于食品存在安全问题而对其采取回收处理，因此食品召回与食品安全密切相关。食品安全问题的产生原因、危害程度以及控制手段直接影响食品召回管理。食品存在安全问题是实施召回管理的前提条件，因此国内外学者对食品安全与召回管理的关联性进行了分析。

信息不对称是食品安全问题产生的主要原因，通过信息揭示可以提高食品安全规制的效率。早在 20 世纪 90 年代，Ritson 和 Li（1998）通过研究发现食品安全相关信息制度会影响到食品质量安全绩效评价，提出食品安全信息包括消费者安全消费意识与教育、食品质量安全认证、产品标签设计与管理以及生产企业声誉机制建立等角度。进行食品召回需要掌握供应链全程的食品相关信息，包括原材料信息、加工制造信息以及销售信息，以便分析召回原因和提高召回的全面性与及时性。同时，李颖等（2013）通过研究食品安全相关信息制度对食品质量安全绩效评价的影响，发现食品生产企业相较于农户处于强势地位，因此生产企业与流通企业通过减少食品安全质量检测来降低成本，从而使得食品质量安全风险增加，并将其转嫁给农户。这就意味着在食品召回溯源时需要考虑食品安全风险的转移与累加，以及不同渠道成员对召回的影响。

食品安全影响因素具体包括食源性疾病风险、转基因技术风险、快餐食品风险、市场风险等。同时，王铬和蔡淑琴（2008）提出随着环境变化多种因素会影响食品质量安全，除了常规的细菌、病毒和真菌等微生物污染，水、土与空气等环境污染，包装破损等物理污染，化学农药等化学污染外，还包括流通过程中造成的危害。此外，谢磊（2012）提出还有现代社会才出现的影响食品安全的因素，例如添加剂危害、（潜在的）转基因危害、新产品和新技术潜在的风险等。食品安全影响因素与食品安全危害程度相关，它们会影响到食品召回的类型与范围。

张卫斌和顾振宇（2007）提出食品安全涉及面较广，从生产、加工、流通与消费等食品供应链主要环节进行分析有助于找到影响食品安全的主要因素。游军和郑锦荣（2009）提出供应链上食品安全问题发生主要包括主客观两个方面原因：一方面是供应链各参与主体受利益驱使而做出的危害食品安全的行为；另一方面是食品供应链上发生的生物性污染。因此可以从检查技术、企业社会责任、消费者行为等角度分析影响食品安全的非制度因素。此外，汪春香和徐立青（2014）基于当前信息网络的普及，从网络舆情视角提出网民行为与涉事企业行为直接影响食品安全问题的网络传播。

总体来说，食品安全风险存在于食品供应链各环节，各主体对食品安全的重视程度直接影响食品生产企业的召回意识与召回力度；同时在分析食品风险因素的基础上，避免食品安全风险需要靠施加适当的干预措施和社会力量来实现（Stave，2005；华锋，2015）。

（二）食品召回制度方面的研究

我国召回理论与实践发展相较于国外较晚，这与我国食品召回制度发展有关。国际上汽车召回制度起源于美国汽车伤人事件（Teratanavat and Hooker，2004），后来拓展到给普通消费者造成伤害的食品、药品、化妆品、玩具等领域，召回制度逐渐为经济发达国家所接受。欧、美、日等地区主要从公共关系、伦理道德等社会角度和立法、行政制度等政府层面进行理论研究，同时开展了有针对性的食品行业的召回管

理研究（Smith and Thomas，1996；徐玲玲等，2013）

从2002年发布《北京市食品安全监督管理规定》，到2007年发布《国务院关于加强食品等产品安全监督管理的特别规定》和《食品召回管理规定》，再到2015年发布《食品召回管理办法》，我国食品召回相关法律体系逐步健全与完善。相对于我国食品召回制度，美国、澳大利亚等国的食品召回相关法律法规较完善，召回程序、溯源制度、监测技术、食品安全标准等内容在其食品召回法规中有所体现，这些内容对于构建中国食品召回体系有必要借鉴意义（尚清、关嘉义，2018）。基于食品召回具备“外部性”特点，需要考虑召回的“效率”，食品召回制度的完善有助于有效处理效率问题（隋洪明，2014）；同时部分学者从法律信仰、诚实自律、全程监管等视角加强我国食品召回的制度保障研究（袁雪、孙春伟，2016）。

（三）食品召回管理方面的研究

随着食品召回制度的完善与食品召回实践的有效开展，学术界在食品召回管理指标、食品召回主体与食品召回策略等方面开展理论研究。美国学者Hooker等（2005）提出食品召回管理采用“回收率”“完成时间”“回收率与时间比”三个因变量，以及召回管理因素与召回技术因素两个解释变量，作为美国肉类与家禽等食品召回的危机管理有效性指标，通过设计食品召回管理指标有助于提升食品召回实施效率。

食品召回主体研究方面，国外学者达成的共识是Taylor（2012）提出的加强食品风险管理需要将责任方由管理者、当事企业扩大到民众、公共媒介。Houghton（2008）提出基于召回食品的再利用，需要通过逆向物流过程控制来实现食品召回，因此基于食品召回供应链视角，需要通过加强召回管理与供应链诸多主体协调以及设计召回过程的实施流程，来提高召回溯源与召回通告的效率，这也有助于食品企业在供应链中更好地实施召回管理（Kumar，2014）；其中基于RFID技术监测易腐食品供应链网络中的缺陷食品危害程度与污染源定位，可以为实施召回管理提供依据（Wynn，2011）。

我国食品召回策略的研究主要集中在两个方面：一是围绕我国食品安全问题对食品召回策略的研究，二是通过国内外食品召回策略的比较分析提出我国食品召回策略的改进措施。刘咏梅等（2011）、陈娟等（2010）、陆欣等（2015）学者分别从信息集成、企业与政府效用博弈、完善召回制度、药品召回义务、应急运作管理、闭环供应链、逆向物流、消费者维权、信用制度、食品召回应急响应、食品召回处置、食品供应链召回优化算法等不同角度研究我国食品召回策略。中外食品召回策略比较方面，通过对美国、加拿大、英国、澳大利亚、新西兰与我国食品召回数据进行分析与比较，发现由于我国缺少规范性食品召回信息平台，食品召回统计数据不全、不准（李如平，2017；张肇中、张莹，2018）。张蓓（2015）通过对美国肉类和家禽产品 1995～2014 年的 1217 例召回案例进行统计，借助美国农业部食品安全检验局（FSIS）的数据，从召回种类、召回分级、食品供应链各主体作为等角度探讨了美国食品召回的现状、特征与机制，并提出我国应该因地制宜，选择性借鉴美国食品召回成功经验，完善供应链食品召回监管机制。

（四）食品召回管理模式方面的研究

国外食品召回管理模式相关研究侧重于在具体召回事件梳理分析基础上，通过对召回管理过程、召回主导模式、召回管理影响因素等进行研究，明确食品企业组织召回管理的改进思路与方式。Hooker 等（2005）分析了美国食品召回事件的频率和规模以及监管部门对召回的关注度三项指标，明确了食品召回危机管理过程，其中危害分析的关键控制点对食品企业实施召回更有效（Berman，1999；徐成波、王朝明，2014）。Manoa（2012）提出随着不安全或危险产品的数量增加，产品召回成为“新的正常时代”的经常性事件，因此企业有必要制订召回管理战略计划进行危机处理。

在预防制度干预下，风险理论有助于企业实施主动召回，因此 Taylor（2012）建立的以食品企业为主导的、供应链成员协作的食品主动召回模型较为行之有效。除了食品企业作为责任主体发挥召回主导作用外，消费者、社会公众与政府监管部门也对食品企业召回管理模式产生较大影响。Bauman 和 Chong（2015）基于 219 项消费者问卷调查，对快速消费品和耐用消费品采用结构方程模型进行品牌信任对产品召回的影响分析，得出的结论是两类商品品牌信任对企业召回产生的中介作用存在显著差异，消费者对快速消费品的品牌信任会对企业实施召回产生积极影响作用。Taylor（2016）基于美国牛海绵状脑病（BSE）食品安全事件，提出媒体报道促使监管控制的变化，最终结论是疯牛肉召回事件引发当地牛肉销售的经济效应，促使政府加大监督管理力度来促进企业召回管理的完善。

当前我国食品召回管理模式相关研究是通过比较发达国家召回制度与管理策略，明确我国食品企业召回管理存在的困难与对策。通过文献梳理得出的结论是食品召回管理模式的确定与食品召回的流程、原理密切相关，食品召回管理与运行模式设计需要在建立食品召回管理机构体系、健全管理机构的职责、设计管理机构的运行机制以及健全相关的法律法规等方面进行完善（谢滨等，2011；肖玉兰等，2015；Maze，2001）。一方面，针对我国食品召回的发展，我国食品召回概念得以修正，实施召回必备条件得以明确（潘文军、王健，2015）；另一方面，食品供应链各主体就食品召回的协作机制也影响到食品召回管理模式，其中召回企业与其他方存在利益联系（王晓文，2013），召回成本直接影响召回管理效率（张肇中、张莹，2018；徐蓓，2018；Seok，2013；Sohn and Sangsuk，2014）。

二　食品召回体系设计方面的研究

国内食品召回体系或者食品召回系统研究主要围绕当前食品召回体系存在问题、借鉴欧美国家成熟的食品召回体系、政府监管部门与食品生产企业等食品供应链主体在食品召回体系中的作用等方面展开。与澳大利亚、新西兰等国家的食品召回体系比较，当前我国食品召回体系在召回程序、时限、不安全食品的分级等方面存在不足（Bauman and Chong，2015），需要从法律法规、构成主体、组织运行等视角构建我国食品召回体系（费威，2012），着重完善政府监管体系、社会保障体系、企业诚信体系等体系的建设（雷勋平等，2014）。其中由单一的政府机构承担食品召回法规执行的主要责任，对于食品召回监管至关重要（张吟等，2011）。目前我国食品召回采用“企业自主召回、政府行政监管”的“双轨制”运行体系（冯身洪、刘瑞同，2011），而在食品召回体系中，实现缺陷食品的可追溯与降低召回成本、提高召回效率与实现召回物资再利用直接相关（刘志楠，2019；Yun，2010；黄培东，2015）。

国外食品召回体系或食品召回系统的研究侧重食品召回涉及的食品供应链各主体关系，食品生产企业社会责任，消费者反应、公共关系与企业品牌对召回的影响，以及作为食品召回体系有机组成与重要部分的以溯源为主的信息系统。Kumar（2012）通过分析 1999～2003 年美国 1307 个食品召回事件，认为危害分析的关键控制点和射频识别技术使用，可以消除暴露于食品供应链中的部分风险，从而大部分食品召回是可以避免的；量化的可追溯系统有助于改进对食品企业生产效率以及召回规模的控制。与此同时，食品召回管理在商业优先的价值链中与食品供应链的所有组织相关，包括从农民到制造商和从分销商到零售商。食品召回作为公司的责任，意味着食品生产企业需要对相关产品进行撤回或召回，同时确实妥善处置不合格产品。食品召回的这些程序需要被集成到一个事件管理系统中，即设计的食品召回管理系统负责召回的所有活动（Saltini and Akkermman，2012）。因此，需要构建基于知识管理框架的召回模式，从故障分析、资源部署、召回技术和程序等方面设计召回供应链（Overbosch，2014）。随着食品企业社会责任意识的提高与企业品牌的发展，越来越多的食品企业意识到食品召回对企业财务与声誉会产生负面影响。因此企业实施食品召回的影响因素包括媒体的关注度、消费者对食品召回的反应、召回对品牌的影响，此外，食品供应链各主体应共同制定召回战略，这可以最大限度地减少食品召回的负面影响（Kumar and Budin，2006）。

三　食品召回供应链协作方面的研究

食品召回管理与食品供应链关系密切，一方面食品召回涉及面较广，从种植（养殖）、采购、生产、加工到流通与消费等食品供应链主要环节都可能存在食品安全问题，从而影响到食品召回的组织与实施；另一方面食品召回是一项系统工程，需要食品生产企业与流通企业、物流企业开展协作，共同完成食品召回的实施，同时食品生产企业还需要在政府管理部门监管之下完成召回实施与结果评估以满足消费者与社会公众的需求。因此食品召回管理需要食品供应链多主体协作，通过分工与合作使得食品召回实施与监管更为有效。

（一）食品供应链相关理论研究

食品供应链的概念在20世纪90年代由Zuurbier等学者提出，食品供应链管理基于常规供应链管理并有别于常规供应链管理。为了降低食品和农产品物流成本、提高物流服务水平与控制食品质量安全，后来的学者将传统的食品供应链管理模式修正为垂直一体化运作模式（Carlson，2014）。食品供应链管理与运作需要农户、生产企业、流通企业、政府监管机构与消费者等供应链主体参与、协作，通过改变各协作主体组织关系控制食品质量安全（Xiao and Yang，2008）。

同时，David（2001）、Hobbs（2002）等研究人员就食品供应链的食品质量与治理结构的关系问题、食品生产厂家组织领导作用，以及食品供应链中的契约协作进行了理论和实证分析。除了达到常规供应链管理目标外，食品供应链管理以全程、全社会、全员食品质量安全保障为主目标，该供应链体系需要结合食品安全控制进行系统化的规划和实施，供应链管理契约需要综合考虑各环节、全过程与多主体的参与和控制（Sing and Hazard，2005）。食品企业最基本的质量保证体系是加强质量文化建设，以形成食品供应链良性经营机制，达到“事前控制”的目标（浦徐进、岳振兴，2019），并依据食品供应链中企业与农户间的交易特性，在不完全契约理论框架下，通过双方承诺实现协商合作达成交易契约（曾小燕、周永务，2018），建立食品供应链信任机制，并最终形成食品供应链契约规制（冯颖等，2018）。

（二）国外基于供应链视角的食品召回研究

国外文献关于供应链对食品召回管理支持的理论研究主要集中在食品供应链中采购与制造外包对召回管理的影响、食品供应链中污染源的分布及其对召回的影响、食品供应链主体间召回信息集成管理等方面。研究缺陷的来源与供应链中召回企业的位置对缺陷产品召回时间的影响，结果显示随着召回时间的延长，企业召回成本增加迅猛，同时对企业声誉的影响加大（Manoa，2012）。根据食品供应链网络的复杂性，研究时间延迟、污染源识别、产品流向等因素对食品召回管理的影响，发现召回动态三级易腐食品供应链网络中存在三种能见度水平不同的污染（Hora et al.，2011）。设计食品安全追溯系统，并将其作为召回物流管理的一个组成部分（Piramuthu，2013）。基于产品召回过程来明确召回程序的关键任务，最终通过追溯实现有效的产品召回（Henry，2016）。从循环经济角度来看，实施食品召回有助于资源的再利用（Siew and Mohamed，2016）。

（三）我国食品召回供应链管理相关研究

国内基于食品供应链的召回管理研究主要集中在食品供应链中食品安全信息、食品供应链各主体对食品召回的影响力、政府对食品安全与食品召回的规制体系建设、食品加工供应链流程再造对召回规模的影响等方面。

当前我国食品召回体系在政府管理体制、企业诚信文化、法律法规体系、标准体系、认证体系、检验检测体系、市场准入管理等方面存在问题（孟祥林，2012；金健，2018）。单靠政府监管的模式已无法满足新形势下食品安全治理的需要，治理工具的多元化是解决我国食品安全问题的有效途径。随着食品行业自律意识的提升、食品企业责任的强化以及政府监管和社会舆论等效果较强的治理工具的出现，亟须重点研究消费者食品安全信任形成机理并适时做出相机抉择（刘志楠，2019）。此外基于闭环供应链理论从资源与环境的视角研究食品企业召回管理，有助于实现食品召回的经济价值与社会价值（崔彬、伊静静，2012）。

在食品召回具体实施方面，我国学者分别从农产品加工环节的产品召回优化－批次分散模型、加入安全变量的成本函数的召回机制、食品召回网络优化、可追溯系统等视角进行研究（潘文军、王健，2014；赵震等，2015）。食品召回管理涉及食品供应链中食品生产企业、政府监管部门与专业物流企业各主体的协作，目前主体之间的关系研究主要集中在食品企业与消费者、政府部门之间存在明显的博弈关系（吴烨，2019；杨慧、李卫成，2019）。

我国食品召回物流管理研究热点主要集中在与食品安全相关的物流管理策略、冷链物流、应急物流、逆向物流、信息控制等领域。达成的共识是，在食品供应链环境下，需要实施召回物流管理来保障食品召回的顺利开展，并从目标体系、激励机制与业绩评价等角度提升物流企业对食品召回保障的内部控制能力。

综上所述，食品召回的起始点主要发生在流通与消费环节，但是召回的回收与处理将反馈到食品供应链的上游环节，同时食品全程供应链的食品安全信息将影响到召回的效率，因此需要借助供应链协作理论研究食品召回的信息沟通与组织协作。因此本书基于食品供应链视角对我国食品召回管理模式与食品召回体系设计进行深入研究，期望能够提炼出与我国食品召回实践相适应的食品召回管理模式以及适合我国食品产业发展的召回体系架构。

本书从供应链多主体协作管理视角研究我国食品召回管理模式，从“为什么召回”“召回哪些食品”“谁负责召回”“怎么召回”“召回结果如何评价”等几个方面探讨我国食品召回管理的实施条件、运行机制、实施流程、管理决策与召回评价等内容，从而形成较为完整的我国食品召回管理模式；同时研究我国食品召回体系设计问题，侧重于从食品供应链各主体之间的组织关系、信息沟通与集成应用、召回物流外包与召回物流网络优化等视角分析我国食品召回体系设计内涵、组成部分与网络结构，分析与提炼食品供应链各主体针对食品召回的实践与管理策略。

第四节　本章小结

从研究对象来看，现有文献侧重食品召回制度的研究，食品召回管理理论研究较少；从研究内容来看，对食品召回管理模式与食品召回体系设计的研究还相对较少；从研究视角来看，现有研究更多地侧重食品企业的召回策略与政府部门的监管政策，对于食品供应链各主体的协作关系研究较少。当前随着食品召回事件的多发，需要完善食品召回管理理论，从食品企业角度建立食品召回管理模式，从食品行业层面设计食品召回体系。因此，本书基于供应链管理理论对我国食品召回管理模式与食品召回体系设计进行理论研究，进一步丰富我国食品召回管理理论的研究内容。同时，本章总结了食品召回管理需要的理论基础，对召回管理、食品供应链与供应链协作等理论进行归纳和总结，并重点分析这些理论在食品召回管理方面的研究成果。通过对已有文献的观点和视角进行研究述评以及梳理食品召回管理相关理论，为后续的研究打下基础。

第三章

我国食品召回制度与实践

根据我国《食品召回管理办法》《食品召回管理规定》详细内容，并结合《中华人民共和国食品安全法》《中华人民共和国产品质量法》《中华人民共和国消费者权益保护法》《中华人民共和国侵权责任法》等法律中的直接或间接的食品召回或产品召回的法律规定，梳理出我国食品召回制度的主要内容。同时，通过总体归纳梳理出我国食品召回制度的构成与存在的问题，并对我国食品召回实践的共性问题进行分析。

第一节　我国食品召回管理相关法律法规

一　《中华人民共和国食品安全法》

我国食品安全法律法规建设早于食品召回法律法规建设，但在食品安全相关法律法规中涉及食品召回的相关规定。《中华人民共和国食品安全法》从无到有，历经数次大幅度修订，里面涉及的食品召回相关规定也在不断补充、完善。

1995 年 10 月《中华人民共和国食品卫生法》正式颁布，其中第四十二条提出："违反本法规定，生产经营禁止生产经营的食品的，责令停止生产经营，立即公告收回已售出的食品，并销毁该食品。"这里提出的“收回”即“召回”的前身或者一种表现，即当前的召回中首先需要将不安全食品（问题食品或缺陷食品）从消费者或销售渠道收回到生产者手中。1995 年的《中华人民共和国食品卫生法》是我国首部关于食品安全的法律，其中提到的对违反规定的食品进行收回与销毁的明确条例虽然只是现行“责令召回”的雏形，但是该规定也可以被理解为我国法律法规层面关于食品召回的先例。

2009 年 2 月第十一届全国人民代表大会常务委员会第七次会议通过《中华人民共和国食品安全法》。首次提出国家建立食品召回制度，并把食品召回制度上升到国家层面，这就标志着我国食品召回制度的诞生。其中有三处“食品召回”的相关规定：一是在第四章食品生产经营的第五十三条提出“国家建立食品召回制度”；二是在第七章食品安全事故处置的第七十二条提出“封存可能导致食品安全事故的食品及其原料，并立即进行检验；对确认属于被污染的食品及其原料，责令食品生产经营者依照本法第五十三条的规定予以召回、停止经营并销毁”；三是在第八章监督管理的第八十五条提出“食品生产经营者在有关主管部门责令其召回或者停止经营不符合食品安全标准的食品后，仍拒不召回或者停止经营的”应承担相关“法律责任”。

《中华人民共和国食品安全法》中“国家建立食品召回制度”一条共提出关于三个主体的相关规定。一是关于“食品生产者”，该主体“发现其生产的食品不符合食品安全标准，应当立即停止生产，召回已经上市销售的食品，通知相关生产经营者和消费者，并记录召回和通知情况”。同时，“食品生产者应当对召回的食品采取补救、无害化处理、销毁等措施，并将食品召回和处理情况向县级以上质量监督部门报告”。二是关于“食品经营者”，该主体“发现其经营的食品不符合食品安全标准，应当立即停止经营，通知相关生产经营者和消费者，并记录停止经营和通知情况。食品生产者认为应当召回的，应当立即召回”。三是关于“监督管理”主体的，即“食品生产经营者未依照本条规定召回或者停止经营不符合食品安全标准的食品的，县级以上质量监督、工商行政管理、食品药品监督管理部门可以责令其召回或者停止经营”。

2015 年 4 月《中华人民共和国食品安全法》进行修订，其对“食品召回”的相关规定更加完善。依然提出“国家建立食品召回制度”，但是补充了“由于食品经营者的原因造成其经营的食品有前款规定情形的，食品经营者应当召回”。在“食品进出口”一章提出“发现进口食品不符合我国食品安全国家标准或者有证据证明可能危害人体健康的，进口商应当立即停止进口，并依照本法第六十三条的规定召回”，即明确了实施食品召回的主体不仅是国内的生产商与经销商，还包括“进口商”，这就确保了我国进口食品若存在问题则可有法可依地实施召回管理与监督。现行的《中华人民共和国食品安全法》于 2018 年 12 月 29 日修正，其中涉及的食品召回管理相关规定依然与以前修订版相似，即最新的《中华人民共和国食品安全法》秉承以往的食品召回管理规定，依然立法规定“国家建立食品召回制度”，也就说明我国在国家立法层面肯定了食品召回制度建设的必要性与强制性。

二　其他相关法律

1993 年 2 月第七届全国人民代表大会常务委员会第三十次会议通过《中华人民共和国产品质量法》，是为了加强对产品质量的监督管理，提高产品质量水平，明确产品质量责任，保护消费者的合法权益，维护社会经济秩序而制定。2018 年 12 月，对该法律进行了第三次修正。该法没有明确提出“召回”规定，但是提出“因产品存在缺陷造成人身、缺陷产品以外的其他财产损害的，生产者应当承担赔偿责任”以及“售出的产品有下列情形[①]之一的，销售者应当负责修理、更换、

① “（一）不具备产品应当具备的使用性能而事先未作说明的；（二）不符合在产品或者其包装上注明采用的产品标准的；（三）不符合以产品说明、实物样品等方式表明的质量状况的。”

退货”。上述法律规定与现有的食品召回规定相吻合，即我国《中华人民共和国产品质量法》虽然未提及召回直接法规，但是涉及召回相关内容。

1993 年 10 月八届全国人大常委会第四次会议通过《中华人民共和国消费者权益保护法》，2014 年 3 月 15 日由全国人大修订的新版正式实施。该法分总则、消费者的权利、经营者的义务、国家对消费者合法权益的保护、消费者组织、争议的解决、法律责任、附则，共八章六十三条。其中第三章经营者的义务第十九条提出，“经营者发现其提供的商品或者服务存在缺陷，有危及人身、财产安全危险的，应当立即向有关行政部门报告和告知消费者，并采取停止销售、警示、召回、无害化处理、销毁、停止生产或者服务等措施。采取召回措施的，经营者应当承担消费者因商品被召回支出的必要费用”。第四章国家对消费者合法权益的保护第三十三条提出，“有关行政部门发现并认定经营者提供的商品或者服务存在缺陷，有危及人身、财产安全危险的，应当立即责令经营者采取停止销售、警示、召回、无害化处理、销毁、停止生产或者服务等措施”。此外，该法律还提出，“拒绝或者拖延有关行政部门责令对缺陷商品或者服务采取停止销售、警示、召回、无害化处理、销毁、停止生产或者服务等措施的”经营者依照本法承担相应法律责任。

2009 年 12 月十一届全国人大常委会第十二次会议审议通过《中华人民共和国侵权责任法》，其是为保护民事主体的合法权益、明确侵权责任、预防并制裁侵权行为、促进社会和谐稳定而制定的法律。在第五章产品责任第四十六条提出，“产品投入流通后发现存在缺陷的，生产者、销售者应当及时采取警示、召回等补救措施。未及时采取补救措施或者补救措施不力造成损害的，应当承担侵权责任”。这就意味着，在产品存在缺陷时，如果生产者、销售者不采取召回等措施，二者就侵害民事权益，应当依照本法承担侵权责任。

《中华人民共和国食品安全法》《中华人民共和国产品质量法》《中

华人民共和国消费者权益保护法》《中华人民共和国侵权责任法》等法律直接或间接提出食品召回或产品召回的法律规定，一方面这些法律规定彰显了国家层面对食品安全与食品召回的重视程度，另一方面这些法律规定也构成我国食品召回制度的主要内容，有助于促进我国食品召回制度的建立与完善。

三　地方性食品召回相关管理规定

2002年10月，上海市第十一届人民代表大会常务委员会第四十四次会议通过《上海市消费者权益保护条例》。这是我国第一个明确提出“召回”与界定“缺陷产品”的规定。该条例第三十三条提出：经营者发现其提供的商品或者服务存在严重缺陷，应当采取紧急措施告知消费者，并召回该商品进行修理、更换或者销毁，同时应当向有关行政管理部门和行业协会报告。这里的“缺陷产品或服务”是指即使正确使用商品或者接受服务仍然可能对消费者人身、财产安全造成危害的产品或服务。同时该条例还明确了行政管理机构与消费者协会的作用，即“经营者提供的商品或者服务存在前款所列严重缺陷，且经营者未采取前款规定的措施的，有关行政管理部门应当依法要求经营者立即中止、停止出售该商品或者提供服务，对已售出的商品采取召回措施”以及“市消费者协会发现商品或者服务存在严重缺陷的，可以向有关行政管理部门提出相应的建议”。

2002年12月，北京市人民政府发布《北京市食品安全监督管理规定》，其中第二十五条提出“有关行政管理部门对经检测确定为不符合安全标准的食品，应当责令生产经营者停止生产经营，立即公告追回。未销售或者已追回的食品，应当根据其不同属性进行无害化处理或者予以销毁。生产经营者发现自己生产经营的食品不符合安全标准，应当立即主动采取有效措施追回或者收回。生产经营者主动追回或者收回的，可以减轻或者免予行政处罚”。该条款中的“责令追回”与“主动追回”对应当前食品召回相关规定中的“责令召回”与“主动召回”。这就是在我国首次实行的“违规食品限期追回制度”，成为我国食品召回的开端。

2006年8月上海市食品药品监督管理局发布与实施了《缺陷食品召回管理规定（试行）》。该规定是中国首部参照发达国家经验制定的、较为系统的“缺陷食品”召回制度。从“食品召回”严格概念上来说，这是我国第一部关于食品召回的法规。该规定首次提出了“缺陷食品”的定义，并对缺陷食品分级、召回方式、召回涉及层面、召回实施程序等方面做出详细规定。

四 《食品召回管理规定》与《食品召回管理办法》

2007年8月国家质量监督检验检疫总局公布《食品召回管理规定》，这是我国国家层面的第一个关于食品召回的专项规定。该规定共分为五章四十五条，涉及“总则”“食品安全危害调查和评估”“食品召回的实施”“法律责任”“附则”五个章节。作为第一个国家层面的食品召回管理规定，其明确了食品召回规定的目的意义，规定了遵照主体与活动，界定了食品召回的对象（即“不安全食品”）、食品召回活动的监督管理主体等内容。作为行政规章，《食品召回管理规定》为全中国范围内的食品召回活动提供了法律保障。

2015年3月国家食品药品监督管理总局公布《食品召回管理办法》。该管理办法分为七章四十六条，涉及“总则”“停止生产经营”“召回”“处置”“监督管理”“法律责任”“附则”相关内容。《食品召回管理规定》是作为加强食品生产经营管理，减少和避免不安全食品的危害，保障公众身体健康和生命安全，根据《中华人民共和国食品安全法》及其实施条例等法律法规的规定，而制定的食品召回管理相关办法；其明确在中华人民共和国境内，不安全食品的停止生产经营、召回和处置及其监督管理，适用本办法。现行的《食品召回管理办法》

通过“三强化”，即强化食品安全风险防控、强化企业主体责任落实、强化依法严格监管，成为当前我国食品生产企业与政府监管部门实施食品召回管理的规范性与可操作性执行文件。

从《中华人民共和国食品安全法》到《中华人民共和国消费者权益保护法》等，我国在法律层面规定了食品类产品的召回管理相关法规，同时奠定了我国食品召回制度建设的基础；从《上海市消费者权益保护条例》到《缺陷食品召回管理规定（试行）》，我国地方性规章制度的制定开创了我国食品召回制度的先河，促进了我国食品召回制度的发展，进一步细化了我国食品召回管理的操作规程，同时标志着我国食品召回制度的建立。

第二节　我国食品召回制度建设发展历程

一　我国食品召回制度建设发展历程

早在2007年我国就制定出《食品召回管理规定》特定行政部门专项规定，并于2015年发布《食品召回管理办法》，这两个规范性文件成为我国食品召回制度的主要组成部分。鉴于国内食品安全的严峻形势，2009年国家颁布的《中华人民共和国食品安全法》规定了食品召回制度，这是我国食品召回制度第一次被写入国家法律，也标志着我国食品召回制度的出现。2019年修订的《中华人民共和国食品安全法实施条例》关于食品召回实施主体、监督管理主体、召回对象、召回活动、责任处罚等也做了详细说明，强化了《中华人民共和国食品安全法》中关于食品召回管理法规的操作性。

早在2002年4月国家质量监督检验检疫总局发布的《出口食品生产企业卫生注册登记管理规定》就提出：“出口食品生产企业应当保证卫生质量体系能够有效运行”，要求包含“制定产品标识、质量追踪和产品召回制度，确保出厂产品在出现安全卫生质量问题时能够及时召回”。该规定已失效，但是在2011年9月另行发布的《关于发布出口食品生产企业安全卫生要求和产品目录的公告》提出：“出口食品生产企业应建立并有效运行食品安全卫生控制体系”，要求“建立并有效执行产品召回制度，确保出厂产品在出现安全卫生质量问题时及时发出警示，必要时召回”。这是我国关于出口食品企业实施召回的专门规定。

2007年7月发布的《国务院关于加强食品等产品安全监督管理的特别规定》提出：生产企业主动实施召回与责令生产企业召回产品为两种食品召回方式；由农业、卫生、质检、商务、工商、药品等监督管理部门依据各自职责，负责食品安全与食品召回监督管理。

2010年3月发布的《餐饮服务食品安全监督管理办法》提出：餐饮服务提供者存在“有关部门责令召回或者停止经营不符合食品安全标准的食品后，仍拒不召回或者停止经营的”，“由食品药品监督管理部门根据《中华人民共和国食品安全法》第八十五条规定予以处罚”。这将食品召回制度涵盖的责任主体延伸至“餐饮服务提供者”。

2010年4月发布的《食品添加剂生产监督管理规定》提出：“生产的食品添加剂存在安全隐患的，生产者应当依法实施召回。生产者应当将食品添加剂召回和召回产品的处理情况向质量技术监督部门报告。”这样，食品召回制度的召回产业范畴扩大，包括存在安全隐患的食品添加剂以及含有该添加剂的食品。

2011年9月发布的《进出口食品安全管理办法》提出：“国家质检总局视情况可以发布风险预警通告”，并决定采取“有条件地限制进出口，包括严密监控、加严检验、责令召回等”措施；同时“进口食品存在安全问题，已经或者可能对人体健康和生命安全造成损害的，进口食品进口商应当主动召回并向所在地检验检疫机构报告”。至此，我国食品召回制度延伸至进口食品范围。

2012年11月发布的《保健食品生产经营企业索证索票和台账管理

规定》中的台账管理部分提出："应当如实记录质量不合格的原料、辅料、包装材料或保健食品的召回、退货、销毁等处理情况"。这条规定是单独针对保健食品制定的。

2013 年 10 月发布的《食品安全风险监测问题样品信息报告和核查处置规定（试行)》提出：食品药品监管总局指导食品安全风险监测问题样品信息报告和核查处置工作；对确认不符合食品安全标准或存在严重食品安全风险隐患的食品，负责核查处置的食品药品监管部门应当依法监督企业查清产品生产数量、销售数量、销售去向等，实施召回，并予以销毁；企业未召回的，可以依法责令其召回。这样，在加强食品安全风险监测与监管工作的有效衔接，规范问题样品的信息报告和核查处置工作中，可以强化对食品召回活动的监督。

2014 年 12 月发布的《食品安全抽样检验管理办法》提出：食品生产经营者收到监督抽检不合格检验结论后，应当立即采取封存库存问题食品，暂停生产、销售和使用问题食品，召回问题食品等措施控制食品安全风险。食品安全监督抽检和风险监测的抽样检验工作是保障食品安全的重要措施，其中食品召回成为控制食品安全风险的一项措施。《食品安全抽样检验管理办法》已于 2019 年 7 月 30 日经国家市场监督管理总局 2019 年第 11 次局务会议审议通过，取代上述办法。

2016 年 1 月发布的《食用农产品市场销售质量安全监督管理办法》提出：由于销售者的原因造成其销售的食用农产品不符合食品安全标准或者有证据证明可能危害人体健康的，销售者应当召回；集中交易市场开办者、销售者应当将食用农产品停止销售、召回和处理情况向所在地县级食品药品监督管理部门报告，配合政府有关部门根据有关法律法规进行处理，并记录相关情况。该管理办法表现出两点重要信息，一是食用农产品也是食品召回的对象，二是集中交易市场开办者、销售者也是实施召回的主体。因此，该规定扩大了食品召回的对象范畴与责任主体范畴。但是关于农产品自身存在问题与是否实施农产品召回，规定没有涉及。

2016 年 3 月发布的《食品生产经营日常监督检查管理办法》提出：食品生产环节监督检查事项包括食品生产者的生产环境条件、进货查验结果、生产过程控制、产品检验结果、贮存及交付控制、不合格品管理和食品召回、从业人员管理、食品安全事故处置等情况；同时食品销售环节监督检查事项包括不安全食品召回等情况。这样，我国食品召回制度的监督管理工作除了涉及政府行政监管外，还深入食品生产经营的日常监督检查当中，强化了食品生产经营企业召回管理的自身监督行为。

之后 2017 年修正的《食品生产许可管理办法》提出：申请食品生产许可，应当向申请人所在地县级以上地方食品药品监督管理部门提交的材料中，必须包含不安全食品召回、食品安全事故处置等保证食品安全的规章制度。这就从生产环节限定了生产者务必建立企业级的食品召回规章制度

除了国家法律与各行政部门法规关于食品召回的若干法律法规外，我国还有若干地方性法规、条例、办法等涉及食品召回规定。例如《广东省食品安全条例》、上海市《缺陷食品召回管理规定（试行）》、《广西食品安全行政责任追究暂行办法》等。这些地方规范性文件成为我国食品召回制度的有力补充部分。

此外，我国还出台了针对具体食品品类的文件，例如国家食品药品监督管理总局 2013 年 11 月发布的《婴幼儿配方乳粉生产企业监督检查规定》。其明确提出，“婴幼儿配方乳粉生产企业应当建立并落实不安全婴幼儿配方乳粉召回制度，记录对不安全婴幼儿配方乳粉自主召回、被责令召回的执行情况，包括：企业通知召回的情况；实际召回的情况；对召回产品采取补救、无害化处理或销毁的情况，整改措施的落实情况；向当地食品药品监督管理部门报告召回及处理情况”。

二 我国食品召回制度的构成

《中华人民共和国食品安全法》提出“国家建立食品召回制度”，即在国家法律层面提出建立食品召回制度。目前即使现有的若干种法律法规、文件、办法构成了我国食品召回制度，但是只能表明存在国家层面的食品召回制度，我国食品召回制度依然不够清晰。我国在立法上虽然设立了食品召回制度，但是由于其缺乏统一的法律保障体系，监管体制、监管机构及信息公开等方面存在诸多问题，食品召回制度还只能说是刚刚起步。完善食品召回制度，应完善相关的法律体系，建立健全相关制度，并形成食品召回的有力监督机制，多力合一，互为配套，使食品召回更具有可操作性与可执行力。

我国食品召回制度是由多层级、多部门制定的多项规章制度、管理条例、实施办法等构成。换言之，虽然《中华人民共和国食品安全法》在国家法律层面提出“国家建立食品召回制度”，但是“提出”的国家食品召回制度并不是完整、明确、可操作性强的制度。

根据我国食品召回管理相关法律法规、文件等，梳理出我国食品召回制度由以下四个方面的法律法规构成。第一部分是基础部分，由《中华人民共和国食品安全法》《食品召回管理办法》《食品召回管理规定》构成。《中华人民共和国食品安全法》有专门条款针对食品召回，同时也是该法提出国家建立食品召回制度，而后两者是我国食品召回管理的最直接与最专门的规章制度。第二部分是相关职能部门规定，即由《进出口食品安全管理办法》《婴幼儿配方乳粉生产企业监督检查规定》等部门食品安全相关规章制度构成。第三部分是地方性食品安全或食品召回规范性文件，由上海市《缺陷食品召回管理规定（试行）》、《广西食品安全行政责任追究暂行办法》等构成。第四部分是其他法律相关的食品召回内容，即《中华人民共和国产品质量法》等法律中食品召回相关内容。

我国食品召回制度由上述法律法规构成，结合相关规定，梳理我国食品召回制度主要内容。我国食品召回制度第一部分是总则部分，主要包括制度目的、制度适用对象、基本概念（食品召回、缺陷食品等）、食品召回主体、食品召回监管机构、召回技术支持主体、食品召回监督主体、食品召回信息系统建设等概括说明。

第二部分是食品安全危害调查和风险评估，包括食品安全危害调查、食品安全风险评估、食品召回企业安全备案与评估，从而确定食品召回类型与等级。

第三部分是食品召回实施流程，主要包括企业主动召回与政府责令召回两种形式的实施流程说明。按照食品召回事前、事中、事后三个阶段进行介绍，从而形成食品企业召回流程的规范性操作标准。其中，涵盖食品召回计划、食品召回公告、食品召回阶段性进展报告，补充企业食品安全文档等规范性文件，以及描述食品召回具体活动，即从预警触发到无害化处理结束后的公告发布的全过程活动安排。

第四部分是食品召回监管流程，主要包括食品召回监督管理主体确定与职责划分，以及监督管理流程。在原有政府监管部门基础上形成科学的问责机制，强化社会公众特别是媒体与消费者的监督作用；同时发挥食品行业与消费者监督作用，形成政府监管、企业自律、行业引导、社会监督的监督管理合作模式。此外需要加强食品召回评估，避免召回流于形式。

第五部分是建立和形成食品召回溯源体系，现有食品召回相关法律法规缺失也是现有食品召回制度存在的严重问题。食品溯源制度是食品召回制度的基础，它有助于迅速查明不安全食品所在，为召回提供可靠基础。完善的溯源系统是美国等发达国家缺陷食品召回制度有效实施的社会基础。当然食品召回的溯源需要良好的食品安全与食品召回信息系统的支撑以及食品安全监测与食品风险评估等专业技术机构的支持。故需要完善食品安全与食品召回相关技术机构的职责。

第六部分是食品召回法律责任完善与食品召回补偿机制建立。针对当前我国食品安全以及食品召回的法则不清、有法不依、法惩不强、依法不严等问题，应加强食品召回法律责任，特别是刑法责任追究。建立食品召回补偿机制，通过处罚与补偿相结合，促进企业主动召回意识提升。

最后一部分是食品召回制度的附则。

食品召回体系是一个涉及食品生产者、销售者、消费者等多个利益主体，并且涵盖法律法规制定、市场监督管理、部门协调等多个管理环节的庞大系统。我国食品召回制度的规范化需要具有绝对权威性的政府机构，故需要国家成立食品召回监管专门的职能部门，统筹食品召回制度的制定、实施与监督。同时，应提升我国食品召回制度的法律等级，以确保食品召回的制度化、常规化、体系化。本书只是借鉴现有的食品召回相关法律法规尝试进行我国食品召回制度的主要内容设计。而权威性、专业性以及具有可执行力的食品召回制度的制定必然由国家层面完成。

三　我国食品召回制度建设存在问题

从我国产品召回制度特别是食品召回制度建设历程中可以发现，我国食品召回制度只是处于建立阶段。虽然目前已有相关法律法规，但是权威性的食品召回制度尚处于建设阶段。目前我国食品召回制度建设既存在产品召回制度建设的共性问题，又存在食品召回制度建设的特定问题。

（一）食品召回制度立法层级低

我国关于食品召回的专门的规章制度主要有《食品召回管理规定》与《食品召回管理办法》。其中，《食品召回管理规定》于2007年由国家质量监督检验检疫总局公布，2020年国家市场监督管理总局对《食品召回管理规定》予以废止；《食品召回管理办法》于2015年由国家食品药品监督管理总局发布，2020 年国家市场监督管理总局对其进行修订。此外，还有大量的各种行政部门的相关规定提及“食品召回”，但是这些规定并不是专门针对食品召回提出的。可以得出，我国食品召回制度缺少国家层面立法的法律制度建设。因此，虽然有《食品召回管理规定》与《食品召回管理办法》作为我国食品召回制度的最主要的组成部分，但是并没有在国家层面建立较为完整的食品召回制度。

《中华人民共和国食品安全法》是国家法律，提出了“国家建立食品召回制度”，但是该法中关于“食品召回”的法律条款内容偏少，食品召回制度体系不完整。2018 版《中华人民共和国食品安全法》共计 154 条，但是其中关于食品召回的条款只有第 63 条、第 94 条、第 105 条、第 124 条和第 129 条这五条，且主要规定集中在第 63 条。

《中华人民共和国食品安全法》提出“国家建立食品召回制度”，这一点值得肯定，因为其毕竟在国家法律层面推动了我国食品召回制度的建立、建设。但是本书认为“国家建立食品召回制度”及其之下的具体内容过于单薄。即便是认为《食品召回管理规定》与《食品召回管理办法》相对完整、相对聚焦，但是这两个规定还是部门规章，立法层次较低，涉及面较窄，执行力相对较弱。

（二）制度建设落后于实践要求

对照《中华人民共和国食品安全法》2009 年最初版本与 2018 年最新修订版，发现关于食品召回的修订内容很少。主要包括：不安全食品的界定从“食品不符合食品安全标准”扩大至“食品不符合食品安全标准或者有证据证明可能危害人体健康的”；补充“食品经营者应当召回”；补充因“标签、标志或者说明书”不符合要求而采取的召回措施；补充“食品安全监督管理部门认为必要的，可以实施现场监督”；修正监管部门，由“质量监督、工商行政管理、食品药品监督管理部门”改变为“食品安全监督管理部门”；新增进口食品召回规定。

2018 年修正的《中华人民共和国食品安全法》固然比早期版本更

加全面，但是对比国外食品召回制度的建设与我国食品召回实践的快速发展，可以认为目前唯一的国家法律层面的“国家建立食品召回制度”的规定远远落后于时代的要求，不能满足当前我国食品召回管理与监督的具体实施要求。该法提出食品安全相关的法律责任包括行政责任、刑事责任、民事责任，但是该法中涉及的“食品召回”的法律责任规定主要集中在对食品生产经营者的行政处罚。由于该法规定的违反食品召回的主体承担的处罚金额远远小于其实施召回的成本，非常低的法律责任威慑力不利于食品生产经营者主动实施召回。我国食品召回制度中法律责任的不完善，使得其缺乏应有的强制力和约束力。

（三）相关概念界定有待精准

食品召回制度是食品召回管理、实施、监督需要遵循的标准，即食品生产经营者实施召回、政府行政职能部门实施监管都需要明确的法律法规作为支撑与支持。目前，《中华人民共和国食品安全法》中食品召回法律条款作为食品召回制度建立的立法依据，《食品召回管理规定》和《食品召回管理办法》作为食品召回制度建设的主要组成部分，其他相关规章制度关于食品召回的规定作为参考内容。上述法律法规主要内容基本构成我国食品召回制度建设依据与内容。但是可以发现，在上述法律、规章制度描述中我国食品召回的相关概念存在含糊、甚至冲突的地方，因此相关概念界定有待修正、修改做到精准化。

基本概念如“食品召回”“不安全食品”等存在歧义或者冲突。“食品召回”作为食品召回管理、食品召回制度的最核心概念，最早出现于2007年的《食品召回管理规定》。基于此，认为我国食品召回制度中的“食品召回”概念是指“食品生产者按照规定程序，对由其生产原因造成的某一批次或类别的不安全食品，通过换货、退货、补充或修正消费说明等方式，及时消除或减少食品安全危害的活动”。按照字面理解，食品召回的对象是“不安全食品”，食品召回的方式包括“换货、退货、补充或修正消费说明”，即侧重召回后的处理。但是“召回”首先需要追回，然后才是追回的处理，因此《食品召回管理规定》中的“食品召回”定义可以被理解为存在本质性的偏差。

我国最早的食品召回制度出现于2002年度的《上海市消费者权益保护条例》，其关于食品召回的描述是“召回该商品进行修理、更换或者销毁”，即可以理解为先召回，再处理。因此这里的召回就可以特指“追回”。同时《中华人民共和国食品安全法》提出“食品生产经营者应当对召回的食品采取无害化处理、销毁等措施”，这一条描述与上海市条例的描述一致，即认为“召回”与“处理”“销毁”是并列的，只是存在先后顺序。因此《食品召回管理规定》中的食品召回的定义存在问题，即未将追回涵盖在内。

本书提出的“食品召回管理模式”中的“食品召回”则是一个更大的概念，认为食品召回是为了减少、消除与控制缺陷食品带来的危害，强调了食品召回的事前、事中与事后控制管理。这将在后续章节进行阐述。

同时，我国食品召回的相关法律法规对食品召回的对象，即不安全食品，有不同的界定，甚至还有不同的词汇描述，如“缺陷食品”“问题食品”等。明确什么样的食品应该召回以及什么样的食品可以召回是完善我国食品召回制度与建立我国食品召回管理模式的前提，因此需要对食品召回的对象进行重新梳理与界定。

此外，关于食品召回的主体，即责任主体，《中华人民共和国食品安全法》与多个规章制度的描述也不相同，出现了“食品生产者”“食品经营者”“食品生产经营者”“食品生产商”“销售商”等表述。从食品流通的角度，可以理解这些主体并不冲突，但是从食品召回制度的权威性来看，这些主体应当更加明确。另外，基于食品召回原因也有可能是与农产品相关的，因此“农户”是不是食品召回的主体，有待商榷。

（四）食品召回监管有待加强

鉴于当前我国食品企业召回意识薄弱以及召回成本过高，食品召回事件相较于食品安全事件非常少，这也暴露出我国食品召回制度落实非常差。同时，在食品召回事件中主动召回占比非常低，说明食品召回整体管控中，政府部门的责令召回发挥了重要作用。但是食品生产经营者实施召回率低，说明我国食品召回受政府部门监管存在较多与较大问题。

首先，更加明确食品召回政府监管部门。《食品召回管理办法》是国家食品药品监督管理总局2015年发布的，提出“国家食品药品监督管理总局负责指导全国不安全食品停止生产经营、召回和处置的监督管理工作。县级以上地方食品药品监督管理部门负责本行政区域的不安全食品停止生产经营、召回和处置的监督管理工作”。而《中华人民共和国食品安全法》最新修正版于2018年发布并提出“县级以上人民政府食品安全监督管理部门可以责令其召回或者停止经营”，这里并没有明确指出食品召回监督管理部门。食品召回制度作为我国食品安全体系的组成部分，其监督管理必然受到食品安全监督管理体系的影响。因此在我国实行“分段监管为主、品种监管为辅”的食品安全监管体制，在分段监管体制下，食品召回存在各环节监管衔接不紧、力量分散，综合协调建设滞后等问题。

其次，监督机构参与水平较低、发挥作用较少。行政部门是食品召回监督管理的首要主体，发挥政府职能作用。食品召回涉及面、影响面广，特别是在政府部门作用发挥不大的情况下，其监管、监督主体不应仅仅是政府部门。《食品召回管理规定》中没有提及政府部门之外的监管主体，《中华人民共和国食品安全法》在食品召回相关条款中也未提及其他监督主体。《食品召回管理办法》提到“鼓励和支持食品行业协会加强行业自律，制定行业规范，引导和促进食品生产经营者依法履行不安全食品的停止生产经营、召回和处置义务；鼓励和支持公众对不安全食品的停止生产经营、召回和处置等活动进行社会监督”。这是我国食品召回制度中首次提及政府监管部门之外的监督主体，即行业协会和社会公众。不能否认，行业协会与社会公众在促进食品召回中能够发挥作用。根据现有的新闻报道、期刊文献等，姑且不论食品召回事件，在更大范围的食品安全事件中，关于行业协会发声的案例寥寥无几。媒体作为公众，在我国食品安全与食品召回中的确发挥出了重大作用，但是存在媒体“发声多”、主体“落实少”的普遍现象。因此，加强行业协会自律与落实媒体监督对于我国食品召回的监督大有裨益。此外消费者作为食品安全问题的最直接受害者，其维权意识提高应在食品召回监督得到法律法规支持。

最后，法律法规管理条例有待从严。食品召回制度一方面要求食品生产经营者履行职责，另一方面要求政府部门发挥监督管理作用。不管是《中华人民共和国食品安全法》相关规定，还是《食品召回管理规定》与《食品召回管理办法》条例，都对食品召回的最主要的两个主体责任进行了明确规定。但是针对食品生产经营者，较为笼统地提出“停止生产经营”、“召回”和“处置”三个主要召回活动，操作细节方面有待强化规定与约束。针对政府监管部门，提出“通知停止经营或召回”、“开展调查分析”不安全食品、要求食品生产经营者提交报告与进行报告评价、责令召回、“发布预警信息”与“记入食品生产经营者信用档案”等规定。《食品召回管理办法》专设一章为“法律责任”，赋予食品药品监督管理部门给予食品生产经营者警告、罚款的权力；同时将监管部门的法律责任确定为“对直接负责的主管人员和其他直接责任人员给予行政处分”。《食品召回管理办法》仅有的针对食品召回主体的行政处罚规定，存在“警告”的威慑性不强与罚款金额过低问题，将导致食品生产经营者实施召回的主动性与责令召回的强制性皆不高。除了上述行政责任外，该规定对食品召回主体的刑事责任、民事责任描述过少，将导致法律层面执法力度不大。

（五）食品召回制度存在部分缺失

食品召回制度存在部分缺失主要表现为食品召回信息系统建设缺

失、食品召回溯源条例缺失、食品召回补偿机制缺失以及食品召回可持续发展制度缺失。

2007 年的《食品召回管理规定》提及“食品召回管理信息化建设”，并要求食品生产者建立质量安全档案与保存召回记录等；而 2015 年的《食品召回管理办法》则不复存在食品召回信息系统建设相关内容。食品召回信息系统建设对于食品安全信息收集、食品召回评估、食品企业质量改进等方面至关重要；同时对于处理消费者问题、发挥公众监督作用等也十分必要。

食品召回的主要活动是追回缺陷食品（不安全食品），但究其本质则是消除食品安全风险。那么食品安全风险到底在哪个环节产生，由哪个、哪些因素导致？解答这个问题有助于发现食品安全问题的真正原因，也是食品召回后的重要任务。解答这个问题涉及食品安全因素溯源。《中华人民共和国食品安全法》虽然提出国家建立食品安全全程追溯制度，但是在食品召回直接相关的规章制度中没有关于食品安全因素溯源条例。不知道问题发生点如何能够解决问题？换言之，当前我国食品召回制度缺失食品召回溯源相关规定，阻碍了食品召回后续的食品安全质量改进。

前文分析了食品生产经营者召回意识缺失、召回成本过高、政府行政监督力度过低和社会公众参与监督不强，这些因素都导致我国食品召回事件发生率远远低于食品安全事件发生率。同时，在食品召回领域，企业主动召回次数远远低于政府责令召回次数。那么，即使我国加大处罚力度推动责令召回，也不会导致企业主动召回的发生。因此，企业主动召回在企业与企业之间、企业与政府之间存在召回与不召回的博弈考量。本书认为处罚是必要手段，但非必然或者唯一手段，应充分分析企业主动召回的利益所在。通过研究发现，企业实施召回能获得利益，甚至获得的利益大于召回的损失时，企业主动实施召回的意识与行为必然有所增强与增多。这一点目前在学术界已经受到关注，而现有的食品召回制度并没有涉及食品召回补充机制的内容。

食品召回的目的是消除食品安全风险，但是更为重要的是在实施召回过程中如何实现召回相关资源的合理利用与召回后的改进，从而实现食品召回的可持续发展。召回资源包括食品自身资源与召回消耗资源。食品自身资源包括食品与原材料、废弃品与包装物等，如何进行召回后物资的再利用是避免因召回而产生自然资源浪费的出发点。召回消耗资源主要指召回消耗的人力、物力、财力等，其中召回物流资源是存在最大浪费或者是召回成本最高的地方，通过提高召回物流效率来提升召回效果则是减少召回资源消耗的出发点。现有食品召回制度中缺少关于食品自身资源的可持续以及召回消耗资源的规定。此外，虽然《食品召回管理规定》与《食品召回管理办法》提及食品生产者的召回计划以及监管部门对召回计划的评估，涉及食品召回的实施，但是关于食品生产者实施召回后结果如何评判以及根据评判结果如何改进自身或其他生产者的召回计划，现有食品召回制度没有规定。本书认为食品召回未来是常规化的食品安全保障措施，那么食品召回的实施与改进就不是单一食品生产者的个体行为，应该形成行业性规范，从而指导企业更好地实施与改进召回管理。

第三节　我国食品召回实践共性问题

一　食品召回制度制约食品召回实践

食品召回制度是食品召回实践的法律依托，因此也是开展食品召回实践的基础与支撑，即我国食品召回活动的开展必须依照我国食品召回管理相关法律法规。目前我国食品召回制度尚处于建设过程中，2009 年《中华人民共和国食品安全法》提出了我国食品召回制度的设定，而且明确了我国食品召回制度的框架内容，可以作为我国食品召回制度体系建设的一个里程碑。但是该法中关于食品召回制度的描述过于宽泛，食品召回相关主体的职责界定不清。此外，我国分别在2007年与2015年发布《食品召回管理规定》与《食品召回管理办法》两个规范性的规章制度。这两个规章制度都是由不同时期我国食品安全监督管理最高行政部门制定的，后者也可以看作对前者的补偿与完善。但是这两个制度对食品生产经营者的职责规定不严以及对食品生产经营者的处罚不严，导致我国既有的食品召回实践执行不够彻底。

目前我国的食品召回管理制度虽然已经建立，但是也存在指导性强而操作性较弱、通用性强而针对性不足的问题。我国食品召回制度虽然说明了食品生产经营者与政府监管部门的各自职责，但是食品生产经营者如何实施召回、召回后的具体处理等相关规定的操作性不强。同时绝大多数食品生产企业承担主动召回的意愿不强，而现有的食品召回制度虽然指导性地提出政府机构职能，但是在食品召回的各个环节具体监管条例不清晰，造成责令召回为主导的情况下，政府的责令召回与召回监管对企业实施召回的执行力与威慑力不强。现有食品召回管理制度涵盖了所有的召回等级与召回类型，即通用性较强，但是各个等级召回以及类型召回的实施与监管相关条例存在不具体、不清晰的问题。上述原因导致了我国虽然有食品召回管理制度，但是这些制度并不能很好地指导与约束我国食品召回实践。更甚之，我国食品安全事件层出不穷，势必有更多的食品召回的发生，而现有的食品召回制度由于指令性不清与处罚性不强，反而成为食品生产经营者抵制实施召回的手段。

我国食品召回制度存在的问题影响到食品召回实施的开展，甚至制约了我国食品召回实践的发展。因此，随着食品召回事件越来越多以及食品召回实践经验特别是教训的积累，需要充分分析我国食品召回实践存在的问题。一方面，通过食品召回实践问题分析找到食品召回制度需要完善的着力点；另一方面，通过大量实践积累总结出切实可用的食品召回管理模式，有助于我国食品召回管理理论的完善。

二　我国食品召回事件占比低

食品召回事件占比是指食品安全事件中实施召回的比例。虽然我国在2007年才出现食品召回管理相关规定，但是在这之后我国的食品安全事件非常多，这些食品安全事件理论上都需要采取召回处理。目前没有学者文献或者政府明文说明我国食品召回事件占食品安全事件的比例，但是从网络留存信息来看，食品安全事件中实施食品召回的比例是非常低的。这也就意味着我国食品召回实施的真实情况远远达不到《中华人民共和国食品安全法》、《食品召回管理规定》与《食品召回管理办法》的要求，即我国食品召回制度基本上还是没有落实。因此我国食品召回事件占比低是目前我国食品召回实践的首要也是最重要的问题，换言之，应该实施召回的却没有实施召回，那么更不要去看召回实施的具体情况。

我国食品召回事件占比低的主要原因有四个：一是我国食品召回制度的约束力不强，导致食品企业推卸召回责任；二是我国食品行业乃至食品生产企业的主动召回意识不强；三是媒体监督不足与消费者话语权不强，导致即使食品安全问题出现，也无法推动食品召回的开展；四是与汽车召回不同，目前社会公众对食品召回还没有形成正确的态度，即召回意味着企业的完全责任的确定，谈“召”色变依然严重影响着食品企业对召回的态度。此外，现有食品召回管理相关规定强化“主动召回”而淡化“责令召回”。理论上食品企业对食品安全问题的认知远远高于政府监管部门与消费者，故只有食品企业主动实施召回才能更有效地控制食品安全危害。而我国的实际情况是责令召回是食品召回的主流方式，在责令召回中，政府的监管不严、处罚不严，又使得责令召回成为一纸空文。

三　食品召回效率不高

目前虽然我国食品召回事件占比低，但也客观存在了部分食品召回事件。在这些食品召回事件中，召回实施效率不高也成为食品召回实施的另一个重要问题。食品召回实施效率不高的主要表现包括食品召回实施完成率不高、食品召回溯源能力不强、食品召回实施速度过慢、食品召回实施成本过高、食品召回后处理措施不当等方面。

食品召回实施完成率是指在明确问题食品总量与可以召回的问题食品总量后，实际完成召回问题食品数量占可以召回问题食品数量的比例。这里，可以召回问题食品数量是指问题食品总量减去已经消费的问题食品总量。已经消费的问题食品无法实施召回，其已经构成既定发生的食品危害。食品召回实施完成率可以衡量借助召回手段减少甚至消除食品危害的能力，即食品召回实施完成率越高意味着尚处于厂家生产环节与销售环节的危害食品越能够更多地得到回收处理，从而减少已知危害食品的能力越强。对于食品召回实施完成率，我国现有食品召回文献与食品召回事件新闻媒体的报道基本上是空白，食品召回实施完成率理论研究空白势必影响食品召回实践的开展与完善。

食品召回溯源主要包括两方面：一是指问题食品危害发生点的溯源，即危害具体发生在原材料、添加剂、生产工艺、销售渠道、物流过程等哪个节点或环节；二是指食品召回实施时，能够追溯到具体环节与渠道的问题食品信息，即明确各个环节、渠道存在多少问题食品。食品召回溯源需要良好的食品安全信息的采集、检测等能力的支撑。目前综观我国食品召回实施若干案例，可以发现食品召回溯源能力不强，即食品安全危害曝光后食品企业还在推诿责任，同时食品安全监管部门也无法确定食品安全危害的出现点或出现源。此外，即使政府部门责令召回后，食品生产经营者到底召回了多少问题食品，还有多少应该召回的没有召回，这个问题在所有食品召回案例中一直存在，成为食品召回效率低的主要表现。

关于食品召回实施速度过慢、食品召回实施成本过高，这与食品实施召回的主体操作能力有关。本书基于分工专业化角度，认为食品生产者仅仅是食品召回实施的责任方，而食品召回本质上更多地表现为逆向物流。因此认为目前关于食品召回的物流能力低下是一些食品召回实施效率低下的另一个重要原因。

食品召回后处理措施不当主要是指目前我国食品召回案例中的召回后处理措施主要是销毁，基于可持续发展理论，应加强召回后问题食品的再利用处理。

食品召回实施效率低下的主要原因包括以下影响因素。一方面是食品生产经营者推卸责任，故意缩小食品安全与食品召回范围。食品生产者是食品安全问题发现与食品安全危害评估的最直接信息来源，其掌握食品安全的主要甚至全部信息，但是食品生产者、销售者基于利益，不愿主动调查、披露食品安全问题。甚至当消费者与新闻媒体质疑和揭露食品安全问题以及事件曝光后，食品生产经营者可能依然对安全问题置之不顾、恶意推卸责任与故意隐瞒事实，致使食品安全危害调查滞后，更加影响食品召回顺利与及时开展。另一方面是食品召回相关信息不全，导致食品召回实施进展慢。食品召回的顺利实施需要食品安全与召回信息的支撑，按照我国食品召回相关管理规定，食品生产者需要建立健全相关管理制度，收集、分析食品安全信息，县级以上地方食品药品监督管理部门负责收集、分析和处理本行政区域不安全食品的停止生产经营、召回和处置信息等。从现有的食品召回案例来看，不管是食品生产企业还是政府监管部门，食品安全相关信息制度并不完善，甚至是缺失的。此外，食品召回发生后，食品生产经营者需要发布食品召回计划、食品召回公告。召回完成后，食品生产经营者应当如实记录停止生产经营、召回和处置不安全食品的名称、商标、规格、生产日期、批次、数量等内容，同时政府监管部门进行召回评估等。这些工作需要建立完善的食品安全与食品召回信息制度，而这些恰恰都是当前我国食品召回实践中缺失的。

四　食品召回对食品安全的弥补能力不强

按照字面理解，召回是实施问题或缺陷食品追回，这也是我国早期对召回的理解。随着我国食品制度不断发展以及食品召回管理相关理论不断完善，召回内涵进一步扩大，即在追回的基础上需对追回问题食品进行无害化处理。换言之，食品召回是指从经销商、消费者手中追回问题食品，并对问题食品做无害化的后续处理，既能减少与消除问题食品对消费者的危害，同时能减少追回的问题食品的次生危害。

目前我国食品召回案例中基本上都提及了召回后的处理方式，主要有返厂集中销毁与返厂无害化处理，具体的无害化处理报告不详。此外，还有一种处理方式是就地销毁。不管是就地销毁还是返厂销毁都意味着这些问题食品不能再做他用，既然不能再做他用，召回的第二个意义即减少问题食品的次生危害就不存在，那么实际上已经没有实施召回的必要性。因此，召回后的无害化处理方式成为召回食品实现再利用的关键。按照循环经济理论，对召回后的问题食品的再处理方式主要是再循环与再使用。鉴于食品的性质，除了说明书、包装等问题而非食品质量问题引发缺陷外，问题食品基本上无法实现再循环，即再次进入原来的流通与消费渠道。这样只剩下一种情况就是再利用，那么什么样的问题食品可以再利用以及怎么再利用成为研究食品召回后处理的关键问题。事实上，问题食品需要召回、怎么召回、召回后怎么处理等一系列问题反映出食品召回对食品安全的弥补能力。按照现有的法律法规，只要是认定的问题食品都应召回，实际上大多数问题食品安全事件出现后的召回行动都是就地销毁。就地销毁算不算召回值得商榷，因此本书在后续章节对食品召回的前置条件进行理论分析，以确定食品召回的精确内涵。

食品召回的主要活动是追回问题食品并做无害化处理，这样实现消除已有的问题食品对消费者的危害与减少问题食品自身的危害。目前我国大多数食品召回实践与食品召回管理理论研究侧重这两个方面。但是究其来源与本质，食品召回制度、食品召回实践活动的出现都是基于保障食品安全，即食品召回成为食品安全问题的最后一道防线。前面的分析都是针对既定与已然发生的问题食品的召回保障，但是如何从根本上杜绝食品安全危害的发生才是最关键与最基础的要求。因此食品召回不仅仅是召回本身，通过召回后的分析发现产生问题食品的本质原因才能使食品召回成为保障食品安全的更稳固的防线。通过食品召回后的分析，探究食品安全危害发生的本源问题，有助于在源头杜绝食品安全危害，此时就不需要食品召回的实施。目前针对重大食品安全事件，涉事食品生产企业多数破产，因此就不存在继续追本溯源发现本源问题。这也反映出食品行业与政府监管部门未充分重视对产生问题食品本质原因的追溯。所以，本书认为目前我国食品召回实践中的食品召回对食品安全的弥补能力不强。

五　食品召回主体联动协作能力不强

分析我国食品召回事件，发现新闻媒体在食品安全事件曝光与推动食品召回实施方面作用巨大，而政府监管部门与食品生产经营者作为食品召回的最主要的两个主体并没有充分发挥主动作用。虽然部分食品安全事件曝光后，部分食品生产经营者实施了召回，但是作为食品召回的第一责任人，其实施召回中存在若干问题。食品生产经营者是被动实施召回的，即召回实施时，食品安全危害已经到了无法隐瞒与无法控制的程度。即使食品生产经营者实施了召回，但是基于利己主义与政府监管不严，大多数的问题食品是否得到召回与是否得到有效处置是不得而知的。作为食品安全与食品召回的监管主体，政府相关职能部门虽然履行了责令召回的职责，但是在食品生产经营者实施食品召回过程中，在监管食品召回计划、食品召回公告、食品召回后处置以及食品召回结果评估等方面，其并没有充分发挥应尽的职责。

食品召回是一个系统工程，涉及环节、涉及主体众多，除了各个主体履行相关职责外，还需要主体之间联动协作，保障食品召回的顺利推动与高效实施。食品召回问题与食品安全问题一样，涉及主导企业上下游关联企业的协作，从食品召回主导企业所在的供应链结构着手能更好地分析相关主体的关系。不论是主动召回模式还是责令召回模式，食品召回最终实施责任主体都是食品生产经营者。按照我国食品召回管理规定，食品生产经营者主要包括食品生产者即食品生产厂家，食品经营者即主要指食品经销企业，包括食品批发商、零售商，其中线上经营者等同传统的线下经营者。鉴于食品召回的出发点是解决问题食品引发的安全危害，而食品安全危害的产生主要与食品生产环节有关。基于食品安全控制角度，食品生产者的控制能力强于食品经营者，以及在食品召回中生产者的召回管理能力与后续处理能力远远强于食品经营者。因此可以确定食品生产者是食品召回所在供应链的主导企业，相关企业的协作需要主导企业来控制实施。

食品召回相关主体的协作主要完成食品召回的合理组织与合作，即包括食品召回信息共享合作、食品召回实施协作与食品召回监督合作等方面。其中鉴于食品召回的主要活动追回表现为逆向物流，因此可将食品召回物流协作单独拿出来并强化为食品召回供应链协作的主要内容之一。

目前食品召回信息特别是溯源信息的不完整甚至是缺失导致了食品生产者、食品经营者、政府监管机构、消费者、媒体等相关主体之间信息的不对称，这是食品召回实施效率低下的主要原因。食品生产者、食品经营者、政府监管部门，作为食品召回的主要主体在目前的食品召回事件中并没有充分履行各自的职责。同时，三者之间的相互约束力较差，更没有形成合力的动力或约束机制，因此这三者基本上在已有的食品召回事件中没有体现合作协同。此外，现有食品召回管理规定提出食品召回的实施活动由食品生产经营者完成，这与现实食品召回实践需求不吻合。食品召回的主要活动之一是追回，而追回表现为物流管理。因此基于物流外包视角，食品召回中的追回活动外包给物流企业来完成会比由食品生产者来完成更有效。同时，我国食品召回之所以未能很好地开展，除了政府强制力不足之外，主要是由于食品生产者不愿意实施召回。食品生产者不愿实施召回的原因之一即食品召回成本过高，而通过物流外包可以降低召回成本，这就有助于促进食品召回事件占比的提升。

六　食品召回管理模式的缺失

目前食品行业与学术界并没有明确食品召回管理模式的概念，只是在食品召回制度中提出将主动召回模式与责令召回模式作为食品召回的类型。这种划分是为了区别食品召回是由食品企业主动发起还是由政府监管部门责令发起。食品召回管理涉及内容较多，表现为一个体系或系统，需要界定出该系统边界、系统目标、组成部分与关联机制。虽然我国食品召回相关制度提出了食品召回实施与监督管理的主体、活动，但是鉴于当前我国食品召回实践存在的问题，可以发现现在的规章制度并不能很好地保障食品召回实施。

食品召回管理主要表现为食品召回的组织与食品召回的监管两项活动，其中食品召回的组织主要是由食品生产者实现，食品召回的监管主要由政府职能部门承担。而鉴于当前食品生产者主动召回意识与能力不足，更需要政府相关职能部门加强监督管理。政府职能部门对食品召回组织的监督管理目前更多地表现为对食品生产者的责任监督与处罚。事实上，我国食品召回管理理论研究与食品召回实施实践均处于起步阶段，这意味着更需要政府职能部门的引导与支持。其中，政府职能部门对食品召回组织的支持表现在召回实施的指导、召回的专业技术支持、企业召回评估与行业召回分析等方面。虽然上述智力支持都在我国现有的食品召回相关规定中有所体现，但是在食品召回实践中并没有充分表现或者发挥作用。因此可以认为我国食品召回监管活动目前更多的是体现在监管而非支持上。此外，食品召回同汽车召回一样是一种常规化的安全保障活动，为了消除社会公众与食品行业对食品召回的非理性认知，需要政府部门提供更多的智力之外的支持。政府相关职能部门对食品召回的监督管理中支持作用大于监督作用时，食品召回才可能成为一种常规化与常态化的保障措施。

同食品召回监管活动一样，目前我国食品召回的组织活动也存在若干问题。就目前食品召回事件占比低以及其中又以责令召回为主这一现状而言，单凭政府监管促进食品召回的实施并不是长效与高效的方式。如何基于食品企业的自觉性与自律性来更多地发挥其能动性是值得研究的问题。

当前我国食品召回实践中，食品召回的组织与食品召回的监管这两项活动存在相互支撑与相互制约的关系。从现有食品召回事件中可以发现，这两项活动自身并没有得到很好的运作同时更谈不上协作。因此有必要梳理二者的关系，找寻关联机制以期更好地支撑食品召回的高效实施，这就是本书提出食品召回管理模式的出发点。食品召回管理模式可以被理解为食品召回组织与食品召回监管的协作方式，而现有的食品召回制度又是食品召回管理设计的基础，解决食品召回实践存在的问题是设计与完善食品召回管理模式的任务，促进食品行业整体召回管理能力提升是完善食品召回管理模式的目标。鉴于目前我国食品召回管理在理论上与实践上的缺失，有必要开展食品召回管理模式的理论研究以期更好地指导食品召回实践。

第四节　本章小结

我国食品召回制度正在不断完善，目前我国没有成熟的食品召回管理模式，而食品召回制度是建立食品召回管理模式的前提与参考依据。本书在后续我国食品召回管理模式讨论时，将根据当前食品召回制度存在的问题进行食品召回制度的改进。同时，食品召回制度也是食品召回管理模式建设的基础，法律法规作为标准是食品召回管理模式的遵循依据。借助完善的食品召回制度，考虑食品召回的多主体、多环节、多活动、多阶段的关联性与持续性，构建食品召回管理模式，形成良性发展机制，有助于推进我国食品召回的常态化与规范化发展。食品安全事件与相关召回事件中暴露出来的召回问题，反映出我国食品召回实践中的问题，分析和解决这些问题可以为促进食品召回制度完善与建立食品召回管理模式提供帮助。

第四章

我国食品召回管理模式设计

食品召回在我国起步较晚，尚未形成完善的食品召回管理模式与食品召回体系。本章从食品召回管理流程与决策方案入手，通过分析食品召回的前提条件与食品召回实施的技术因素，对食品召回管理过程进行梳理。一方面对现有食品召回的实践总结与理论提升十分必要，另一方面食品召回流程设计也是我国食品召回管理模式构建的基础。通过对国内食品召回案例中食品生产企业、政府监管部门以及舆论媒体等相关主体就食品召回实施、监管、监督等方面存在的问题进行分析，有助于明确各主体在食品召回管理中的作用，促进食品召回管理过程的完善。通过分析食品安全风险，提炼出食品召回的条件，这是实施食品召回的前提；通过食品召回主体职责分析以及食品召回管理能力分析，进一步明确食品召回管理体系的结构与目标；通过食品召回程序改进来完善食品召回管理过程，并以食品企业为主体提炼食品召回管理决策方案。食品召回管理过程与体系设计需要食品生产企业、政府监管部门、社会公众等食品供应链多主体的协作，因此本章基于供应链协作理论对食品召回体系框架进行设计。

第一节　食品召回管理的对象分析

一　安全风险与影响因素

（一）食品安全的表现

食品安全的概念已由早期侧重食品数量安全转变为当前侧重食品质量安全。食品安全是指食品无毒、无害，符合应当有的营养要求，对人体健康不造成任何急性、亚急性或者慢性危害。食品安全首先体现在食品作为一种生活必需品的自然属性，即满足营养需求的食品功能属性。其次，食品安全影响到食品企业的生存、食品产业（如我国乳业）环境、国际食品贸易，体现出经济属性。最后，食品安全具有很强的社会属性，体现为法律对食品安全的界定、政府对食品企业的监管、食品安全网络舆情监测以及食品安全引发的社会诚信问题等。本书认为自然属性的维护是保障食品安全的基础和前提条件，食品如果跌破安全底线，自然会丧失食品成为食品的基本属性。经济属性的完备是保障食品安全的手段和机制，市场作为食品企业发展的基础性配置手段，要求食品的生产安全与流通安全。当前在我国食品安全社会属性的实现正成为保障食品安全的重要力量，民众维权意识提高、传媒深入监督是政府完善食品安全监管工作的巨大动力。

食品在社会分工的前提下更多地表现为市场机制下的商品，同时具备搜索品、体验品与信任品三方面的特性。食品的信任质量是指即使在购买以及使用后也难以被使用者确知的食品质量，消费者对食品信任质量的评定需要高成本的信息支持，食品安全具有非常明显的信任品特征。作为信任品，食品的安全质量不是食品使用者能够主动或者有自主能力辨识的，食品质量安全的程度直接取决于生产经营环节参与者的私人决策。因此存在一个食品厂商愿意努力显示自身产品品质与消费者能够顺利分辨产品质量的均衡，这就意味着食品买卖双方关于其安全程度存在着严重的信息不对称，并可能由此引发市场失灵。食品安全相关信息的透明度和可靠性，不仅是影响消费者食品安全信心和其消费行为安全的关键因素，更是食品供应链各主体基于食品质量安全的协作的基础。

本书描述的“食品安全”是指“食品质量安全”。根据《中华人民共和国食品安全法》中的界定，食品安全指食品无毒、无害，符合应当有的营养要求，对人体健康不造成任何急性、亚急性或者慢性危害。食品安全可以理解为食品的卫生、营养等安全属性，反映出食品质量状况对食用者健康、安全的保证程度。

从消费者角度来看，食品安全表现为消费者（食用者）对食品自身质量安全的感知，通常以消费者对产品（食品）的评判作为判断标准。从食品加工与生产企业的角度来看，食品安全表现为生产者（食品企业）对食品自身质量安全的控制程度。食品企业对食品安全的控制表现为其对生产过程内部的产品质量安全内在控制与其对生产过程外部的产品质量安全外在控制。前者包括对食品的健康性、安全性和可靠性的控制；后者包括对食品的原材料采购、物流过程以及销售期的控制。食品企业对销售期的控制是指通过货架期安全管理保持食品质量。食品企业是食品供应链管理中实施质量安全控制的核心企业，因此需要发挥企业的主观能动性。消费者对食品安全信息感知的缺失与食品企业对食品质量控制的缺失，是一组矛盾共同体。食品安全问题的出现、争议与处理在食品（产品）交易中十分常见，食品相关企业在追求利益最大化的前提下，有时无法保证食品的质量安全。

（二）食品安全问题产生原因

食品安全问题的本质是信息不对称下的逆向选择，在利益驱动下食品企业生产出假冒伪劣等有害食品，而消费者几乎完全处于被动与被迫接受状态。传递食品质量的信任品特性方面，在市场调节失灵与政府相关部门监管不到位情况下，食品质量安全难以保证，进而将导致食品安全风险的出现。食品安全风险是指在食品采购、生产、销售等环节发生的，涉及食品质量安全，从而影响消费者生命健康与财产安全的风险。食品安全风险不仅可能对食用者带来危害，而且会影响食品企业的声誉，更为严重的是，有可能产生重大恶性社会影响。

食品生产经营者与食品消费者之间的信息鸿沟是引发食品安全问题的首要原因。在市场失灵时，保障食品安全愈加需要政府部门监管。当前，我国食品安全标准不够完整、食品质量检测体系和认证体系不够完善、食品管理职能缺乏法制化、质量管理机构分散等问题依然存在，政府监管措施与力度相对缺失与不足不利于我国食品安全问题的根治。保障食品安全是一项系统工程，除了分析食品安全影响因素、杜绝食品生产与流通环节的危害发生、完善食品全程监督管理之外，对已然出现的问题食品进行召回管理也是控制食品安全危害放大的有力措施。对食品安全问题的事前预防、事中控制与事后处理，都需要食品供应链网络的组织协调、信息处理与物流服务跟进。

由于食品安全危害范围会延展，食品安全的控制不能仅仅从食品企业出发。影响食品安全程度的质量风险分布于食品供应链的各个环节，因此需要从食品供应链角度对食品安全的内涵与表现做一梳理。食品安全不是仅指食品企业生产的食品的质量安全，而是指食品供应链所有环节的质量安全，食品安全涵盖物质安全、过程可控与信息准确三个方面。

物质安全要求食品供应链中物质投入的安全，具体包括食材安全、辅材安全与环境安全。从“农田到餐桌”，食材依次表现为种子（种畜、种禽、种蛋等）、农作物（禽畜）、农副产品及加工品、销售产品、消费品，确保每个阶段食材的品质安全才能实现最终食品的安全。辅材安全是指化肥（饲料）、农药（兽药）、添加剂等不影响或者不造成食品品质恶化。环境安全包括水质、土壤、大气等生态环境安全与食品包装安全。过程可控是指围绕食品生产企业开展的种植（养殖）、供应与采购、生产与加工、销售与消费以及检测与监督等供应链环节的全面过程控制，保证食品安全。信息准确是指食品在供应链各个主体间流转时，实现食品品质相关信息真实、完整、即时地传递与共享，同时可以做到基于食品安全的信息综合集成应用。以过程可控与信息准确达到食品供应链的组织协调，确保食品供应链全程的物质安全是最终目的。食品安全涉及物质的更替，也意味着食品安全的范围从食品生产企业的加工环节向原材料供应与消费者食用两端延伸，即食品安全的范围扩至食品供应链全过程。

（三）供应链网络环境下的食品安全影响因素

由于食品安全与食品原材料、食品加工、食品销售等过程因素相关，所以食品安全风险存在于食品供应链的各个环节，供应链食品安全风险具体体现如表 4 - 1 所示。

表 4 - 1　供应链环节食品安全影响因素

环节	潜在风险	影响因素	具体表现	控制性评价
供应	生产问题	品种问题	动植物品种存在不健康因素	系统性缺陷
		环境问题	种植与饲养环境土壤与水不卫生，污染饲料	
		加工条件	收货条件/屠宰条件存在安全隐患	
	食材问题	健康问题	动植物成长/出售时不健康（动物源性疾病）	
		添加剂	非食用添加剂的使用造成安全隐患	系统性缺陷
		农残	农药残留超标	系统性缺陷
		细菌	微生物感染/腐败	系统性缺陷
		保质期	过期/临近过期影响食材质量	系统性缺陷

续表

环节	潜在风险	影响因素	具体表现	控制性评价
生产	设计因素	产品设计不当	产品本身、外观设计与安全设计存在安全隐患	系统性缺陷
		说明书不当	说明不当可能引起的误操作	系统性缺陷
	技术因素	已有技术落后	无法达到相应规范要求	系统性缺陷
		更新技术滞后	不符合科学新发现和新数据测定要求	
	加工因素	消毒不到位	加工过程中食材、机器消毒存在问题	
		质量监控失误	食品加工过程中质量监控失误	
		卫生问题	食品加工机器/人员卫生状况不良	系统性缺陷
		操作不当	操作流程不当与操作不卫生	系统性缺陷
	包装因素	标签失误	食品销售包装标签存在问题	系统性缺陷
	市场因素	未达到效果	推向市场后无法达到预期效果	
销售	时间因素	保质期	过期/临近过期再回炉/回流	系统性缺陷
	货架因素	超过保质期	过期商品未下架	
		温控不当	货架/冷柜温度控制差	
		包装因素	食品包装不到位/破损	
		卫生因素	销售区域卫生差	
物流	包装因素	包装不当	运输/仓储等过程中包装破损	系统性缺陷
	储存因素	仓储环节失控	温湿度/（微）生物控制不好引起质量恶化	
		库存管理不当	存货过多	
	运输因素	运输管理不当	温度、运输与配送时间存在安全隐患	
	装卸因素	装卸搬运不当	野蛮操作影响食品质量	
其他	人为因素	人为破坏	人为主动/刻意对产品进行污染或破坏	
	自然因素	不可抗力因素	其他不可抗力因素	

食品的供应、生产、销售与物流环环相扣，任意环节存在安全隐患或者已知问题，安全风险都会传递给下游节点，甚至使安全风险累积叠加造成风险加剧。食品供应链是指从食品的初级生产者到消费者各环节的经济利益主体所组成的整体。食品供应链表现为“从农田到餐桌”过程中经济主体的协作，这些经济主体依次包含农畜生产资料供应商、农畜产品生产者、食品加工生产企业、食品销售企业、食品物流企业以

及消费者等。政府作为部分食品的生产与流通主体以及食品市场的监管、调控与支持方，也是食品供应链上一个不可或缺的主体。其中，经济主体协作使得食品供应链更为畅通、高效运转，政府主体的介入使得食品供应链在食品安全与行业规范方面得到保障。

基于供应链分析食品安全风险，表现为食品物质、生产加工、管理规程、外部环境等相关因素。引起食品安全风险存在的物质方面的因素包括动植物原材料自身存在的安全隐患如转基因生物可能存在不健康因素，使用农药、饲料、兽药后危害物质残留，食品加工过程中使用有害添加剂以及微生物引发的食品污染与腐败等。在食品生产加工环节引起食品安全风险存在的原因包括产品本身、外观设计与安全设计存在安全隐患，生产技术落后导致食品生产无法达到相应规范要求，加工环节操作流程不当引起食品卫生问题，说明书设计不当可能引起的误操作，食品销售包装标签存在问题等。

从食品供应链各个环节分析食品安全的影响因素较为直观。农户是食品供应链前端的生产资料供应者，农产品作为直接食品或者食品加工原料，成为食品安全控制的起点。种子（种畜）、化肥（饲料）、农药（兽药）等农业资料存在安全隐患，如转基因育种可能存在毒性、农药（兽药）残留超标、滥用化肥，这些都会导致农产品品质下降。种植业与畜牧业是食品安全生产的第一关，优质安全的原料是加工生产安全健康食品的必要条件。

生产企业是食品供应链的核心企业，食品加工是保障食品安全的重要环节。在食品加工生产过程中，添加剂与包装物、生产工艺与操作规程、加工设备与卫生环境、检测与认证，这些安全因素的任一缺失都会造成生产过程的安全失控，从而引发严重的、大批量的食品安全问题。流通企业作为食品转换为消费品的渠道组织，包括批发商、零售商与物流服务商。在食品收购、储藏与运输过程中，过量使用防腐剂、保鲜剂、催熟剂，以及包装破损、细菌侵入、冷链断裂、产品过期等，都有可能造成食品安全问题。消费者是食品供应链的终端，消费者对食品安全的认识不足或误解、包装说明不清导致错误食用等，致使消费者成为问题食品的直接受害者。政府相关机构作为食品安全的规制者，理应成为食品供应链的必要成员。当前我国食品安全问题层出不穷的深层原因，与其说是生产经营者受暴利引诱抑或社会诚信缺失，不如说是政府相关机构职责不清、监管不力与执法不严。

（四）食品安全问题产生的原因

引发食品安全问题的因素是多方面的，从食品供应链角度来看，存在于这些表象之上的根本原因与本质表现在组织协调、信息共享、网络支持三方面的欠缺与不足。在组织协调方面，食品供应链的经济组织协调缺少信任机制的保障，我国食品产业总体依然呈现多、小、散、低的特征，食品供应链成员之间的合作更多的是基于个体利益的；同时政府相关部门缺少对食品供应链整体过程的安全规制，存在多头监管、标准不统一、检测技术落后等问题。在信息共享方面，其一，在食品生产与消费过程中存在企业、消费者与政府三方的信息交互障碍，主要表现为农户对食品生产商、食品生产商对消费者都存在食品安全信息的恶意隐瞒与屏蔽；其二，缺少对食品安全风险与危害的全程信息控制，主要包括对食品安全风险的分析与评估，危害食品的检测、监测、预警与溯源等。基于食品安全问题的网络支持问题，主要体现为食品物流网络的相对落后，包括运输与仓储等物流基础设施建设不足，特别是冷藏车辆、冷库等冷链设备的数量不足与未能做到无缝连接，导致食品供应链物流阻塞与冷链物流断链。同时，我国应急物流与召回物流的理论研究与实践管理相对落后，无法满足食品安全问题出现后物流管理的应对与跟进。

管理规程不严格或者不当造成的食品安全风险因素包括食品加工过程中质量监控失误，食品保质期管理不当影响食材质量，食品安全检测技术不符合科学新发现和新数据测定要求，饲养与种植环境、加工过程中食材、机器与人员消毒存在问题，以及包装、运输、仓储、装卸搬运等物流管理操作不当破坏食品质量等。外部环境方面的食品安全风险因素包括空气、水土等动植物生长环境存在污染造成食品原材料安全隐患，生产过程中空气、设施设备、人员等消毒不当造成食品污染，食品在物流环节以及销售和货架期内管理不当受到细菌、动物污染等。

食品安全风险客观存在对消费者健康、食品企业发展造成恶劣影响，需要对其进行检测评估。应通过信息技术与检测技术应用加强食品安全风险控制。食品安全风险评估包括进行危害识别、描述危害特征以及进行暴露评估等方面。食品安全风险危害识别是指对食品供应链各环节可能出现的食品安全风险相关危害因素进行辨识、检测、评价，识别出食品安全风险可能造成的危害影响，并根据危害因素制定控制措施。描述食品安全风险危害特征是指界定影响消费者健康的食品安全风险在危害程度、辐射范围、批量大小等方面的特征。食品安全风险暴露评估是指对于那些通过食品的摄入和其他有关途径可能暴露于人体、环境的相关风险的评价，主要风险来源于生物、化学、物理等因素，风险暴露量主要通过点评估模型、简单分布模型、概率分布模型等刻画（聂文静、李太平，2014）。

食品安全风险因素与供应链各环节、各主体相关，这些因素构成缺陷食品。根据食品安全风险与缺陷的产生原因、影响程度，界定食品安全系统性缺陷为由于饲料、添加剂、农药、生产工艺、保质期等原因，食品危害大、辐射范围广、流通批量大的食品缺陷。存在系统性缺陷的食品对消费者健康与社会的影响巨大，这些缺陷食品是需要加强监督与控制的主要对象。因此本书以食品安全风险分析为食品召回管理研究的出发点与基础，以存在系统性缺陷的食品为食品召回管理的对象。食品安全风险存在于食品供应链的各个环节，通过抽取与评判确定性的风险因素和风险损失，明确食品召回管理的目的即避免与降低食品安全风险。

二　召回对象必要性分析

现实生活中存在大量的食品安全事件，针对这些危害食品需要考虑以下问题：为什么需要召回？哪些食品有必要召回？前期研究结论是，产品价值、流通时间、缺陷率、可回收率等因素影响实施食品召回。抽取与评判确定性风险因素和风险损失，明确具有系统性缺陷与回收经济价值的问题食品才有必要召回。

（一）食品召回的社会意义与经济意义

食品安全风险分析是食品召回管理研究的出发点与基础，并不是所有存在安全风险的食品都有召回必要性。实施食品召回需要一些先决条件，这些条件与食品危害的特性有关，也与召回活动的经济性有关，实施食品召回需要考虑召回的经济效益和社会效益的统一。

实施食品召回管理，可以有效减轻缺陷食品造成的人员伤害、化解食品企业危机、抑制社会诚信的降低，这些就是实施食品召回的社会效益。基于闭环供应链理论，召回后的食品相关物质可以实现资源的循环再利用并减少环境污染，从资源利用与环境保护角度，增加食品召回的社会效益。

食品召回的经济效益表现在两个方面，其一是召回活动的成本分析，其二是召回食品实现重新利用的经济价值。在实施食品召回过程中会发生成本，利用现有的流通渠道与物流网络降低食品召回费用是解决食品召回活动自身的经济问题。实施召回后，合理处置废弃食品以及将有再利用价值的食品投入其他渠道实现资源的循环使用，解决的是召回物质的经济问题。

食品召回的出发点主要考虑食品安全的社会效益，但是召回的社会效益和经济效益并不存在冲突，通过借助合理组织、信息畅通与物流支持可以做到召回社会效益与经济效益的协调统一。

（二）系统性缺陷是召回的前提

是否实施食品召回需要考虑四个方面，分别是缺陷食品的危害程度、缺陷食品的批量大小、缺陷食品的经济价值与缺陷食品可否再使用。召回的前提是问题食品存在系统性缺陷，系统性缺陷是与食品非系统性、偶然性缺陷相比较而言的。

影响食品安全的因素众多，带来的食品危害范围与程度也不尽相同，这种带有危害性的问题食品是一种缺陷产品。缺陷是指“在产品离开卖方时，直接消费者无法预期的不合理的危险”。有缺陷的食品不一定不安全，但是没有缺陷的食品必然是安全食品，因此有必要分析食品缺陷产生的原因，同时测定食品缺陷产生的危害程度。引发食品缺陷的原因类似影响食品安全的因素，主要反映在原材料缺陷、生产工艺缺陷、制造过程缺陷、指示缺陷，以及科学上不能发现的缺陷（如发展缺陷）。

根据缺陷对食品安全的影响程度，可将缺陷分为系统性缺陷与非系统性缺陷。当食品缺陷产生的危害事件发生的频次较高、危及地域较大、危害人群较多时，可以将其看作系统性问题，反之是非系统性问题。非系统性缺陷引发的食品安全问题表现为偶然突发事件，对消费者健康以及社会的危害相对较小，目前我国一般仅以私法来调整食品生产厂商与消费者间的关系。

随着我国农业与食品产业迈向现代化大生产，采用同一原材料、加工工艺、生产设备、包装材料与物流设施等方面的原因，很容易造成规模化的食品安全问题，即产生系统性缺陷。系统性缺陷造成的危害不是针对某个特定的个人，而是为数众多的不确定的消费者群体，其危害不具有“一对一”的偶然性而具有“一对多”的系统性，危害后果极其严重。针对食品安全的系统性缺陷，威胁的是公共安全，因此需要由公法来对其进行规制。对于系统性缺陷产生的食品安全问题的解决，除了考虑食品厂商与消费者的利益诉求和博弈关系外，更需要重构社会利益框架。当前我国食品安全问题发生概率较大，加之系统性缺陷造成的危害巨大，解决食品安全问题的一个有效手段是实施缺陷食品召回管理。根据我国现有食品安全法规、召回管理规定以及国外食品召回管理先进经验，召回是一种对系统性缺陷的事前主动阻断机制，以产品缺陷的存在为充分条件。由于食品的种类和数量繁多，加之影响食品安全的因素存在于食品供应链的各个环节，问题与缺陷食品不可避免。对于少数问题食品的偶然性缺陷，可以仅仅按照个案处理，不必上升到召回层面。

（三）食品召回的必要条件

实施食品召回的问题产品必然存在系统性缺陷，同时还需要从缺陷食品的危害程度、缺陷食品的批量大小、缺陷食品的经济价值与缺陷食品可否再使用四个角度进一步确定实施食品召回的条件。

首先，通过界定系统性缺陷分析问题食品造成的危害程度。食品安全危害是指食品存在缺陷并对使用者造成危害，具体包括缺陷食品不符合食品安全相关法律、法规或食品安全标准提及的使用安全要求。食品安全危害需要进行评估，具体包括缺陷食品的数量、危害程度，主要在缺陷食品的分布上体现，包括危及的主要消费人群数量与地域范围；食品危害产生时的危急程度也影响危害程度，即缺陷食品出现时，危害能迅速放大则危害紧急程度较高，危急程度分为紧急危害与缓慢危害。欧美国家制定了完善的缺陷产品管理制度，对缺陷产品危害风险进行分类与分级，其中危害等级最高的是指产品有极大可能引起死亡、严重伤害或疾病。根据我国《食品召回管理规定》，通过评估食品安全危害的严重程度，食品召回等级可以分为三级。

其次，缺陷食品的批量大小对召回的发起与实施产生巨大影响。缺陷食品的危害程度是从缺陷食品危害性质角度进行衡量，而缺陷食品的批量大小则从危害的数量角度进行评判。缺陷食品与存在安全危害的食品数量、批次或类别及其流通区域和范围有关。由原材料、生产工艺、加工制造等原因引发的某一批次、类型的食品中普遍存在的同一类缺陷构成了食品安全系统性缺陷。这类缺陷存在于大批次与大批量的产品中，这些产品一旦进入流通环节将对大量消费者造成健康威胁。系统性缺陷造成的食品危害有别于非系统性缺陷造成的一般产品质量问题，后者只涉及个别消费者，前者的影响面较大，缺陷食品的批量越大带来的危害越大。同时根据缺陷食品的批次与类型分析，有助于找出引发系统性缺陷的原因，借助食品渠道信息，便于召回活动的实施与召回过程的控制。

再次，评估缺陷食品的经济价值对实施食品召回的影响。食品种类繁多、数量巨大，同时渠道复杂，一方面造成食品安全风险影响因素众多，另一方面有必要对存在安全风险的食品进行自身价值的评判。缺陷食品自身经济价值对实施召回的影响表现在两个方面：一是外界对缺陷食品及其召回的关注度，二是召回成本对生产企业的影响度。食品的自身价值越小，消费者对其重视程度越低。即使该食品存在安全问题，消费者、食品企业以及社会对其召回需要也可能忽略不计。缺陷食品若自身价值较低，即使危害性较强，食品生产企业也会通过信息发布等形式告知渠道成员与消费者，采取就地处理的方式，而不需要进行缺陷食品召回到厂家进行处理。同时，即使食品生产企业有召回的意识，但是企业对召回成本的承担能力较弱也会约束企业实施召回管理。

最后，缺陷食品的可回收再利用也成为实施召回的必要条件。缺陷食品存在有损使用者健康安全的隐患，但是这些召回的食品可以在进行召回处理后进入其他渠道实现资源的循环利用。缺陷食品召回后分析食品安全风险因素，若通过再加工制造新的食品，同时新食品不危及消费者健康，则可以使其再进入流通渠道到达消费者手中。若召回的问题食品不再适合消费者使用，则可以通过分解处理，使分解的食品与食材作为饲料或者肥料，进入新的供应链与价值链。

（四）食品召回条件分析的作用

缺陷食品召回条件是从食品自身的危害性、辐射性、经济性以及循环性角度进行分析，侧重于缺陷食品自身对召回管理的影响。缺陷食品存在危害，因此需要实施召回管理。首先是缺陷食品自身危及消费者健康；其次是食品存在系统性缺陷，表明食品缺陷是大批量的以及产生危害的概率较高；最后是由缺陷食品产生的次生危害，包括对企业形象的破坏、社会诚信的恶化以及缺陷食品造成的环境影响。

实施食品召回的四个条件结合在一起彰显了食品召回的社会意义和经济意义。基于缺陷食品的危害程度与批量大小实施召回，会对社会诚信产生影响力，包括消费者权益保护、食品企业信誉维护和社会诚信维护。基于缺陷食品的批量大小与经济价值实施召回管理，与召回主体即食品企业的召回运营密切相关。缺陷食品批量大，故召回能产生规模效应，对食品企业召回管理的成本有降低作用。缺陷食品自身价值高，企业有能力承担实施召回的运营成本。基于召回食品的再循环实施召回，减少了危害食品废弃处理总量，从而有利于环境保护；同时通过召回物资的再使用，实现了食品工业的循环经济。

第二节　食品可召回性分析

一　食品可召回性指标设定

（一）缺陷食品可召回性的概念

缺陷食品召回条件是从食品自身的危害性、辐射性、经济性以及循环性角度进行分析，侧重于缺陷食品自身对召回管理的影响。食品召回的实施主体是指食品生产企业，因此开展食品召回还需要考虑食品企业对召回物资的技术处理能力。从缺陷食品的危害性、召回管理的经济性和召回处理的技术性三个角度构建缺陷食品可召回性指标体系。缺陷食品可召回性是指基于缺陷食品的危害程度、召回的经济效益以及物资的循环利用，实现召回管理的全面性、及时性、经济性、专业性与安全性，尽量减少缺陷食品对消费者、生产企业和社会产生的负面影响。

缺陷食品存在危害性表现在三个方面：首先是缺陷产品自身危及消费者健康；其次是产品存在系统性缺陷，表明产品缺陷是大批量的以及产生危害的概率较高；最后是由缺陷产品产生的次生危害，包括对企业形象的破坏、社会诚信的恶化以及缺陷产品造成的环境影响。

召回管理的经济性反映在产品自身价值、召回成本与召回收益等角度。产品自身价值表现为单位产品的销售价格，销售价格越高说明产品的价值越高、利润空间越大，企业越有意愿和承担能力为之实施产品召回。实施产品召回需要构建召回体系和付出运营成本，单位产品的召回成本会影响到食品企业是否实施召回。实施召回除了能保障消费者权益和维护企业形象之外，回收的产品循环再利用也会对食品企业带来新的价值。

影响到可召回性的第三个因素是召回处理的技术性，表现为信息追溯性、逆向物流可操作性以及再处理技术实现性。缺陷的监测与发现、召回的触发以及召回过程的控制需要完善的信息网络和信息技术支持。同时缺陷产品与召回过程的相关信息能够共享并实现可追溯，有助于找到缺陷问题的源头和提出解决对策。

召回实施后，发生的回收、集中、仓储与返厂运输等活动表现为召回物流管理，召回物流本质上是一种逆向物流，只是在时间急迫性上比传统的逆向物流要求更高。因此食品企业正向物流网络的完善程度以及召回物流功能的追加对于实施召回至关重要。缺陷产品返回食品生产厂家后，除了弥补消费者损失之外，企业需要对返厂缺陷产品进行再处理以实现召回产品的再利用。食品企业自身或者借助其他企业完成召回产品的再利用，召回物资再处理技术是否具备与难易程度也成为影响召回的因素和召回后续活动是否完备的因素。

（二）食品可召回性指标

缺陷食品危害性表明实施召回的必要条件，反映召回管理社会意义；召回管理经济性表明实施召回的运营条件；召回处理技术性表明实施召回的控制条件，反映出召回管理的控制能力。三者结合在一起构成实施召回管理的先决条件与执行条件。食品可召回性指标建立有助于确定实施召回管理的面向对象、过程执行与结果控制，体现出召回管理的必要性、可行性、合理性。

食品可召回性影响因素见表4－2，并根据危害程度、经济效果与技术能力将具体指标划分为三个等级，指标等级越高表明其危害程度越高、经济效果越好与召回技术能力越容易实现，意味着对其进行召回的可行性条件越好。

表4－2　食品可召回性指标及其说明

总目标	一级目标	二级目标	指标说明	指标等级设定
缺陷食品可召回性	危害性A	产品自身危害A1	对消费者身体的危害程度	严重：3 一般：2 不严重：1
		系统性缺陷A2	缺陷发生是否是批量性，发生的概率	严重：3 一般：2 不严重：1
		次生危害A3	对环境、社会诚信、企业形象的危害	系统性：3 非系统性：1
	经济性B	产品自身价值B1	单位产品的销售价格	高：3 一般：2 低：1
		召回成本B2	单位产品召回的成本	低：3 一般：2 高：1
		召回收益B3	单位产品召回的再利用产生的价值	高：3 一般：2 低：1

续表

总目标	一级目标	二级目标	指标说明	指标等级设定
缺陷食品可召回性	技术性 C	信息追溯性 C1	品类行业总体信息系统是否完善，关键信息能否可提取	高：3 一般：2 低：1
		逆向物流可操作性 C2	逆向物流操作的难易	易：3 一般：2 难：1
		再处理技术实现性 C3	再处理（销毁与他用）技术的难易	易：3 一般：2 难：1

（三）可召回食品的测度

食品种类繁多，并不是所有存在安全风险的食品都有召回必要性，需要结合可召回性条件对召回对象即特定食品种类，进行明确。根据《全国主要产品分类与代码》，主要食品分类：屠宰及肉类加工，水产品的加工，蔬菜、水果和坚果加工，植物油加工，液体乳及乳制品制造，谷物磨制，其他农副食品加工，焙烤食品制造，制糖，糖果、巧克力及蜜饯制造，方便食品制造，其他食品制造，饲料加工，白酒制造，葡萄酒制造，啤酒制造，软饮料制造。针对食品召回条件，通过调研对其可召回性指标采用专家评判法评分，具体分值如表 4－3 所示。

表 4－3　主要食品种类可召回性指标的测度

食品分类	指标	A1	A2	A3	B1	B2	B3	C1	C2	C3
屠宰及肉类加工	C135	2	3	1	3	2	2	2	1	1
水产品的加工	C136	2	2	1	3	2	2	2	1	1
蔬菜、水果和坚果加工	C137	1	1	1	1	1	1	1	1	1
植物油加工	C133	3	3	3	3	3	3	3	3	3
液体乳及乳制品制造	C144	3	3	3	3	3	3	3	2	2
谷物磨制	C131	1	1	1	2	1	2	1	1	1
其他农副食品加工	C139	1	1	1	1	2	1	1	2	2
焙烤食品制造	C141	1	1	1	1	2	3	1	2	1

续表

食品分类	指标	A1	A2	A3	B1	B2	B3	C1	C2	C3
制糖	C134	2	2	3	2	3	3	2	3	2
糖果、巧克力及蜜饯制造	C142	2	2	3	2	3	2	2	2	2
方便食品制造	C143	2	3	3	2	3	3	3	3	1
其他食品制造	C149	1	1	1	1	2	2	2	2	1
饲料加工	C132	1	2	3	1	3	3	3	3	2
白酒制造	C1521	3	3	3	3	3	3	3	3	2
葡萄酒制造	C1524	3	3	3	3	3	3	3	3	2
啤酒制造	C1522	2	2	3	2	3	3	3	2	2
软饮料制造	C1523	2	2	3	1	3	2	3	3	1

18组食品可召回性数据之间存在不同程度的相似性，采用分层聚类方法对样本进行分类。分为三类，其中白酒、葡萄酒、植物油、液体乳及乳制品分为一类，制糖，糖果、巧克力及蜜饯与方便食品分为一类，其余为一类。针对食品可召回性的指标评判，得出白酒、葡萄酒、植物油、液体乳及乳制品的综合分最高，意味着这一类食品若出现安全问题则最应该实施召回管理。

（四）典型性可召回食品分析

将油脂食品类作为典型性可召回食品，进行召回过程的分析。问题油脂是指原材料、生产工艺、流通渠道、保质期等环节出现问题导致对消费者健康存在已知危害或者潜在安全隐患的油脂。同时基于问题油脂回收后还可资利用，因此需要对其进行召回管理。问题油脂召回管理需要同时必备以下三个条件：其一是问题油脂具有一定的危害性，具有对其进行召回管理的必要性；其二是问题油脂残值率较高，召回处理后问题油脂可作他用，具有产品进行召回处理的经济性；其三是问题油脂批量大且处理手段简单，借助逆向物流网络可以实现迅速召回，具有召回管理的可行性。

在既定的时间范围限制内将高残值问题油脂从供应链各节点实施

召回的过程本质上是一种特殊的逆向物流，油脂正向流通与问题油脂逆向召回构成了闭环供应链。以油脂类食品加工企业为核心企业，基于召回管理构建闭环供应链，其结构如图 4－1 所示。油脂加工企业从农户采购原材料后完成加工过程，再将产成品食用油销售给下游其他食品生产企业与消费者，这样构成供应链的正向过程。发现问题食品促发召回活动，通过设立召回中心这一组织机构完成从下游企业和消费者处回收问题食品并做集中，然后将其返回油脂加工企业，这样构成供应链的逆向过程。集中召回到油脂企业的问题油脂，除了少量通过该企业加工处理后能够继续进入食用油脂消费环节外，大部分召回的废弃油脂需要进行二次利用，即油脂企业作为原材料提供商通过再制造企业将废弃油脂转化为饲料、肥料、柴油等有用物质。通过采购、制造、销售、召回、再制造、再流通等环节构建闭环供应链网络，完成了资源的使用与再利用。从闭环供应链角度研究问题油脂召回管理，在企业、消费者、社会与自然的和谐发展中找到切入点，有助于消费者安全保障、环境保护、资源再利用以及企业长远发展。

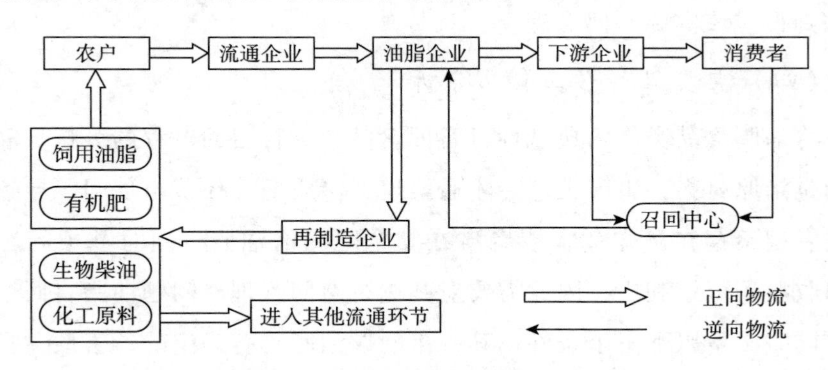

图 4－1　问题油脂闭环供应链结构示意

由于进入闭环供应链回流物品产生时间、地点分散和无序，这就提高了召回管理复杂性。若由制造商负责完成回收，要求制造商建立庞大回收网络，对于制造商来说成本过高。因此由物流商介入供应链，取代食品生产商或经销商承担具体的召回活动是一个有效的手段。通过食品企业与第三方物流商之间的委托代理激励机制，可以充分发挥现代物流的专业性，也体现出物流企业在供应链中的核心竞争力。闭环供应链中的食品召回物流活动，包括将缺陷食品从消费地、流通渠道运回生产地的逆向物流以及将再生品、可利用物资从生产地运往消费地的正向物流，涉及缺陷食品的收集、检测、分类、提取有用资源、再制造、再分销等诸多环节，构成典型的闭环物流。因此需要根据食品召回闭环供应链的结构特征与多目标要求设计、再造闭环物流网络，其中重点研究召回物流活动的设施选址、最佳回收率与设施间的物流量，以及物资在闭环供应链中的运输方式等。借助闭环物流网络，提高物流系统运作的效率与效果，最终实现食品召回与资源再利用。

二　食品召回主体及召回管理能力分析

（一）食品召回的主要责任主体

食品召回体系涉及生产者、销售者、消费者、政府等多主体，涵盖企业自律、供应链组织协作、法规制定、技术支持、监督管理等多环节。食品召回制度将企业自律与政府监管结合在一起，食品召回法律法规体系建章立制是构建食品召回体系的基础。在落实食品召回制度过程中，以法律法规形式对食品企业加以引导和规范，形成召回意识与促进主动实施召回。在食品召回供应链下组织协作方面需要对召回环节与过程进行优化，发挥生产企业、流通企业、物流企业、再处理企业的分工协作优势。同时需要加强食品供应链关于食品安全信息，采购、生产、销售、回收等供应链全过程的产品与销售、渠道信息，召回触发、组织、上报、评价等召回过程信息的集成管理。召回体系的建立与完善除了需要信息技术外，还需要食品安全检测技术与召回管理技术标准的建立。建立召回管理相关的信息技术、食品安全检测技术、召回管理技术标准是完善食品召回体系的内在要求，同时需要供应链各个主体的信息协作、技术协作与组织协作。

食品生产企业作为召回主体需要完善自己企业运作的食品召回管理模式，基于当前企业召回意识不足，即使企业实施召回其召回结果也不理想，仅仅依靠食品生产企业自行组织召回管理并不能保障食品召回的高效执行。因此应在行业层面构建食品召回体系，对食品生产企业的召回管理进行支持与控制，即通过食品召回体系构建使食品召回制度化的规程，从而在整个食品行业落实食品召回制度。

（二）食品召回管理能力的表现

食品召回各个主体在食品召回程序中发挥不同的作用与职责，应通过各主体的共同协作来保障食品召回的顺利开展与高效监管。除了各主体分工合作之外，还需要主体之间形成一定的合力，这在食品召回实施中体现为食品召回管理能力。

食品召回管理能力是指食品生产者与相关主体完成食品召回任务和实施召回活动所必须具备的基础性能力的总和，主要包括五个要素，即组织协调能力、计划执行能力、信息沟通能力、物流支持能力、回收处理能力。五种能力之间相互联系、相互依存，通过各种能力的强化与相互协作，直接影响食品整体实践水平，同时食品召回管理能力与食品召回结果评价相匹配。

组织协调能力是指为了实现召回目标，对食品生产者、政府监管机构、物流企业、社会公众等食品召回相关主体进行任务与资源分配，通过各主体之间的分工协作对资源进行分配，使之相互融合实现组织目标的能力。

计划执行能力是指以食品企业为食品召回的责任方，设计食品召回计划，与食品销售方、物流服务方、消费者等合作，保障食品召回计划顺利执行的能力。

信息沟通能力是指各主体之间建立、提取、共享、传递、处理、利用与控制食品安全和召回信息的能力，其取决于召回管理信息技术水平和召回管理信息网络建设等因素。

物流支持能力是指为了保证食品全面、及时与低成本召回，合理设计召回逆向物流网络与加强召回物流中心功能建设，提高对召回物资的物流管理水平的能力，其取决于物流企业能力、物流网络设计与物流功能提升等因素。

回收处理能力是指为了实现召回食品的资源再利用，需要对召回的食品进行再加工、再处理，使其进入新流通渠道，实现资源再循环与减少环境污染的能力。

（三）食品召回管理能力要素的关系结构

食品召回管理能力的形成与提升受到内部因素与外部条件的共同影响。内部因素主要包括企业责任意识、召回方案设计、召回组织实施与基础设施完善等方面。

随着消费者维权意识的提高以及食品企业的长期发展，越来越多的食品生产者具备了主动召回的意识。食品生产者召回意识的提升有助于在进行企业战略规划和日常运营时，做好食品安全风险控制与召回相关信息档案建设等方面的准备。召回方案设计是指基于召回战略目标设计梳理召回过程，分配召回参与主体职责，提出召回事前、事中、事后管理策略，从而达到对召回事件的分析、识别、评价。召回方案设计是整个召回管理与召回实践的基础，方案设计的好坏直接影响到召回管理能力能否形成。召回组织实施是对召回方案的具体操作与控制，包括供应链主体间的组织分工和食品企业自身的召回组织管理。供应链主体间的协作是指食品企业在政府监管之下委托物流企业完成召回活动，以及食品企业和再处理企业实现对召回食品的二次加工处理。食品企业作为召回的责任主体，内部需要进行人员安排、财务管理等操作事务。召回基础设施完善主要包括召回信息网络与召回物流网络建设，是食品召回管理能力实现的物质基础和保障。影响食品召回管理能力的内部因素一方面是以食品生产者为着力点，发挥食品企业组织召回的主观能动作用；另一方面是以食品召回实施为直接载体，强调召回组织的必要条件。

影响食品召回管理能力的外部条件包括社会发展、国家政策、召回理论、科学技术等方面。社会发展水平的提升在消费者权益保障、食品产业有序发展、社会诚信环境维系等方面，要求食品企业具备召回意识，并通过实施召回管理有效解决食品安全问题。鉴于我国食品企业发展参差不齐以及部分企业社会责任意识不强等情况，国家相关部门制定了《食品召回管理规定》《食品召回和停止经营监督管理办法（征求意见稿）》等规章制度，用于规范食品生产者实施召回。食品召回理论是借鉴汽车召回、玩具召回等相对成熟的召回理论基础，用以指导食品召回实践的理论。

食品召回理论的创新发展能够指引形成召回管理能力的各种因素的发展方向与重点。食品召回涉及食品安全检测、信息网络等科学技术，科学技术融合渗透于食品召回体系能力各要素之中。科学技术对食品召回管理能力的各基本要素产生深刻影响，是促进召回理论与实践发展的根本动力。实施食品召回有助于有效解决食品安全问题，有助于食品行业的良性发展。社会发展、国家政策以及科学技术等外部条件对食品召回管理能力的影响表现在三个方面：其一是外部条件创造了食品召回的需要，消费者、食品企业与国家层面都需要通过食品召回解决食品安全问题；其二是外部条件支持食品召回的运作，政策与理论、科学技术在行政与科研角度能促进食品召回实施；其三是外部条件对食品召回提出新的要求，具体表现在食品召回体系目标构成、供应链组织协作与召回网络建设等方面。

食品召回管理能力要素之间存在着相互作用与相互依赖关系，如图4－2所示。在消费者、企业与社会三者利益统一化战略的推动下，内部因素和外部条件对食品召回管理能力的形成具有支撑作用。

外部条件是驱动食品召回的动力，同时外部条件为食品召回体系建设提供理论依据、政策保障和技术支持。外部条件对内部因素发挥支撑作用，对内部因素的形成和发展提出规范和要求。在食品召回的目标约束下，内部因素之间相互耦合、影响和协作，形成合力提升食品召回管理能力。影响食品召回管理能力的外部条件形成一个大循环。社会发展对食品安全提出更高要求，因此需要从国家层面制定食品召回相关政策，同时通过食品安全与召回相关科学技术的理论发展促进食品召回实践。基于食品生产者的社会责任促发召回管理实施，通过基础设施完善、召回方案设计保障食品召回的顺利组织实施，因此食品召回内部因素构成了小循环。食品召回外部条件大循环与内部因素小循环之间也存在着耦合关系，包括社会发展和国家政策有助于提高食品企业开展召回的意识，科学技术与召回理论的发展有助于食品企业优化召回方案设计。大循环带动小循环，在食品召回的外部条件和内部因素的共同作用下，实现食品召回管理能力的形成与提高。

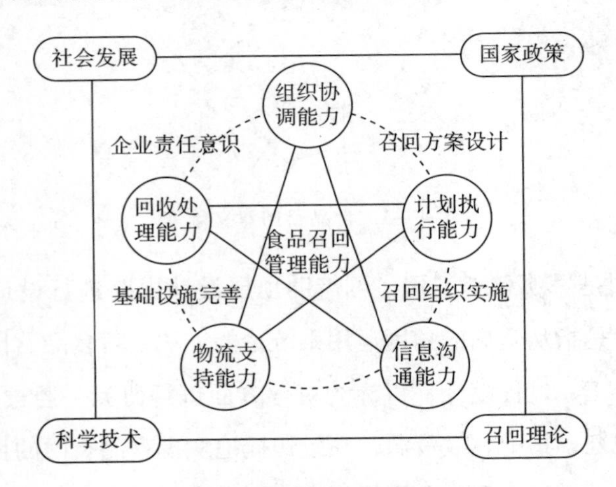

图4－2　食品召回管理能力要素关系

第三节　食品召回管理过程设计

一　食品召回管理过程顶层设计

食品安全问题不同于一般产品质量问题，食品安全事件不仅有损于食品企业形象与消费者权益，更会造成社会诚信缺失，因此实施食品召回管理控制食品安全隐患应得到战略重视。根据食品缺陷的定义，缺陷存在于批量性产品中，将对大量消费者造成影响从而导致社会诚信危机。实施食品召回的战略意义主要表现在以下几个方面：保障消费者权益，维护企业形象，实现资源再利用，保护生态环境，创造诚信的社会氛围，如图 4－3 所示。基于食品召回的重要性，需要构建食品召回体系，并不断完善与改进。

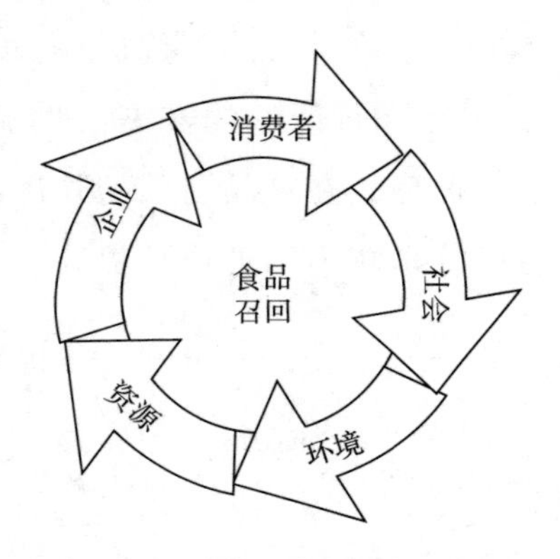

图 4－3　食品召回意义示意

食品召回是一项系统工程，可借助顶层设计思路进行设计探究。食品召回顶层设计是指从全局的角度运用系统论的方法，对食品召回活动的主体协作、任务分工、过程设计、目标约束等方面进行研究，通过召回各层次、各要素统筹规划，集中有效资源，高效快捷地实现食品召回的目标。

顶层设计是自顶层向底层展开的设计方法，核心理念与目标都源自顶层，因此食品召回管理首先注重顶层目标设计。食品召回管理的顶层目标是全面、及时、安全与经济地完成食品召回，基于该顶层目标，需要分析食品召回的各种支撑手段以及手段之间如何配合协作完成食品召回目标。食品召回顶层目标决定了底层的过程控制。食品召回管理顶层设计其次需要实现整体的关联性，分析影响顶层目标的内部要素以及要素之间的关系，通过体系要素形成关联、匹配与有机衔接的整体架构以便实现顶层目标。食品召回管理通过食品召回体系的方案设计、流程分析、过程控制与结果评估，达到实际可操作性的改进与效果提升。

二　食品召回管理操作程序改进

我国最早与最直接的关于食品召回管理的规章制度是《食品召回管理规定》，该规定是在2007年8月由国家质量监督检验检疫总局制定与发布。在2020年7月国家市场监督管理总局决定对《食品召回管理规定》予以废止。因为《食品召回管理规定》提出的食品召回程序相对完整，所以本书在《食品召回管理规定》相关程序基础上做改进。按照《食品召回管理规定》，召回程序包括食品安全危害调查和评估、食品召回实施、食品召回评估与监督。鉴于多数食品安全事件由消费者投诉与媒体曝光，召回程序中包括召回触发环节，因此食品召回程序包括召回触发、食品安全危害调查和评估、召回实施、召回评估与监督四个过程，具体如图4－4所示。

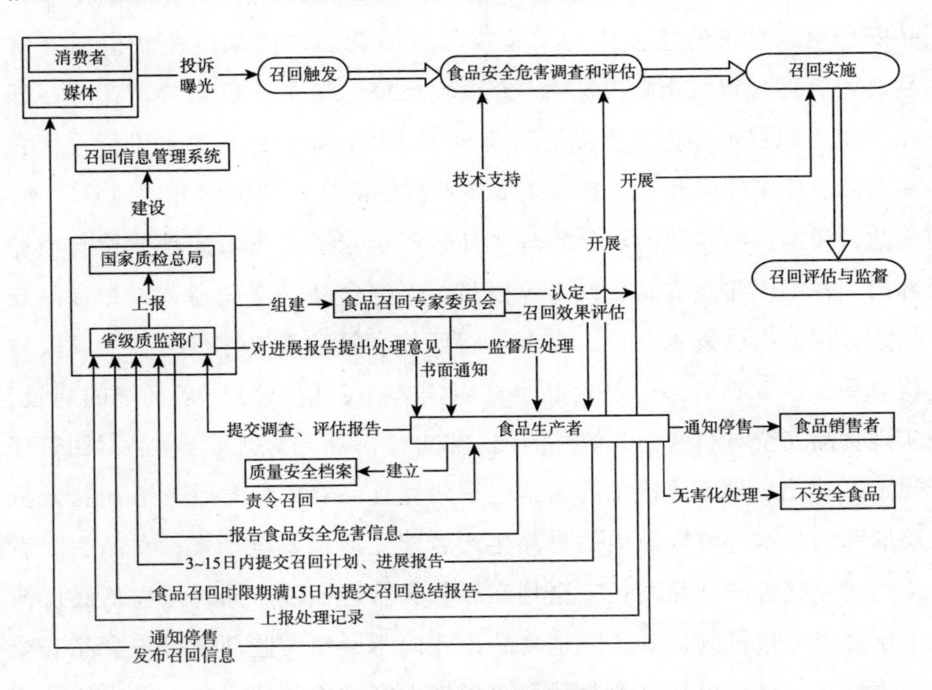

图4－4　食品召回管理程序

（一）食品召回触发过程

根据《中华人民共和国产品质量法》《中华人民共和国食品安全法》《国务院关于加强食品等产品安全监督管理的特别规定》等法律法规，有证据证明对人体健康已经或可能造成危害的食品，被称为不安全食品，即实施食品召回的对象。消费者发现不安全食品并通过向媒体、质监部门投诉后，触发食品生产企业实施召回管理。触发召回的实施有两种情况，一是企业生产者主动召回不安全食品，二是国家质检总局责令食品生产者召回不安全食品。前者是食品生产者主动承担召回义务，从而维护企业信誉和承担社会责任；后者是由国家质检总局根据相应法律法规对潜在的或者已表现出来的对消费者人体健康和生命安全造成损害的不安全食品的食品生产者提出强制执行召回管理要求。

一般而言，召回是通过偶然性的食品安全事件而触发的，但是为了更好地实施召回管理和控制召回过程，需要相关监管职责的确定和食品安全信息系统的建设作为实施食品召回管理的前期准备。根据《食品召回管理规定》，国家质量监督检验检疫总局主要负责协调工作，即在其使用职权范围内对食品召回管理工作进行统一组织，并开展全国食品召回总体工作的监管；省级质量技术监督部门在省域内开展监管工作。因此，我国食品召回的监督管理主体包括国家级与省级两种质检与质监部门。并组织建立食品召回专家委员会，为食品安全危害调查和食品安全危害评估提供技术支持。在食品召回信息管理系统建设方面，国家质检总局、地方质监部门与食品生产者需要完善信息与档案系统的建设，实现食品安全与召回相关信息的统一收集、分析与处理。《食品召回管理规定》指出，国家质检总局应当组织建立食品召回信息管理系统；地方质监部门为本行政区域内的食品生产者建立质量安全档案；食品生产者应当建立完善的产品质量安全档案和相关管理制度。同时建立从底层向上层逐级汇报机制，最底层是食品企业向所属地质监部门报告食品安全危害信息，再一级是收到食品企业汇报内容的质监部门向上一级质监部门（国家质检总局）上报本行政区域内的有关食品安全危害和食品召回信息。2018 年 3 月组建国家市场监督管理总局，其主要职责包括负责宏观质量管理，涉及“建立并统一实施缺陷产品召回制度”。

（二）食品安全危害调查和评估过程

消费者投诉与媒体曝光后，食品安全事件得到国家监管机构以及社会的关注，触发食品召回。食品召回程序进入第二阶段，即食品安全危害调查和评估。食品安全危害调查的主要内容包括：缺陷食品是否安全，根据相关法律、法规或食品安全标准进行安全评估；食品是否可以食用，通过权威部门判断食品是否含有非食品用物资以及食品生产企业是否将非食品作为食品原材料或者食品；缺陷食品流通与消费的群体构成、分布与比例；缺陷食品生产、流通、销售的数量、批次或类别及缺陷食品的流通区域和范围。食品安全危害评估的主要内容包括：缺陷食品危害程度与可能性；缺陷食品的危害影响；危害的严重和紧急程度；危害发生的短期和长期后果。食品生产企业是食品安全危害调查和评估主体，获知其生产的食品存在安全危害或接到质监部门的食品安全危害调查书面通知后，进行食品安全危害调查和食品安全危害评估。食品生产企业完成食品安全危害调查与评估后向质监部门提交食品安全危害调查、评估报告。同时质监部门组织专家委员会进行食品安全危害调查和食品安全危害评估，并做出认定。

（三）缺陷食品召回实施过程

经食品安全危害调查和评估，确认属于食品生产企业自身生产原因造成缺陷食品的，食品召回程序进入第三个阶段，即实施召回。首先，确定召回等级，根据食品安全危害的严重程度、流通范围与造成的社会影响分为三级，其中一级召回等级最高。其次，明确食品生产者主动召回与责令召回。最后，如果食品生产企业实施主动召回，首先停止生产和销售缺陷食品，同时对消费者、渠道销售者停止销售，并及时向社会发布食品召回有关信息，以遏制危害食品不良影响的扩大；其次食品生产者向省级以上质监部门提交食品召回计划并及时报告召回相关进程。责令召回比主动召回多一个程序，即食品生产者首先接到相关部门的责令，后续召回程序与主动召回程序一致。基于企业形象的维护和社会诚信环境的建立，食品生产者实施主动召回比被动责令召回产生的意义更为重要。

（四）食品召回评估与监督过程

食品生产者完成食品召回后，进入召回评估与监督程序。首先，食品生产者建立与保存召回记录，主要内容包括食品召回的批次、数量、比例、原因、结果等。其次，食品生产者向所在地的省级质监部门提交召回总结报告；实施责令召回的食品生产者向国家质检总局报告。再次，质监部门组织专家委员会对召回总结报告进行审查，对召回效果进行评估。最后，食品生产者对危害食品进行无害化处理。

三　食品召回主体协作关系

按照《食品召回管理规定》，食品召回涉及的主要主体包括三个方面，即食品生产者和销售者、消费者和社会公众以及政府监管监督机构。基于供应链协作理论，食品召回的有效实施涉及供应链各个主体的协作，各主体发挥不同的职责。根据上述食品召回程序，需要食品召回涉及的食品生产者与销售者、物流服务商、消费者与社会公众以及政府监管机构等形成协作关系。

食品生产者即食品制造企业是食品召回的责任主体，作为食品生产商，只要食品存在安全问题，企业都有必要对其进行召回处理。食品销售者作为食品生产者的供应链伙伴，既是食品生产者的下游经销商，也是食品生产者实施召回的来源方之一。一旦食品召回触发，食品制造企业需要通知经销商停止销售，同时食品销售者也需要积极配合食品生产者，并参与到食品召回活动中。

消费者是食品安全事件的受害方，也是触发食品召回的关键影响者。实施食品召回时，消费者是食品召回管理的直接受益方。消费者也代表了社会公众，在实施食品召回时，食品生产者需要告知消费者和社会公众相关的危害产品信息和召回信息。食品安全事件危及社会诚信和国家形象，因此政府承担着食品召回的监督监管职能，具体主体包括最高层面的国家质检总局和各级质监部门。此外食品危害分析与评估需要专业技术支撑，因此政府部门进行食品召回监管时会组建食品召回专家委员会这一技术支持机构。除了上述主体之外，食品召回管理还涉及媒体、物流企业、再处理企业与农户四个相关主体，食品召回管理相关主体构成网络结构，如图 4－5 所示。

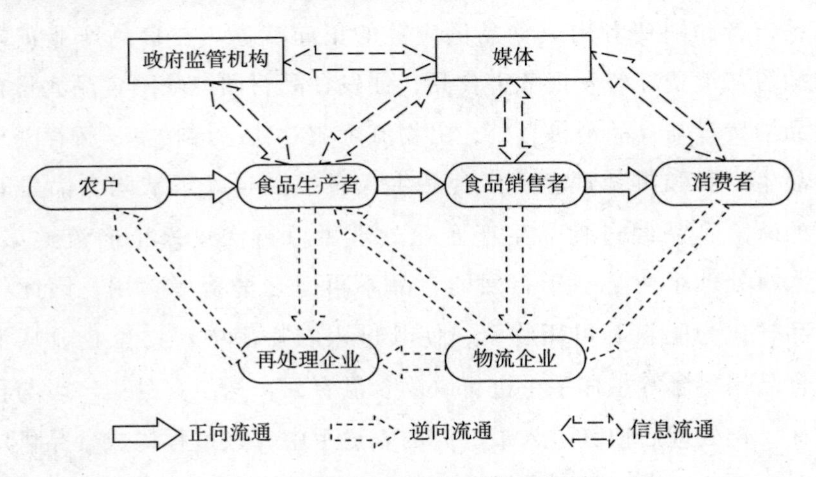

图 4－5　食品召回相关主体网络结构

媒体在实施召回管理时发挥两个作用，其一是舆论监督作用，其二是信息通报作用。通过舆论监督，媒体促进了消费者对食品安全事件的认知以及食品企业对实施召回的重视。食品召回需要在短时间内将分散广泛的危害产品进行收集、储存和运输，现代物流介入食品召回环节有助于保障食品召回的全面性、及时性。同时借助食品供应链物流网络和专业物流操作，有助于降低食品召回的成本。因此物流企业成为食品召回的实际操作方，受到食品生产者的委托进行召回逆向物流管理。基于召回食品资源的再利用，召回的食品除了部分通过食品企业重新加工再次进入原来的流通渠道之外，多数回收的食品需要进行再处理。因此再处理企业也成为食品召回管理的主体之一。农户与食品召回的关联表现在两个方面：一方面，农户是食品召回主体食品生产者的上游企业，为食品生产者提供原材料，农户提供的食品原材料存在问题也是引发食品召回的原因之一；另一方面，农户是食品召回再处理企业的下游企业，即再处理企业将召回食品转化为化肥、饲料等新产品后，这些新产品又成为农户的农资。

食品召回是一项系统工程，需要多方主体共同完成。通过食品召回各主体间的分工与协作也能更好地完成食品召回的组织、实施与监督。食品召回相关主体围绕食品生产者形成网络结构，农户、食品生产者、食品销售者和消费者构成食品供应链的正向流通。在食品产业正向流通的销售与消费环节发现危害食品，促发食品召回。缺陷食品大量存在于食品消费者与食品销售者处，由物流企业对其进行收集、暂存并运送到食品生产者和再处理企业。食品生产者接受与处理缺陷食品是基于返厂的缺陷食品经过食品生产企业处理可以再次进入正向流通渠道；而进入再处理企业是基于召回的食品不再适合消费者食用，因此将缺陷食品转化为肥料等可用物资，使其进入农户手中。物流企业从消费者、食品销售者等主体手中进行缺陷食品召回，送至食品生产者与再处理企业，再处理后使其进入最上游的农户手中，该过程构成食品供应链的逆向流通。逆向流通包含召回、再处理与再流通三个环节。食品召回管理将食品正向流通与逆向流通实现有机结合，构建了食品闭环供应链。正向流通与逆向流通包含商流与物流两个功能，食品召回除了包含物资的流通之外，还存在大量的信息流通。农户、食品生产者、食品销售者、消费者、物流企业和再处理企业之间需要信息沟通与共享，服务于采购、生产、销售、再处理与召回等活动。同时政府监管机构和媒体也是食品召回信息流通的主要节点，政府监管机构主要对食品召回实现提供监督与技术支持，媒体对食品召回进行信息发布与舆论监督。

第四节 食品企业召回决策管理

一 食品企业召回决策过程设计

食品生产者是实施食品召回的责任主体，召回主要由食品企业来控制完成，因此在分析食品召回程序的基础上应进行食品企业召回决策。食品企业召回决策是指食品企业设立食品召回的目标和方案，通过分析、识别、设计、组织、评价召回事件，改进食品召回实施策略。本书构建食品企业召回决策体系，如图4－6所示。

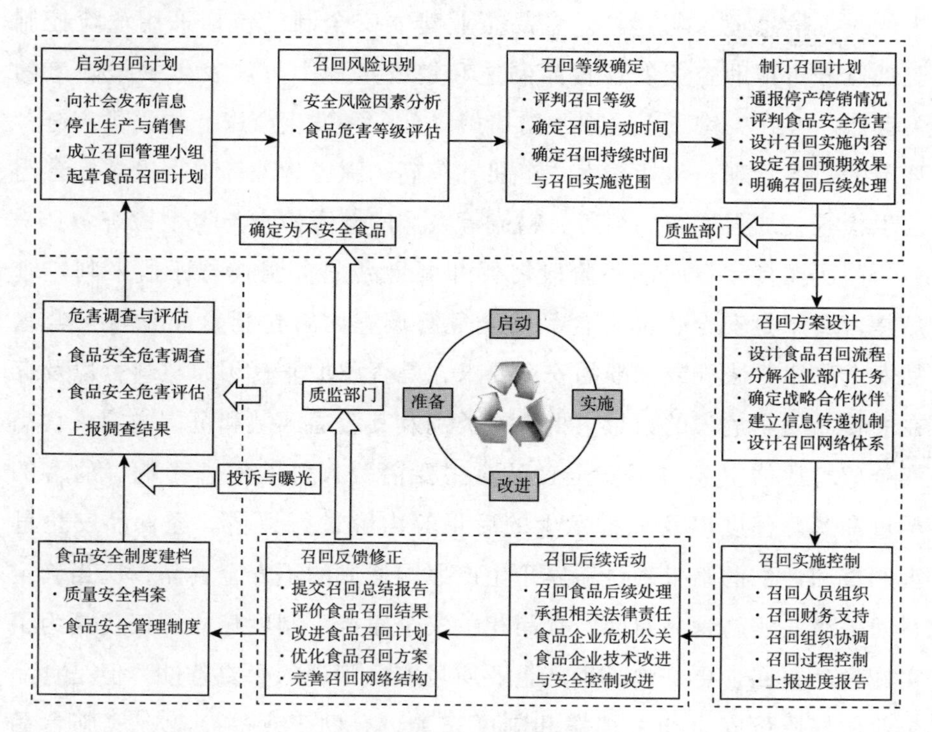

图4－6 食品企业召回决策过程

食品企业召回决策目标是合理设计食品召回方案，通过对食品召回的过程控制，达到全面、及时地实施缺陷食品召回，同时通过对食品召回决策方案的反馈修改，使食品召回决策不断改进。食品企业召回决策分为四个阶段，分别是准备阶段、启动阶段、实施阶段和改进阶段，通过四个阶段的循环，不断完善食品企业召回决策。

（一）准备阶段

准备阶段分为食品质量安全建档与建立安全制度、食品危害调查与评估。

首先食品企业需要建立完善食品质量安全档案，记录并保存原材料采购、加工、销售等环节与食材、工艺、销售以及物流的储存、运输、配送等信息；同时加强食品标识、食品事故、消费者投诉和食品危害纠纷等信息记录与建档。食品企业建立安全制度包括采用危险控制关键点分析帮助企业发现食品制造和销售过程中可能发生安全隐患的关键点，并在关键点上采取预防措施降低危害发生概率。加强供应链各环节的卫生管理，包括仓库、车间、车辆、销售货架等卫生设施完善与卫生检查；加强生产、销售、物流等人员的健康检查与卫生检查。

其次在食品召回准备阶段需要开展食品危害调查与评估来判定食品是否属于不安全食品。食品安全危害调查内容包括食品是否符合食品安全法律、法规或标准的安全要求，是否添加非食用原材料，以及存在的食品安全危害的数量、批次或类别及其流通区域和范围内容。食品安全危害评估主要对不安全食品对主要消费人群的危害影响、危害的严重和紧急程度以及危害发生的后果等内容进行评估。经食品安全危害调查和评估的结果确认，属于生产原因造成的不安全食品，应当确定召回等级并实施食品召回。食品相关安全建档、制度建立不仅仅是为了实施食品召回，更是食品生产企业质量安全管理的必要条件。但是食品企业做好质量安全相关档案和制度完善，有助于食品企业在实施食品召回时有据可查，迅速发现食品危害的来源点，从而做到有的放矢。而食品危害调查与评估是实施食品召回的先决步骤，通过食品危害调查发现食品危害问题，并评估可能造成的安全危害维度，从而确定食品召回的等级。在食品召回实施的第一个阶段，有消费者、媒体和食品安全质检部门等相关主体介入。通过消费者投诉与媒体曝光促使食品企业与质检部门重视食品安全事件，从而展开食品安全危害调查与评估。

（二）启动阶段

食品召回决策的第二个阶段是召回启动阶段。当通过食品危害调查与评估确定某批次食品存在安全危害时，食品企业应立即停止生产，同时向社会发布相关信息，并通告经销商、消费者停止销售与购买该批次产品。食品企业需要成立召回管理小组，作为食品召回的主导与管理机构，召回管理小组全面负责召回的全过程。一方面召回管理小组需要与食品企业内部职能部门展开合作，这是因为食品召回任务与企业的生产加工、质量检验、市场营销、客户服务、公共关系、物流管理、财务、法律以及信息系统等密切相关。另一方面召回管理小组需要与经销商、物流商、政府质检和质监部门、新闻媒体等外部机构及时沟通。召回管理小组与经销商和物流商沟通以便后期实施召回时形成供应链协作；召回管理小组与相关政府部门和媒体沟通主要是通报召回信息、召回进展，以减少食品安全危害和企业负面影响。为了食品召回的顺利实施，在召回启动阶段需要起草食品召回计划，包括调查分析食品危害程度与范围、确定召回目标、设计召回程序等。

启动召回计划之后，进行召回风险识别，目的在于对食品安全风险与危害进行识别。通过分析食品存在的安全风险因素识别影响召回的关键风险因素，并评判该因素对食品企业乃至供应链产生的危害程度。通过召回风险识别，召回程序进入下一步，即召回等级确定。根据食品风险因素和食品危害等级，食品企业按照一定的评价指标划分召回等级，并做好事前预案准备。召回等级评判指标包括食品危害程度、流通范围以及社会影响等，据此将召回等级分为三种。召回等级明确后需要确定召回启动时间、召回持续时间以及召回实施范围。之后制订详细的召回计划，包括向上级监管机构通报危害产品停产停销情况，进一步评判食品安全危害，以及设计召回实施内容、设定召回预期效果和明确召回后续处理手段等。食品企业制订召回计划后需要及时上报质监部门。

（三）实施阶段

食品召回实施阶段主要包括召回方案设计和召回实施控制两个步骤。召回方案设计包括设计食品召回流程、分解企业部门任务、确定战略合作伙伴、建立信息传递机制和设计召回网络体系。首先根据食品供应链结构，针对召回决策目标，设计食品召回程序，主要包括渠道回收、召回集中、返厂运输以及后续处理等过程。其次是召回相关主体任务分解与组织协作，一方面调集食品企业内部相关职能部门参与到食品召回活动中，另一方面确定战略合作伙伴，进行食品供应链各主体之间的分工协作。再次是建立食品召回相关信息传递机制，包括食品安全信息与渠道信息建档，食品安全风险因素信息提取与溯源，召回实施信息预警、跟踪与统计，以及召回结果信息的应用，实现对召回全程的信息支持服务。最后设计召回网络体系，具体包括组织网络、信息网络与物流网络。

同时通过构建信息网络实现召回管理的信息收集、集成、共享，进而实现召回信息的监测、检测、预警、溯源等功能，而召回物流网络是在食品供应链正向物流的基础上通过设立召回物流和召回线路优化实现召回逆向物流功能。对于召回实施的控制，主要通过人员组织、财务支持等手段实现对召回管理的支撑，同时通过召回组织协调与过程控制保障食品召回顺利实现，最后食品企业在召回过程中需要向上级主管部门及时汇报召回进度。

（四）改进阶段

食品召回决策最后一个阶段是召回改进阶段，主要包括召回后续处理和召回反馈修正两个部分。召回后续处理是在食品企业完成召回之后，首先需要对召回的食品进行无害化处理，具体包括部分可进入原先流通渠道的食品需要返厂处理、不可进入原先流通渠道的食品另作他用以实现资源的再循环利用。其次食品企业承担相应的法律责任，实施食品召回并不意味着食品企业可以免责，但是食品企业主动实施召回可依法从轻或减轻处罚。食品企业实施召回管理还需要辅助其他手段进行危机公关，以减少、化解由食品安全问题带来的负面影响，包括赔偿消费者损失、向媒体与观众发布召回处理信息等。最后通过食品召回结果分析，推动食品企业进行技术改进。因此就召回活动本身而言，召回后续处理并不是终点，而是不断完善食品安全制度的另一个起点。针对召回整体过程而言，召回决策的最后一步是召回反馈修正，包括评价召回结果、改进召回计划、优化召回方案与完善召回网络结构，同时向主管政府机构提交召回总结。

食品召回管理是一个不断修正改进的过程。在决策的准备阶段做好食品安全相关基础信息的完善，对于食品召回管理而言可以实现有据可查。在决策的启动阶段，食品企业做好召回识别、召回计划等工作，为召回应急事件做好前期准备。在决策实施阶段，通过召回方案设计与召回实施控制，确保召回活动的顺利进行与过程控制。在决策的改进阶段，通过做好召回后续工作完善召回管理，同时通过召回的反馈修正来完善召回决策方案。其中通过召回的总结与方案的修正，又有助于食品企业改进食品安全制度和食品召回计划。因此形成召回决策的闭环链，并通过四个阶段的不断循环，使得食品召回管理决策得到修正、改进与完善。

二　食品召回决策作用分析

食品企业的召回决策具备三个作用。其一是对食品召回管理的决策支持，从时间维度对食品召回进行事前、事中与事后控制、决策与改进。其二是对食品安全的支持，从食品生产企业、物流企业、政府部门、媒体与消费者等维度进行配置管理事务的协作，实现对食品安全的保障。其三是对食品召回体系的理论完善，从召回准备、召回识别、召回启动、召回方案、召回控制、召回评价到反馈修正等召回过程维度，实现食品召回决策准备、设计、实施、评价与改进的循环上升与演进，进一步完善食品召回运作框架与理论体系。

食品召回的主体是食品生产企业，同时涉及消费者、销售企业、物流企业、再处理企业等食品供应链相关主体和政府监管部门、新闻媒体等监督机构。需要多方的协作才能顺利完成食品召回。虽然召回不是必然发生的事情，但是食品企业应具备召回意识和主动承担召回企业责任，从而消除缺陷食品引发的危害，实现食品生产厂家企业责任与社会责任的统一。

三　食品召回决策结果评判

召回结果的评判从全面性、及时性、经济性、专业性与安全性五个方面展开。

其一，要求召回的全面性。召回的全面性是指对所有缺陷食品实现全部召回，用召回率来表示。召回率是指召回的缺陷食品总数占流通中所有缺陷食品总数的比例。召回率越高，召回的全面性越强。对于危害巨大的缺陷食品，理论上要求召回率达到100%。召回的全面性与缺陷食品的缺陷批次、分布渠道、流通范围密切相关，因此实施召回时，需要食品供应链上所有成员企业密切协作，并加强产品信息、流通信息、物流信息等与产品、渠道相关的信息系统建设与完善。

其二，要求召回的及时性。召回的及时性是指在时间上对缺陷食品召回完成时间的限制。及时性与缺陷食品的危害性成正相关，危害越大，时限越短。根据我国《食品召回管理规定》相关条例，食品召回的时间限制包括以下几个节点：确认食品属于应当召回的问题食品之日到通知消费者的时间；食品企业向社会发布召回信息到食品企业向省级以上质监部门报告的时间；自召回实施之日起，通过所在地的市级质监部门向省级质监部门提交食品召回阶段性进展报告时间期限。该规定没有明确说明食品企业组织召回的完成时间，但是从确认食品属于应当召回的不安全食品之日起到召回实施完成的时间期限应该逐渐被量化和明确。

其三，要求召回的经济性。召回的经济性是指食品召回责任主体即食品生产企业实现召回活动的经济效益。全面及时地实施召回管理责任重大而且意义明确，在实施召回的过程中通过合理组织降低召回的成本，也有助于促进食品企业开展召回管理。

其四，要求召回的专业性。通过专业检测技术发现缺陷食品风险，合理设计召回管理的体系结构，通过组织协作与专业实施召回活动以及对召回结果进行评估实现召回管理的完善。食品召回管理是一项系统工程，需要明确各主体的职责和任务，发挥各自专长，以实现专业技术与专业操作，保障食品召回的效率。通过专业性的操作与管理，有助于保障食品召回的全面性、及时性与经济性。

其五，要求召回管理的安全性。召回管理的安全性主要侧重在召回过程中的安全控制，防止缺陷食品危害的扩大，同时在此基础上实现对缺陷食品的妥善控制与处理，防范废弃物资对环境的破坏。食品召回的安全性侧重于资源的利用与环境的保护。在实施食品召回管理时，应避免过分强调全面性与及时性而忽略对废弃物品的安全处理造成召回产生新的安全问题。

全面性与及时性是对食品召回结果的明确要求，即期望通过召回管理能够尽快与尽全面地消除缺陷食品安全危害。食品召回的全面性与及时性表现了召回活动准确性，反映出召回的效果。经济性与专业性是对召回过程控制的要求，以较低成本和专业分工操作提升食品召回可操作性，反映出食品召回管理的效率。食品召回的安全性是从循环经济角度出发，以明确召回对物资、环境的安全要求，同时也是衡量召回过程与召回结果是否得当的一项指标。

第五节　食品召回供应链结构

一　食品供应链结构表现

食品产业是关乎国计民生的支柱性与基础性产业。然而近些年我国食品安全事件层出不穷，同时产生巨大的危害，不仅影响人民群众的身体健康和生命安全，甚至危及产业发展与社会和谐。因此解决食品安全问题势在必行，这有利于食品企业信誉的维护、食品行业的规范与良性发展，是保障消费者权益以及建立诚信社会的重要举措。引发食品安全问题的因素众多，从供应链管理角度分析这些因素，可以顺利找到问题食品的危害与风险来源，从而提出针对性强的解决对策，食品供应链主体需要协作管理。因此本书基于食品供应链视角分析食品安全的相关问题。

食品供应链是指从食品的初级生产者到消费者的各环节经济利益主体所组成的整体。供应链本身表现为一种网状或链条式的结构。本书认为农资供应商、农户、食品供应商与分销商、物流商、政府在食品供应链管理战略、任务、资源和能力方面相互依赖，构成较复杂的农产品供应、食品生产、食品销售网络，即食品供应链网络。供应链网络表现为一个整体功能性的网链结构，其中各个节点企业需要从全局网络协作出发，以供应链利益最大化为目标，建立合作伙伴关系，发挥成员企业各自的核心优势，满足上下游企业间信息流、资金流、物流的协调，从而实现供应链节点的网络协作。

食品供应链网络微观表现为食品生产商作为核心企业与其他成员企业集聚联合形成的网链结构，宏观体现出食品产业链各部门的链条式关联关系形态。在食品供应链中，围绕采购、生产、销售等主要活动形成若干相同功能节点的集群。同时随着信息技术的普及与供应链企业契约关系的缔结，实现食品供应链信息共享与过程可控，引导供应链交付周期大幅度缩短。食品供应链中存在相对稳定与紧密联系的若干子系统意味着该网络具有较高的集聚系数，食品供应链各节点的畅通交流与产品交付时间的减少意味着节点之间具有较短的平均路径长度。因此食品供应链网络具有小世界网络特性，该特性较好地解释了食品供应链网络各节点的行为以及作为一个整体的系统行为。

借助小世界网络理论方法，分析食品供应链主体之间的联系特征、整体网络结构及演化，有助于挖掘影响食品供应链系统效率的关键联系。本书认为，食品供应链网络的关键协同联系包括各经济主体的组织协作、信息控制和全程物流支持三个方面。通过合理的协同机制来调节和优化食品供应链主体的组织关系，有助于企业获取资源、提高效率，以及实现网络内部的资源配置。信息沟通交流与知识共享的效率和程度，直接影响到供应链网络主体的互动效率、互动程度和互动关系的有效性。构建完善的信息网络与信息集成机制，是食品供应链网络协作的基础。食品供应链网络呈现“双V型”或“X型”结构，即围绕食品生产企业，其上下游存在大量的原材料供应商与产品分销商。食品供应链需要管理大量的农资、初级农畜产品、产成品和消费品。

二　食品召回供应链管理作用分析

供应链是通过企业间相互协作，形成合作与共同控制，从而管理和改进从供应商到最终消费者的商流、物流和信息流的多个相互联系和依赖的组织的网络，供应链网络表现为组织网络、信息网络与物流网络三个方面。供应链是食品召回的网络支撑，在组织协调、信息沟通与渠道设计方面，借助供应链管理思想可以实现召回管理的过程控制。

从供应链角度来看，食品召回表现了食品采购、生产、销售正向流通与缺陷产品召回逆向回收的有机结合，同时将修复的安全产品再次借助原先的正向供应链渠道返回终端消费。从召回对象来看，缺陷食品来源于正向供应链渠道，但是召回回收并不是终点。对缺陷食品进行回收、销毁、掩埋、提取可利用物资，甚至修复后使其再次回到消费市场，方是食品召回的最终去向。从召回主体来看，不管是正向供产销，还是逆向溯源回收，食品生产企业既是实施召回的核心企业，亦是供应链的核心企业。

食品召回的供应链管理是一种范围更广的企业合作结构模式，是以信息技术为基础，以核心企业为中心，围绕供应、生产计划、物流和需求活动，由核心企业与流通企业、政府和消费者等其他节点复合联结而形成的有机的复杂网络系统。针对食品召回，食品供应链管理以维护食品品质与安全召回为需求拉动，以食品生产企业自身以及集群合作所具有的资源优势和技术优势为力量推动，以信息支持与物流服务为辅助功能。

三　食品召回存在供应链协作关系

食品安全风险存在于食品供应链的全程，食品召回有效实施同时需要食品供应链各主体的协作。因此在食品召回管理过程系统设计时需要分析食品供应链各主体的协作关系。

农资供应商、农户、食品供应商与分销商、物流商、政府在食品供应链管理战略、任务、资源和能力方面相互依赖，构成较复杂的农产品供应、食品生产、食品销售网络，即食品供应链网络。同理，食品召回也形成召回供应链网络关系，要求各个节点企业从全局网络协作出发，以供应链利益最大化为目标，建立合作伙伴关系，发挥成员企业各自的核心优势，实现上下游企业间在食品召回管理中在信息流、资金流、物流等方面的协作。

食品召回供应链中的关键协作关系包括各供应链主体的组织协作、信息控制和物流支持三个方面，见图 4 - 7。通过合理的协同机制来调节和优化食品供应链主体的组织关系，有助于企业获取资源、提高效率，以及实现网络内部的资源配置。信息沟通交流与知识共享的效率和程度，直接影响到供应链网络主体的互动效率、互动程度和互动关系的有效性。构建完善的信息网络与信息集成机制，是食品供应链网络协作的基础。面对食品供应链中大量物资的转化，物流管理的好坏直接影响到供应链系统的健壮性，因此需要根据食品召回的特点与要求，构建与优化食品召回逆向物流网络，在考虑食品召回物流成本的同时，通过召回物流中心的合理选址与召回功能完善，提高食品召回效率，包括时效性与全面性。

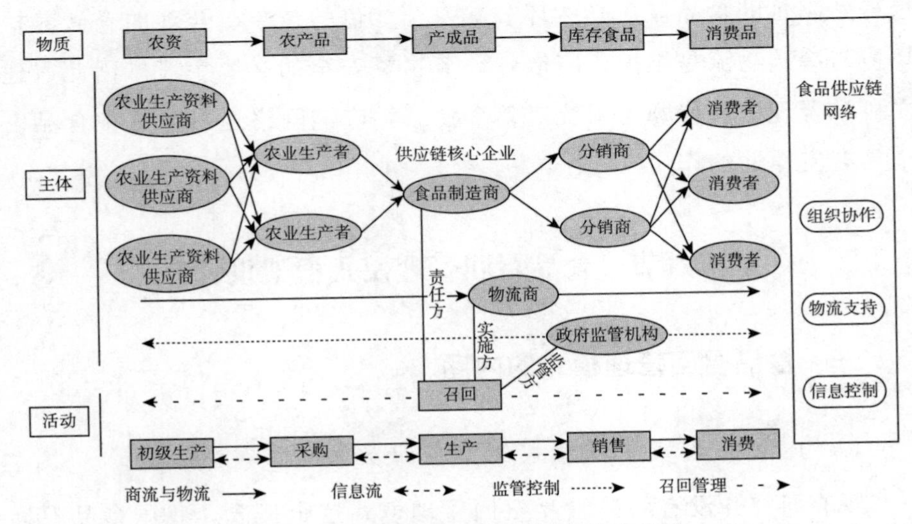

图4－7　食品供应链网络构成与协作关系

供应链网络是一种范围更广的企业合作结构模式，是以信息技术为基础，以核心企业为中心，围绕供应、生产计划、物流和需求活动，由核心企业、流通企业、政府和消费者等其他节点复合联结而形成的有机的复杂网络系统。

食品召回供应链协作关系主要从组织协作、物流支持与信息控制三方面展开，满足供应链所有环节的食品安全要求需要食品供应链各组织各司其职与合作互补。在食品生产者的自律、政府部门的强制性监管以及消费者的主动维权和大众媒体的社会性监督之外，还需要科研机构的技术支撑和物流部门的渠道支持。通过法律规制、契约或非正式的制度安排，实现食品供应链组织的网络治理。信息是联结食品供应链网络组织的无形纽带，组织之间的动态博弈也是由信息不对称引发的。完整、准确的食品安全信息传递与共享有助于食品供应链网络及时发现、评估、控制以及处理食品危害与安全隐患。信息成为食品供应链网络运行的基础，信息披露、信息传导机制与追溯信息检索等技术完善对当前我国食品安全问题治理至关重要。物流是消费者需求得到满足的食品流通必然环节，安全绿色的包装、合理的仓储养护环境与冷链物流是维护供应链各环节物资安全的必要手段。因此，建立科学合理的现代物流系统对整个食品供应链网络运行与维护食品安全具有支撑性的作用。

第六节　食品召回管理模式框架设计

一　食品召回管理模式的内涵

（一）食品召回管理模式侧重企业层面

现有研究并没有明确食品召回管理模式这个概念。我国食品召回管理目前更强调食品召回的监督管理，并出台《食品召回管理办法》等规章制度确定食品召回责任主体与监管主体的职责。换言之，目前我国食品召回管理模式的研究侧重食品召回制度的建设，例如有学者提出食品召回采用“二级监管”模式、“四位一体”监管体系等说法。

那么，食品召回管理模式是侧重政府对食品企业的监督管理还是侧重食品企业自身的召回实施管理？本书侧重后者，原因主要有以下四点。一是我国食品召回监管的研究较多，同时具有相关的法律法规保障食品召回监督管理，而食品企业召回实施管理的研究较少。二是虽然我国食品召回制度与食品召回实践均发展较慢，但是食品召回制度相对于食品召回实践较为成熟，因此有必要加快食品召回实践的研究。三是随着食品召回成为常态化的食品安全控制手段或机制，食品召回实践发生的频率与次数不断增加；同时目前我国食品召回实践的效率普遍偏低，因此有必要开展食品召回实践理论研究用于指导实践。四是本书除了界定食品召回管理模式外，同时从行业角度界定食品召回体系，因此从微观即企业视角侧重研究食品召回管理模式具有一定的针对性。

食品召回管理模式是指以食品生产企业为食品召回的直接主体，采取主动召回形式的召回管理模式。开展食品召回管理模式理论研究，需要首先明确食品召回的主体与召回形式，其次对召回条件、召回前提、召回范围与召回过程等召回管理涉及的主要要素进行分析，最后确定食品企业召回管理决策过程，从而明确我国食品企业实施召回管理的主要内容。

（二）食品召回管理模式涵盖内容

借鉴管理模式的通用定义，可以将食品召回管理模式理解为由食品生产企业开展食品召回的全过程管理模式，具体包括由食品召回的管理方法、管理模型、管理制度、管理工具、管理程序组成的管理行为体系结构。鉴于我国食品召回制度规定食品召回主体是多主体，本书对食品召回主体进行分解并修正食品召回责任主体。关于食品召回管理模式的主要内容，首先阐述食品召回实施主体。其次，从食品召回责任主体的角度补充食品召回目的、食品召回机制等内容，完善食品召回管理模式的涵盖内容。

1. 食品召回实施主体的明确

食品召回的主体是指食品召回管理相关主体，按照我国《食品召回管理办法》（以下简称《办法》），食品召回相关主体主要有三类：一是监督管理主体，二是实施主体，三是其他主体。食品召回监督管理主体是食品药品监督管理部门，实施分级监管模式。该《办法》明确：

国家食品药品监督管理总局负责指导全国不安全食品停止生产经营、召回和处置的监督管理工作；县级以上地方食品药品监督管理部门负责本行政区域的不安全食品停止生产经营、召回和处置的监督管理工作。按照该《办法》，食品召回实施主体或责任主体是“食品生产经营者”，即包括食品生产者与食品经营者。其他主体包括食品行业协会以及社会公众。

按照本章对食品召回管理对象的分析，系统性缺陷是召回的前提。而食品安全系统性缺陷主要产生于食品生产加工环节，因此食品生产者是食品召回实施的主要主体。本书界定的食品召回实施条件包括“缺陷食品的回收再利用”，但食品经营者即使实施召回也主要采取就地销毁的手段。只有存在系统性缺陷且有必要回收到食品生产厂家进行回收再利用，才应该实施食品召回。因此本书界定的食品召回实施主体只是指食品生产者，即仅食品生产企业才是食品召回管理模式中召回实施的唯一责任主体。

食品召回管理存在于特定的供应链当中，基于供应链协作理论，为了更高效地完成食品召回，必然需要多主体的协作。因此在食品召回管理模式中，将食品经营者（食品销售企业）与物流企业作为食品召回实施的协作主体。食品生产者是食品召回实施的责任主体，具体的召回活动可能外包给物流企业来完成，物流企业成为食品召回的实际实施主体。问题食品存在于批发零售乃至消费环节，因此食品召回实施离不开食品经营者的渠道支持。

2. 食品召回管理模式的目标确定

按照《食品召回管理办法》，实施食品召回的目的是“加强食品生产经营管理，减少和避免不安全食品的危害，保障公众身体健康和生命安全”，即从三个层面说明食品召回的意义，分别从食品生产经营者、食品自身和消费者角度入手。

实施食品召回的战略高度主要表现在企业、消费者、政府、环境与资源五个方面。而设计食品召回管理模式，认为食品召回责任主体仅仅是食品生产企业时，食品召回管理的目的主要表现为两点。一是减少、避免食品安全危害；二是弥补、消除食品安全危害。减少、避免食品安全危害通过食品召回中的回收活动来实现，即通过回收存在于销售与消费环节的问题食品，将已然存在的问题食品返厂，从而减少或避免问题食品对消费者的危害。

按照《食品召回管理办法》等规章制度，“弥补”一般被理解为通过食品生产经营者赔偿对消费者权益进行弥补。而弥补、消除食品安全危害是指对回收后的食品的处理以及企业自身的改进。问题食品从流通渠道返回食品厂家后，只是减少了渠道环节的食品危害，问题食品依然存在危害，因此需要进行无害化处理，甚至是再利用处理。这种召回后处置方法是针对问题食品展开的处理活动，可以理解为弥补了问题食品的危害，或者说将危害食品进行再利用使其转化为有用的其他产品。“消除”食品安全危害一般被理解为通过召回消除对消费者的安全危害。这里“消除”是指食品生产企业通过对召回的产品进行分析，追本溯源发现问题食品发展的根本原因，帮助其能够在以后的生产中解决安全隐患问题，从而真正地从根本上消除食品安全问题。

从减少、避免食品安全危害到弥补、消除食品安全危害，本书认为后者更为重要。一方面，前者只是对已然存在的危害食品的处理方法，属于治标层面，而后者是对危害原因的分析与后续改进，属于治本层面。另一方面，综观我国大量的食品安全问题与小量的食品召回事件，可以发现针对危害或问题食品，大多数企业的解决对策都是对问题食品的处理（包括对消费者的补偿），很少有媒体报道食品企业对原材料、生产工艺等的改进。这或许就是我国食品安全问题层出不穷的原因。

此外，由于大多数的食品企业采用相同的原材料、相似的生产工艺，大量发生的食品安全问题存在相似性与可比性。因此有必要建立全国性的食品召回案例库、食品召回专家库，甚至是全国性的食品召回信息管理系统。这样可以实现全行业的食品危害检测、食品危害评估、食品安全原因分析、食品召回处理方法等资源共享，以及发挥医学、毒理、化学、食品、法律等相关领域专业技术的支持作用。因此，通过食品召回分析食品安全原因，加强食品企业后续的食品原材料的控制、生产工艺的改进等食品安全防控手段，有助于从源头消除食品安全问题。明确食品召回管理模式的目的即消除食品安全问题，这使得食品召回管理的社会意义更加明显。

3. 管理方法

设计食品召回管理模式是为了食品生产企业更好地实施召回管理，基于该中心思想，食品召回管理方法侧重两点，即主动召回管理与召回供应链管理。主动召回管理并不是新名词，在我国最早的《食品召回管理规定》和最新的《食品召回管理办法》，以及《中华人民共和国食品安全法》等相关法律法规中，都提及了主动召回。主动召回是和责令召回相对等的一种召回实施类型。主动召回是指食品生产经营者自己发起召回，而责令召回是指食品生产经营者被政府责令实施召回。虽然现有食品召回管理法律法规都将主动召回与责令召回对等看待，但是二者只是召回发起对象不同，而二者在召回发起后都是由食品生产经营者来完成召回实施的。

本书偏向于食品生产企业采取主动召回类型。这是因为只要食品生产企业存在食品安全问题需要召回实施时，即使食品生产企业不采取主动召回，也必将被要求责令召回。而在当今网络时代食品生产企业被责令召回时，往往是其食品安全问题已经处于不可掩盖、隐藏的地步。因此，相对于责令召回，食品生产企业采取主动召回时，具有明显主动权。在这里的“主动权”并不是指食品企业去推诿召回或消极应对，而是指食品企业具有相对于责令召回更好的控制召回能力。

食品生产企业实施主动召回主要包括采取主动防御、主动回收、主动处置等措施。首先主动防御是指食品生产企业具有召回的主动意识，通过做好企业自身食品安全相关档案有助于食品安全问题的溯源与食品安全危害的评估，同时食品生产企业与供应链上下游企业做好食品安全信息对接、召回业务对接等，提高食品召回效率。其次是食品生产企业主动回收，即问题食品出现时企业能够迅速、全面掌握问题食品的分布，并与物流企业协作，提高食品召回回收的效率与效果。最后是食品生产企业主动处置回收后的问题食品，与相关生产企业协作将问题食品再利用，提高食品召回的资源再利用与再循环效率。

食品召回管理方法按照《食品召回管理办法》规定包括召回实施与召回评估，按照全过程控制理念，还应该包括召回识别即食品安全危害识别与评估，以及食品召回改进。这些具体的食品召回管理活动在本章第四节的食品企业召回决策过程设计中得到了详细阐述。在这里，基于食品召回管理模式视角，将食品召回管理方法归纳为供应链管理。前文也分析过食品召回主要活动表现为逆向物流，除此之外，食品召回前的准备工作即召回识别还需要专业技术机构支持，在回收过程中涉及销售企业的渠道支持，在后续的召回后问题食品处置还需要生产企业的支撑。因此食品召回管理模式的责任主体是食品生产企业，召回实施主体是物流企业，此外还需要与销售企业、再处理企业、技术机构等主体通力合作完成召回的供应链管理。

4. 管理制度

食品召回管理模式中的管理制度是指食品生产企业建立自己的食品召回管理制度，用以保障食品召回实施的顺利推进。目前我国已经初步建立了食品召回管理制度，我国食品召回制度是由多项法律法规组成。所以我国食品召回制度的制定主体在不同时期分别是食品药品监督管理部门、质量监督检验检疫管理部门等。现有的食品召回制度更侧重于国家相关职能政府部门对食品召回实施的监督管理制度。

我国现有食品召回制度中也对食品生产经营者实施召回管理进行

了制度设定。《食品召回管理办法》提出，“食品生产经营者应当依法承担食品安全第一责任人的义务，建立健全相关管理制度”；“食品生产经营者发现其生产经营的食品属于不安全食品的，应当立即停止生产经营，采取通知或者公告的方式告知相关食品生产经营者停止生产经营、消费者停止食用，并采取必要的措施防控食品安全风险”；“食品生产者通过自检自查、公众投诉举报、经营者和监督管理部门告知等方式知悉其生产经营的食品属于不安全食品的，应当主动召回”；“食品生产者应当按照召回计划召回不安全食品”；“食品生产经营者应当依据法律法规的规定，对因停止生产经营、召回等原因退出市场的不安全食品采取补救、无害化处理、销毁等处置措施”等规定。

《食品召回管理规定》提出，“食品生产者应当建立完善的产品质量安全档案和相关管理制度”；“食品生产者应当向所在地的省级或市级质监部门及时报告所有相关的食品安全危害信息”；“食品生产者应当及时通过所在地的市级质监部门向省级质监部门提交食品安全危害调查、评估报告”；“确认食品属于应当召回的不安全食品的，食品生产者应当立即停止生产和销售不安全食品”；“食品生产者应当保存召回记录，主要内容包括食品召回的批次、数量、比例、原因、结果等”等规定。

《中华人民共和国食品安全法》提出，“食品生产者发现其生产的食品不符合食品安全标准或者有证据证明可能危害人体健康的，应当立即停止生产，召回已经上市销售的食品，通知相关生产经营者和消费者，并记录召回和通知情况”等规定。

从上述构成我国食品召回制度的三个主要法律法规相关规定来看，在食品生产经营者层面的管理制度主要体现在食品生产经营者作为召回第一责任人发布召回公告、制订召回计划、实施召回，以及召回后处置等方面。但是这些管理制度存在偏向指导性规定，操作性不强等问题。

基于食品生产企业为食品召回实施的唯一责任主体，建立企业级食品召回管理制度有助于提高和推动企业实施食品召回的主动性与常规化。因此建议在食品召回管理模式中完善企业级食品召回管理制度建设。具体包括设立食品召回领导小组、食品安全危害自评估体系、食品召回应急预案、召回过程控制管理流程、召回后无害化与再利用处置方案、召回结果评估与改进方案，以及召回实施对食品安全的改进与控制方案等。

5. 管理工具

食品企业作为食品召回实施的责任主体，需要加强食品召回实施过程的有效控制，采取合理的管理工具或管理方法提高食品召回实施效率。基于食品召回管理涉及的主要流程与管理内容，需要采用多种管理工具与管理技术。

首先是食品安全危害检测技术。食品安全危害的发现与危害等级的评估是确定实施食品召回的前提。鉴于当前食品召回制度与现有的食品召回事件，发现食品安全危害更多是由消费者发现、再经媒体曝光与政府监管部门介入，等到食品安全事件的事态不可控制时，食品生产企业才被动地被责令实施召回管理。此时食品安全危害影响已经到了不可挽回的地步，同时食品召回实施的难度也已加剧。因此需要食品企业建立企业级的食品安全危害检测机制，自主进行食品安全危害评估。食品生产企业应加强食品安全检测操作规范、实验设计和数据处理、食品样品净化等管理，重点是食品中残留危害物质、食品中有害元素、食品添加剂、食品中天然毒素物质、食品中持久有机污染物、食品加工过程产生的有害物质、食品接触材料可迁移有害物质、食源性致病微生物、转基因食品和食品掺伪物质的检测技术等。

其次是食品安全与召回信息技术。食品生产企业应建立食品安全可追踪系统，加强覆盖食品从初级产品到最终消费品各个阶段资料的信息库建设。能够及时、有效地处理质量问题，追究责任，最终提高食品安全水平。为确保所有食品和食品成分的可溯性，要求所有食品生产企业进行强制性注册，用于鉴定食品成分和追溯食品供应商的记录也要强制性保留。生产者还应制定出如何从市场上召回对消费者安全存在严重危害的产品的程序，完善召回数据库建设与管理。加强食品安全与召回信息技术与信息系统的建设，一方面用于溯源，查出质量问题的源头和成因；另一方面用于食品销售与问题食品召回跟踪，减少事故发生后的社会危害或企业损失。此外，进行食品召回物流管理时也需要高效、完整的信息支撑。

再次是食品召回使能技术发展。为了使食品生产商能够快速响应、高质量以及较低成本地完成召回任务，需要信息、标准化、检测、监督、物流等多项使能技术的配合与集成。我国食品安全标准化存在食品安全标准名目繁多且不统一、检验检测法定标准相互冲突、问题（缺陷）食品界定不清等问题。因此需加强食品召回标准化技术研究，以消除食品安全标准化缺失造成的食品召回制度难以推行的瓶颈。判断食品危害程度与召回等级主要依靠检测手段来实现，应通过开发关键检测技术和快速检测方法、扩大检测范围以及增加检测项目，提升我国食品召回检测水平和食品安全评估能力。政府监督企业召回是一项管理技术，依据《食品召回管理规定》，政府部门监督召回进展情况和召回食品的后续处理过程、审查召回报告、评估召回效果。本书认为政府监督还应做到深入检测以确定产品缺陷是否有效、完全消除，以及加大对违规行为的处罚从而有效遏制企业采取不完全召回。针对召回过程的物流技术包括利用运筹优化理论与方法进行召回中心选址与运输路径优化等。

最后是闭环供应链管理技术。闭环供应链理念是一种实现产品全生命周期管理的哲理，该理念强调通过链上各实体的协同运作来实现整个系统的最大效益。基于闭环供应链理论的食品召回管理同样需要链内各主体的协作。食品召回逆向过程表现为消费终端→流通企业→

生产企业→供应商，其中需要物流企业、信息与检测技术机构、政府监管部门及公共传媒等主体的支持。鉴于缺陷食品所有权流转于食品生产商、经销商、消费者不同主体，生产商是召回义务的承担者，因此也是食品召回闭环供应链的核心企业。成员间的合作是闭环供应链高效率运作的基础与关键，因此有必要在闭环供应链内建立主体间的协调机制，主体间的协调表现为召回责任的划分、召回信息的沟通、召回流程的重组、召回程序的改善等方面。通过主体的组织协调与分工协作在提高召回质量的同时降低召回成本，实现生态优化与经济发展效益的平衡。

6. 管理程序

食品召回管理程序是指食品生产企业实施食品召回管理的全过程控制程序，该程序一般分为事前、事中、事后控制三阶段。按照召回具体实施过程，该管理程序可分解为“召回准备→召回识别→召回启动→召回方案→召回监控→召回评价→反馈修正→（新）召回准备”循环改进过程。该管理程序与本章第四节的食品企业召回决策过程相似。食品召回管理程序是对食品生产企业实施召回管理的过程进行规范化与程序化管理。通过完善食品召回管理程序，食品生产企业形成常规的召回管理程序，这使得食品安全事件出现后，食品生产企业能够及时、有序、高效地实施召回管理。

现有的食品召回管理相关法律法规与实践实施并没有形成完善的食品召回管理程序。虽然《食品召回管理规定》与《食品召回管理办法》提出食品生产经营者制订食品召回计划、发布食品召回公告、进行召回处置等规程，但是并没有强加对食品生产经营者的“召回准备”、“召回识别”与“反馈修正”等要求。因此食品生产经营者即使实施食品召回，其实施过程与实施结果都是基于政府监管部门要求而非由食品生产经营者自主控制与管理的。因此，在食品召回管理模式设计中，强化基于食品生产企业的食品召回管理程序设计，有助于发挥食品生产企业的主观能动性与改善食品召回实施的效果。

7. 食品召回机制

食品召回存在实施的必要性，即食品召回是保障食品安全的最后一道防线。同时食品召回有实施的条件和手段，即食品召回管理的组成部件及其功能已得到明确。此外，食品召回管理有一定的程序或流程，即食品召回管理的部件存在既定的关联。但是目前我国食品召回管理模式不明确，食品召回事件较少，食品召回实践效率较低，这就意味着我国食品召回管理模式中没有很好的触发机制，有效的食品召回机制的缺失成为阻碍我国食品召回实施的最大障碍。

当前我国食品召回制度与管理中存在食品召回实施的触发机制，但是仅仅表现为惩罚机制，这也是目前我国食品召回事件占食品安全事件比重较低的主要原因。一方面，现有的食品召回管理制度中对食品生产者不实施召回的处罚力度非常小，导致食品生产者不实施召回的损失远远小于实施召回的损失，食品生产者势必选择不实施召回。另一方面，相对于消费者投诉与媒体监督，政府监管部门对食品安全问题与食品召回存在执法不严、违法不究的情况，政府职能部门的监督缺失强化了食品生产者逃避召回责任的侥幸心理与侥幸行为。因此现有的惩罚机制作为我国食品召回触发的单一机制，不利于食品召回实施的常规化。

目前有大量文献开展食品安全保障机制研究，食品召回触发机制可以借鉴。食品召回保障机制研究主要表现为食品安全法律规制保障、监管机制保障、责任追究保障、救济保障等。此外，关于食品安全保障、食品召回管理方面的机制研究还包括信息机制、溯源机制、供应链协作机制、应急管理机制、风险管理机制、行政问责机制等。法律规制保障、监管机制保障侧重于食品安全或食品召回制度机制的建设与完善，而信息机制、溯源机制等又更多地表现为管理手段或管理工具。

结合目前我国食品召回实施占比偏低与食品召回实施效率偏低等问题，基于食品召回管理模式完善理论，建议从食品召回意识提升、食品召回补偿、食品召回物流共享等方面强化食品生产企业主动实施召回。

关于食品召回意识提升，一方面需要扭转谈“召”色变的现状。通过对消费者、社会公众、食品生产企业、食品经销企业的召回正面宣传与引导，消除行业、社会公众对食品召回的误解。另一方面需要转变食品生产企业的召回意识，强化食品召回强制制度建设。企业将召回预案与召回实施作为一种常态化的管理手段，有助于提升对食品安全事件的应急处理能力。目前食品生产企业鲜有企业食品召回制度，更不要说召回领导小组设置与召回方案设计。

严惩是促进食品企业实施召回管理的必要手段，但不是唯一手段，特别是在当前我国对不实施食品召回的处罚力度与监管力度都不强的情况下。在加大惩罚力度的同时，建议补充食品召回补充机制。目前已开展或有相关研究的召回补充手段主要有召回保险、召回鼓励等。表面上看，产品召回保险能为企业“削减”实施产品召回的成本，实际上是构建食品行业召回管理风险社会分担机制。食品安全治理初期，行政监管手段发挥着非常重要的作用。但随着经济社会的发展，在行政监管的基础上，积极运用市场调解手段，充分发挥市场主体积极履行法律义务的主动性，更有利于环境治理和社会资源的节约，以及法律实施效率的提高。这就需要法律法规在制度设计的过程中，考虑到如何调动市场主体的积极性。通过召回保险、召回鼓励等手段的介入，使得召回管理由单一的惩罚机制转变为奖惩机制，实现惩罚与保险、鼓励等补充手段相结合的混合制召回机制。

二　现有食品召回管理模式梳理

从我国食品召回制度构成的规章制度与法律法规来看，食品召回相关制度对食品召回主体的规定也构成了我国现有食品召回管理模式。虽然我国食品召回制度与食品召回管理相关研究并没有提出食品召回管理模式的基本概念与模式的组成，但是根据本书在上一节提出的食品召回管理模式的定义，可以梳理出现有食品召回管理模式。依然根据我国食品召回制度的三个主要法律法规进行分别梳理。

《中华人民共和国食品安全法》首次在法律层面提出“国家建立食品召回制度”，因此其既是我国食品召回制度建立的依据，也是我国食品召回制度的重要组成部分。该法共有18处提出“召回”关键词，主要分布在第四章“食品生产经营”的第六十四条、第六章“食品进出口”的第九十四条、第七章“食品安全事故处置”的第一百零五条，以及第九章“法律责任”的第一百二十四条和第一百二十九条。其中第四章“食品生产经营”中的第六十四条涉及12处“召回”，第七章和第九章的“召回”规定都是基于“食品安全监督管理部门”的规定。由于本书这里界定的食品召回管理模式是基于食品召回责任主体设计的，因此对该法中涵盖的食品召回管理模式的梳理主要是对第四章“食品生产经营”中的第六十四条的分析。

《食品召回管理规定》与《食品召回管理办法》是不同时期我国食品安全与食品召回监管部门对食品召回管理的专项规定文件。因此对二者进行全文分析，梳理食品召回管理模式。通过对上述我国食品召回制度最主要的构成法律法规进行梳理，可以得出现有的食品召回管理模式的主要内容。

1. 食品召回的主体、实施对象与召回类型

《中华人民共和国食品安全法》提出食品召回的责任主体是食品生产者与食品经营者，二者都有职责实施食品召回管理。食品生产者实施召回的对象是“其生产的食品不符合食品安全标准或者有证据证明可能危害人体健康”的；食品经营者实施召回的对象是“其经营的食品有前款规定情形”的。该法对“进出口食品”召回的规定为：

发现进口食品不符合我国食品安全国家标准或者有证据证明可能危害人体健康的，进口商应当立即停止进口，并依照本法第六十三条的规定召回。

《食品召回管理规定》提出的食品召回责任主体是食品生产者，不包括食品经营者。该规定提出的不安全食品是指有证据证明对人体健康已经或可能造成危害的食品，包括：①已经诱发食品污染、食源性疾病或对人体健康造成危害甚至死亡的食品；②可能引发食品污染、食源性疾病或对人体健康造成危害的食品；③含有对特定人群可能引发健康危害的成分而在食品标签和说明书上未予以标识，或标识不全、不明确的食品；④有关法律、法规规定的其他不安全食品。

《食品召回管理办法》提出食品生产经营者应当依法承担食品安全第一责任人的义务。这里的食品生产经营者包括食品生产者与食品经营者。同时，提出不安全食品是指食品安全法律法规规定禁止生产经营的食品以及其他有证据证明可能危害人体健康的食品。

《中华人民共和国食品安全法》提出召回类型分为“应当召回”与“责令召回”。“应当召回”的表述是“食品生产者认为应当召回的，应当立即召回”以及“由于食品经营者的原因造成其经营的食品有前款规定情形的，食品经营者应当召回”。“责令召回”被描述为“食品生产经营者未依照本条规定召回或者停止经营的，县级以上人民政府食品安全监督管理部门可以责令其召回或者停止经营”。这里的“应当召回”等同于《食品召回管理规定》与《食品召回管理办法》中的“主动召回”。

2. 食品召回的活动

《中华人民共和国食品安全法》提出：食品生产者立即停止生产，召回已经上市销售的食品，通知相关生产经营者和消费者，并记录召回和通知情况；食品经营者发现其经营的食品有前款规定情形的，应当立即停止经营，通知相关生产经营者和消费者，并记录停止经营和通知情况。因此，对于食品生产者其主要的召回活动是：①停止生产；②召回上市的食品；③通知相关生产经营者和消费者；④记录召回和通知情况。食品经营者分别开展经营相关的召回活动，与食品生产者的四项活动类似。召回后处置活动主要表现为：食品生产经营者应当对召回的食品采取无害化处理、销毁等措施，防止其再次流入市场。但是，对因标签、标识或者说明书不符合食品安全标准而被召回的食品，食品生产者在采取补救措施且能保证食品安全的情况下可以继续销售；销售时应当向消费者明示补救措施。

《食品召回管理规定》提出食品召回活动包括：食品生产者应当建立完善的产品质量安全档案和相关管理制度；食品生产者应当向所在地省级或市级质监部门及时报告所有相关的食品安全危害信息；进行食品安全危害调查和食品安全危害评估；停止生产和销售不安全食品；向社会发布食品召回有关信息，并向省级以上质监部门报告；提交食品召回计划与食品召回阶段性进展报告；食品生产者应当保存召回记录与提交召回总结报告；对不安全食品进行无害化处理或销毁。

《食品召回管理办法》提出的召回活动包括：建立健全相关管理制度，收集、分析食品安全信息，依法履行不安全食品的停止生产经营、召回和处置义务。《食品召回管理办法》与《食品召回管理规定》二者提出的召回活动相似。

3. 召回报告

《中华人民共和国食品安全法》对召回报告的主要描述为：食品生产经营者应当将食品召回和处理情况向所在地县级人民政府食品安全监督管理部门报告；需要对召回的食品进行无害化处理、销毁的，应当提前报告时间、地点。

《食品召回管理规定》提出 7 条食品召回计划内容，即①停止生产不安全食品的情况；②通知销售者停止销售不安全食品的情况；

③通知消费者停止消费不安全食品的情况；④食品安全危害的种类、产生的原因、可能受影响的人群、严重和紧急程度；⑤召回措施的内容，包括实施组织、联系方式以及召回的具体措施、范围和时限等；⑥召回的预期效果；⑦召回食品后的处理措施。该规定没有涉及召回公告的具体内容。《食品召回管理办法》提出8条食品召回计划内容与4条召回公告内容。

三　我国食品召回管理模式框架设计

（一）食品召回管理模式架构设计

食品召回管理模式是指对存在安全问题的食品即缺陷食品的管理办法，是由食品生产商制定的，在确定由其生产原因或销售原因造成的某一批次或类别的不安全食品之后，根据食品缺陷或安全问题的严重程度、缺陷食品的数量与分布情况、纠正缺陷的地点与方式的比价成本等因素，对缺陷食品采取收回、再加工、更换与赔偿等措施进行处理，以消除或减少缺陷食品对消费者带来的人身危害和财产损失以及对公共安全与公众利益的影响。食品召回是一种系统的管理方法，需要明确召回对象、实施主体、适用范围、召回等级、召回方式、召回程序等要件，以便于实现食品召回的管理目标。食品召回管理模式框架如图4－8所示，期望能够规范我国食品企业实施召回管理。

食品召回管理模式研究是基于食品企业的召回方案设计视角的。食品召回管理模式的主体是食品生产企业，该企业即食品召回实施的主体。食品召回的客体是存在系统性缺陷的问题食品，而系统性缺陷需要进行食品安全风险与危害评估，因此食品安全风险分析是食品召回的基础。食品召回形式采用食品企业主动召回，而非政府强制召回（责令召回），在主动召回形式下，企业在食品安全信息采集、分析等方面需要加强管理与监控。召回范围是食品生产、销售以及消费环节，

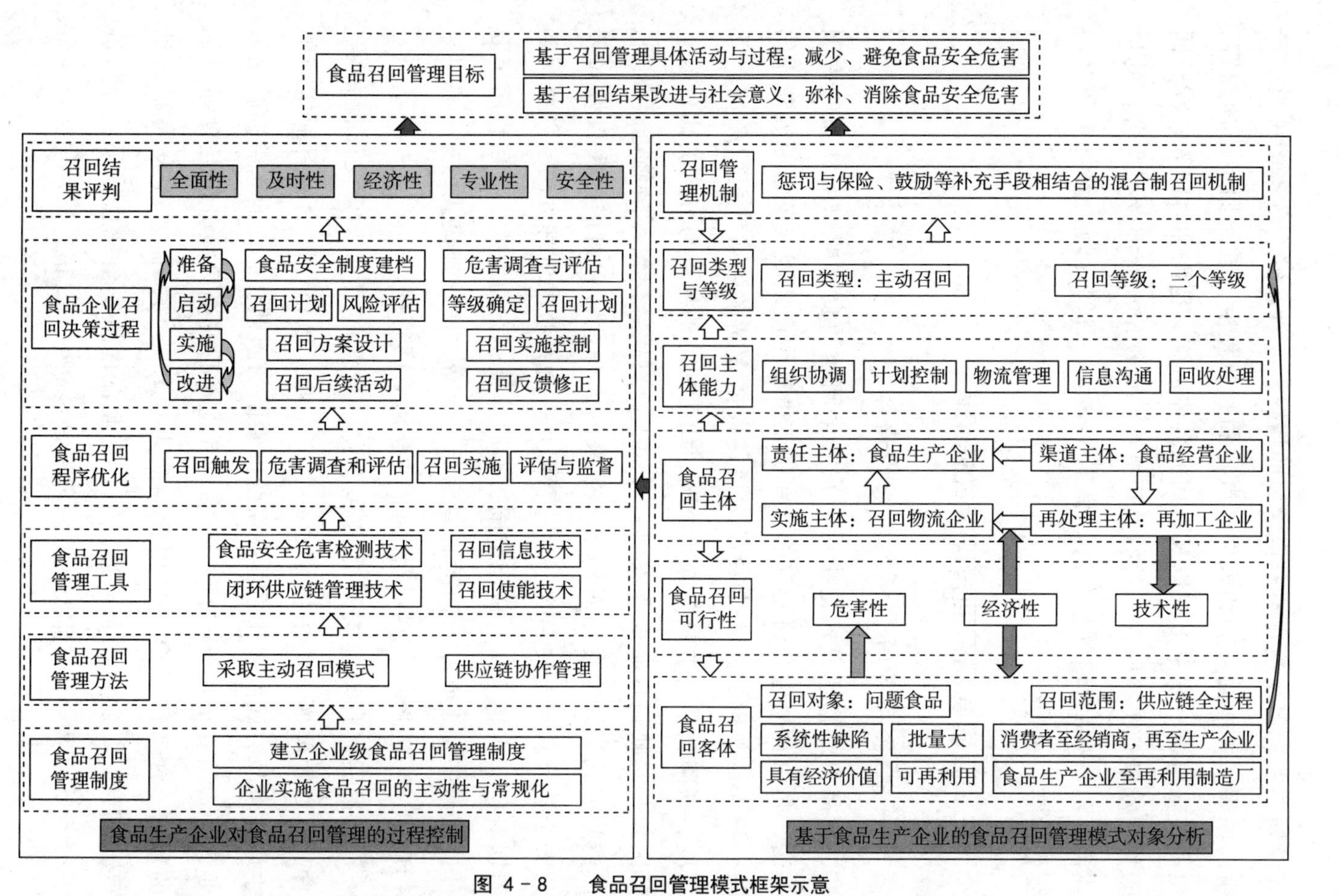

图4-8 食品召回管理模式框架示意

由于召回的食品需要放回再处理企业（再制造企业），因此召回管理的整体范围涉及食品供应链全程；同时由于食品召回的原因，即食品安全风险与食品安全信息也涉及食品生产的上下游各个环节，因此食品召回管理是基于食品供应链全程控制展开的。

食品召回管理的流程基于食品召回的主要活动设计，包括召回触发、食品安全风险与危害调查和评估、食品召回实施以及评估与监督。在食品召回管理过程中，需要成立专门的组织机构对食品召回管理决策进行控制，形成食品召回管理方案，食品召回决策主要包括准备、启动、实施与改进，食品召回方案是食品生产企业进行召回管理的具体方法与手段，因此是食品召回管理模式在食品企业落实与实施的具体表现。食品召回管理模式的完善需要对食品召回管理基础条件进行分析，包括食品召回条件分析、食品召回目标分析以及食品召回结果评价等内容。

食品召回管理是由食品生产企业具体操作与控制的，因此食品召回管理模式是基于食品生产企业设计的。而食品生产企业实施召回管理还需要供应链上下游渠道成员、政府监管机构、消费者、舆论媒体与社会公众等相关主体的协作。同时，由于食品生产企业的召回意识不足以及政府机构、社会舆论监管与监督能力不强，因此需要对我国食品召回体系进行设计研究。相对于食品召回管理模式是基于食品企业展开的，食品召回体系是针对我国食品行业展开的，形成规范性体系制度可以促进食品行业整体召回水平的提升。

（二）我国食品召回管理模式主要内容

召回对象与实施主体即召回实践的客体与主体。召回对象是指不安全食品或缺陷食品，其是实施召回管理的落脚点。不安全食品具体是指由于采购、设计、生产、标识、销售、物流等方面的原因在某一批次或类别的食品中普遍存在同一性缺陷（也可表述为系统性缺陷）的食品；包括食品存在可能或已经诱发食品污染、食源性疾病或对人体健康造成危害甚至死亡的危险，特定人群安全隐患标识不明，以及不符合有关食品安全的法律、法规规定等三种情况。食品召回管理实施主体按照我国《食品召回管理规定》为食品生产企业。鉴于在流通环节，食品所有权由食品生产企业向批发商、零售商转移以及食品销售渠道的深度、宽度与广度较高，因此本书将食品经销商亦纳入食品召回主体范畴，便于食品经销商配合食品生产商参与甚至实施食品召回。此外，在实施食品召回时需要政府监管部门、技术支持机构、物流企业、消费者与公共传媒等主体参与其中，加强与召回实施主体的沟通、协调与协作，保证召回质量。

广义上食品召回范围有两层含义，其一是指不安全食品产品，其二是指不安全食品所在的渠道。《中华人民共和国食品安全法》规定召回的前提是食品不符合安全标准，但是我国食品安全标准政出多门，缺乏统一有效的界定，不能适应迅速发展的食品产业。因此界定食品召回范围包括不安全的、污染的、标签错误的、与制造商产品说明书不一致的，以及忽视特定人群和其他危险因素警告等不符合食品安全标准的产品。不安全食品召回的渠道范围涵盖生产环节、销售环节至食用环节；同时溯源将召回范围追溯至原材料采购环节。食品的流通范围与人身伤害程度并重，同样是衡量食品安全危害的评价因素。基于闭环供应链管理视角，实施召回后的缺陷产品需要进行再利用处理，因此召回范围延伸至食品生产企业和再加工厂家。在图 4－8 我国食品召回管理模式框架中，将食品召回对象与食品召回范围分别表述，共同构成我国食品召回管理的客体，即什么食品需要召回，以及缺陷食品召回范围的问题。

缺陷食品存在是实施食品召回管理的前提。鉴于食品安全对于社会公共安全影响巨大，不管是企业主动召回还是被动召回，都需高效、完善的召回程序，确保食品召回实施的效果。食品召回程序以食品安全（缺陷）的投诉或报告为触发，由企业或政府形成初步情况调查报告，对食品安全危害进行评估，通知各相关部门、机构、销售渠道成员、消费者与公共传媒并启动召回计划，至此进入召回实施环节。召回实施环节需要做好召回预算、告知召回情况、收回缺陷食品、确保及时替换或赔偿等善后工作。企业完成召回实施之后，还需要做到提交召回总结报告、评估召回效果，并需要适时做好危机公关。通过明确食品召回客体，实施主体发挥主观能动性，与其他主体进行协作，实施规范的召回程序，最后做好事后评估总结，以期达到高效、全面、快速，以及较低成本的食品召回管理目标。

鉴于食品生产企业对食品安全问题的把握以及召回管理的控制能力，本书设计的我国食品召回管理模式中的召回责任主体、召回类型与我国现有食品召回制度规定不同，即仅仅将食品生产企业作为食品召回的唯一责任主体，而且倡导食品生产企业采取主动召回管理模式。因此在食品召回主体分析中，将食品召回相关主体分为四个，其中食品生产企业是食品召回管理的责任主体。基于专业分工理论，建议将召回实施外包给物流企业完成，即召回物流企业是食品召回的实际实施主体。缺陷食品多分布于批发商、零售店等食品经营者手上，以及消费者手上，基于食品召回管理规模经济理论，从消费者手中直接收集缺陷食品并回收至食品生产企业成本较高，因此建议由食品经营者代替食品生产企业从分布较广、批量较少的消费者手上回收问题食品，因此食品经营者是食品召回管理的渠道商或者渠道主体。根据可持续发展理论对缺陷食品进行回收再利用能够提升召回食品的经济价值与社会价值，因此在食品召回主体中，将再加工企业作为食品召回后的再处理主体。食品召回管理模式中的其他构成内容，在本章各节已分别阐述，在此不再赘述。

（三）框架结构说明

1. 食品召回管理模式对象分析

我国食品召回管理模式框架主要包括两个部分，一是基于食品生产企业的食品召回管理模式对象分析，二是食品生产企业对食品召回管理的过程控制。食品召回管理模式对象分析，并不是指分析食品召回的对象，而是指食品召回管理模式基本概念的界定，使其成为食品召回管理模式设计的基础研究或基础支撑。食品召回管理过程控制是指，在进行食品行业的行业性召回管理模式的规范化、通用化设计时，食品生产企业作为食品召回管理的责任主体，应遵循的管理模式的表现。通过食品召回管理模式基础支撑和食品召回管理过程控制的有机结合，有助于食品生产企业达到食品召回管理的目标，即基于召回管理具体活动与过程来减少、避免食品安全危害，以及基于召回结果改进与社会意义来弥补、消除食品安全危害。

食品召回管理模式对象分析，第一部分是界定食品召回的客体，即存在系统性缺陷、大批量、有回收价值以及能再利用四个条件都具备的问题食品才有实施食品召回的必要性。因此有必要的问题食品存在，即食品召回客体的客观存在是实施食品召回的前提。与食品召回客体对等的就是食品召回的主体，换言之，发现了有必要召回的问题食品，还需要有能力的主体实施与完成食品召回。因此食品召回的客体与食品召回的主体，二者是开展食品召回管理的前提。二者的关联性是食品的可召回性，主要指标有三个即危害性、经济性与技术性。首先问题食品存在危害才应该实施召回，这体现了食品召回的社会意义；其次是问题食品具有高价值与实施召回后可以实现价值的转化，这体现了食品召回的经济价值；最后是召回主体凭借技术能力高效率、高效益地实施召回，这体现了食品召回需要技术的支撑。危害性主要由问题食品决定，技术性主要由食品生产企业和再加工企业决定，而经济性则表现为问题食品自身的经济价值与实施召回的经济价值，因此是双向箭头指向食品召回主体与客体。

食品召回主体除了应具备技术支撑外，还需要具备组织协调、计划控制、物流管理、信息沟通、回收处理等能力，通过多主体的供应链协作管理提高食品召回的综合能力。

食品召回管理模式对象分析的第二部分是食品召回类型与召回等级。有别于我国食品召回制度的要求，该召回管理模式强调市场企业在食品召回中的重要性、主动性。因此只选择食品生产企业作为食品召回的唯一责任主体，即不包括食品经营者。同时建议食品生产企业只有一种召回类型，即主动召回，不包括责令召回。

食品召回等级在该召回管理模式中并不与现有的食品召回制度中的召回等级做区别。但是也有两点需要说明，一是食品召回等级建议由食品生产企业界定与评估，而不是由政府监管部门评估。原因与不选择责令召回一样，即若等到政府评估等级时，食品安全危害与事态就已经到了不可挽回的地步，意味着食品生产企业已经贻误时机。二是三个召回等级的确定是由食品召回客体，即问题食品与召回范围决定的。危害越大、批量越大、范围越广，则召回等级越高。对于上述评判指标，事实上食品生产企业比政府监管部门更能做出科学评价。当然在当前的食品行业召回发展状态下，由于食品生产企业的利己主义，召回等级评估往往是不公平的、不客观的。因此，加强行业的自律、引导食品企业主动意识转变至关重要。

我国食品召回管理模式对象分析的第三部分是食品召回管理机制。按照我国现有食品召回管理规章制度，促使食品召回实施的手段只有一个即惩罚。鉴于当前现状，本书认为仅仅依靠惩罚并不能很好地促进食品召回的普遍开展，更不要说是主动召回的普遍开展。这是因为政府监管部门的执行力是不强和不足的。因此，本书借鉴药品召回、汽车召回等相关召回管理实践与理论研究，提出惩罚与保险、鼓励等补充手段相结合的混合制召回机制。

2. 食品召回管理过程控制

我国食品召回管理模式框架第二部分是食品生产企业对食品召回管理的过程控制。食品生产企业作为食品召回实施的责任主体，也是食品召回管理的执行主体，应该加强对食品召回的全过程控制。首先是建立其自身的食品召回管理制度，提高与推动企业实施食品召回的主动性与常规化；其次是完善食品召回管理方法与高效使用食品召回管理工具；最后是在优化食品召回程序基础上，做好食品企业召回决策过程设计与执行。食品召回程序优化是指在我国现有食品召回管理制度的基础上，基于食品生产企业做好食品程序的改进。食品召回程序优化是食品生产企业实施召回的基础。

食品召回实施是否合格需要进行食品召回结果评估，因此在食品召回管理过程控制的最后一部分是召回结果评判。前文提出，从全面性、及时性、经济性、专业性和安全性五个方面进行召回实施结果的评判。当然召回结果评判作为管理模式的第一部分也是合适的，因为这也是食品召回管理的理论性研究与基础性支撑。基于食品生产企业的食品召回管理模式对象分析，奠定了食品召回管理的理论基础，可以更好地支持食品生产企业对食品召回管理的过程控制。同时食品召回管理模式对象分析与食品召回管理过程控制，作为指导食品生产企业实施召回管理的理论支撑，有助于食品生产企业更好地完成食品召回管理的目标。

（四）食品召回管理模式比较分析

《中华人民共和国食品安全法》《食品召回管理办法》《食品召回管理规定》作为我国食品召回管理制度的重要组成部分，规定了食品召回的主体、实施对象、召回类型、食品召回等级、食品安全危害调查和评估、停止生产经营、食品召回的实施、食品召回处置、监督管理、法律责任等内容。我国现有的召回管理相关研究没有提出食品召回管理模式的概念，同时虽然我国也存在部分食品召回实践活动，但是食品行业也没有形成食品召回管理模式的说法。我国食品召回制度已经形成，而且具有相应的食品召回实践。同时，鉴于我国食品召回实践效率偏低，食品行业未形成规范的食品召回管理范式，因此需要开展食品召回管理模式理论研究用于指导食品企业有效开展食品召回实践。

若按照食品召回管理模式的字面来理解，上述我国食品召回相关管理法律法规中的食品召回管理若干规定可以作为我国现有食品召回管理模式的组成部分。本书在梳理我国食品召回制度建设、分析我国食品召回实践、界定食品召回相关基础性概念，以及开展基于供应链协作管理的食品召回管理理论研究基础上，设计我国食品召回管理模式框架结构与具体内容。本书研究的食品召回管理模式与现有的基于食品召回制度梳理出现的食品召回管理内容（或模式）之间存在着区别与联系。

本书设计的食品召回管理模式是在我国食品召回制度相关管理规定与内容基础上完善的，充分借鉴了食品召回的主体与客体，食品召回的类型与等级，食品召回管理流程等。因此现有的食品召回管理制度下的食品召回管理内容是本书设计的食品召回管理模式的基础。

本书设计的食品召回管理模式与现有的食品召回管理内容也存在较大区别。首先，管理模式的立足对象不同。现有模式的立足对象更多的是偏向于政府监管部门，这是因为《中华人民共和国食品安全法》最早是在2009年提出食品召回管理相关规定，《食品召回管理规定》是在2007年提出，虽然《食品召回管理办法》在2015年较晚提出，但是其与《食品召回管理规定》是一脉相承的。在当时食品召回实践缺失的情景下，我国食品召回制度的召回管理内容或模式理所应当会更偏向于食品安全与食品召回政府监管部门。换言之，基于食品召回制度的食品召回管理内容侧重于对政府职能部门的约束是符合当时食品召回情况的。而在当前我国食品安全事件频繁发生引发食品召回规范化的诉求下，完善针对我国食品企业的食品召回管理模式的研究成为现实需求。因此本书设计的食品召回管理模式侧重于食品生产企业，这是两个模式的最大区别点。

其次，本书的食品召回管理模式对食品召回基础性理论进行较为深入研究。界定了食品召回的主体是唯一的，即食品生产企业，而非食品生产经营者。更加明确地阐述了食品召回的客体，即限定了需要召回的问题食品的条件，以及结合食品召回的主体和客体，界定了食品可召回性指标。此外，对食品召回主体能力、食品召回管理机制、食品召回结果评判等内容进行理论分析。上述理论研究在当前我国食品召回实践中都有所涉及，但是食品召回制度基本上没有涉及。因此研究食品召回管理模式算是对我国食品召回制度下的召回管理内容的补充与完善。

最后，食品召回管理模式规范了食品企业对召回的过程控制。主要从食品企业的食品召回管理制度、管理方法、管理工具、召回程序、召回决策过程几方面进行研究。并提出了食品召回管理的目的不仅仅是食品召回过程的高效控制，还应该涵盖食品企业通过召回结果反馈改进企业食品质量。因此食品召回管理模式设计对召回实施的要求是立足于问题食品的召回而延伸至企业的食品安全控制与改进。

第七节　食品召回体系设计

食品召回体系是从食品召回制度全面战略管理视角，分析落实食品召回制度的运行机制以及保障措施。通过我国食品召回体系设计，以系统性思考视角统合食品供应链资源，避免仅从食品企业或政府监管机构单一视角进行食品召回实践与监管推进的片面性，并通过体系应用实现食品召回共同治理。食品召回体系侧重食品供应链协作管理，以实现涉及面广的多目标战略管理。

食品召回体系对食品召回涉及的各主体进行全面管理，有利于实现食品召回危机管理的战略要义。食品召回体系有效运作需要在四个方面完善。一是政策支持，制定与实施明确、周详的食品召回管理政策，确定召回管理的目标，合理授权给各级政府监管部门、食品生产企业、行业协会、舆论媒体，规定各主体在召回管理中的职责。二是体制设计，食品召回组织结构、监管机构及其制度设计应便于各主体的合作和发挥整个社会的力量，包括强化中央和地方的监管作用，细化和深化食品企业召回管理部门与相关机构的协作与具体操作控制，鼓励和支持食品行业协会加强行业自律、制定召回管理行业规范，加强媒体引导与舆情控制，形成全过程控制、多主体协作的食品召回实践与监管合作机制。三是能力提升，要求食品供应链各主体提升食品召回管理专业能力，同时形成多主体协作能力。一方面需要加强食品生产企业与流通企业、物流企业的召回管理协作，实现对食品召回的全面、速度、低成本等多目标管理；另一方面加强政府、协会、媒体的监督管理作用，既需要中央与地方设计和执行召回监管应对措施，特别是加强召回实施后的监管以及召回结果评价与处置，又需要食品行业协会强制建设行业召回规范，以及社会媒体发挥公正的、持续的与严谨的监管作用。四是资源供给，各相关主体识别和提供食品召回管理所需的资源，包括政策、资金、物资、信息、组织以及教育资源等。

本书设计我国食品召回体系框架，主要包括梳理食品召回相关主体的关系、设计食品召回管理机制，食品召回体系设计架构如图4-9所示。食品召回体系设计以政府监管部门与食品行业协会为主导，二者通过行政管理与行业规范制度发挥对食品召回的监管作用；食品生产企业作为召回实施主体，需要与食品流通企业、物流企业协同合作，共同完成食品召回管理主要活动；新闻媒体在食品召回管理中发挥舆论监督作用，而消费者（包括潜在消费者）则需要加大食品召回关注强度，促进食品企业实施召回。对食品召回管理相关主体进行分类，通过形成政府监管部门与食品行业协会的监管机制、新闻媒体与消费者的监督机制以及食品生产企业与流通企业和物流企业之间的协作机制，有力保障与推进我国食品召回制度的完善与食品召回行业规范的形成。通过对食品召回管理的前期研究，本书认为食品召回体系设计基于供应链协作管理视角，主要侧重食品召回组织协作关系、食品召回信息集成管理、食品召回物流网络优化三个问题研究。

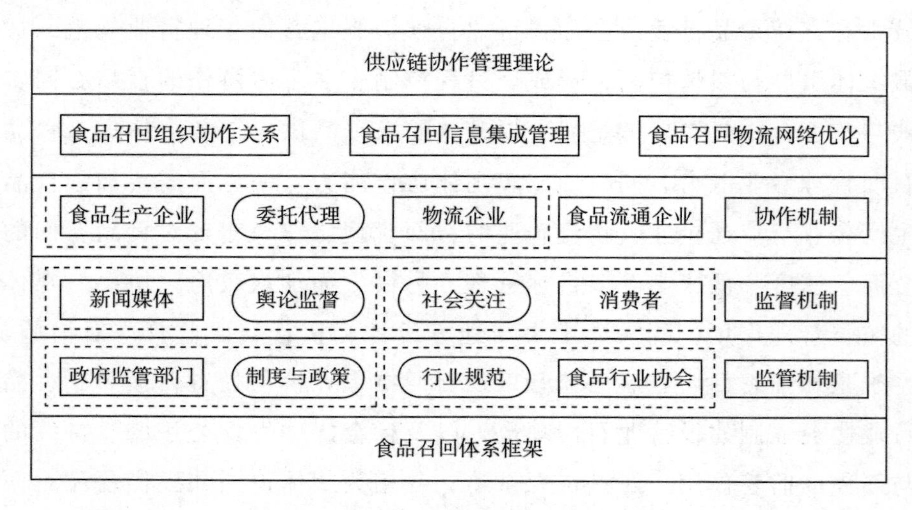

图 4-9　食品召回体系设计架构示意

第八节　本章小结

食品安全风险分析是食品召回管理研究的出发点与基础，只有存在安全风险并带来一定危害的缺陷食品才有实施召回的可能性。缺陷食品可召回性是指基于缺陷食品的危害程度、召回的经济效益以及物资的循环利用，实现召回管理的全面性、及时性、经济性、专业性与安全性，尽量减少缺陷食品对消费者、生产企业和社会的负面影响。食品可召回性指标主要包括危害程度、经济效果与技术能力。食品召回实施后需要对其结果进行评判，主要从全面性、及时性、经济性、专业性与安全性五个方面展开。食品召回管理顶层设计是从全局的角度运用系统论的方法，对食品召回活动的主体协作、任务分工、过程设计、目标约束等方面进行研究。食品召回管理模式与食品召回体系分别从食品企业与食品行业视角，对食品召回管理进行规范性的设计，食品召回管理模式是食品召回体系设计的基础。食品召回体系完善主要从召回组织协作关系、召回信息集成管理与召回物流网络优化三个方面着手，本书后续三章分别对上述三个问题进行详细研究。

第五章

食品召回管理组织结构

食品召回管理涉及多方组织，并形成组织协作关系，共同促进食品召回的有效实施。其中，食品生产企业发挥召回主导作用，政府与媒体、社会公众发挥监管与监督作用，物流企业是食品召回的实际操作方。食品召回主体之间存在着众多关联关系，包括食品生产企业与政府监管部门的博弈、消费者与食品生产企业的博弈、食品生产企业与物流企业的委托代理关系等。本章节侧重分析食品生产企业与政府监管部门这两个召回主体策略选择的博弈关系。

第一节　食品召回组织系统构成与参与主体分析

食品供应链各主体原本是追求各自独立利益的组织个体，但是在面对食品危害造成的严重复杂后果时，需要各主体之间相互联合，建立食品召回应对组织协作。通过以食品生产企业为主导，进行各主体资源整合和功能调整，以期快速、全面、准确地完成食品召回任务。在食品召回所在的整个供应链管理过程中综合考虑相关主体的协作关系，通过优化召回管理的配置资源，达到食品召回效率提高的目标。在注重食品召回经济效益、社会效益与环境效益整体优化的基础上，使整条供应链在召回管理方面达到协调统一。食品召回供应链协作管理有着不同于传统供应链的结构与要求，其具有较为复杂的系统构成和多元化的参与主体。

一　食品召回组织系统构成及其结构模型

食品召回组织协作缔结需要考虑组织类型、组织数量、组织协作关系、组织间互动次数、组织资金来源，以及组织的反应时间。基于食品召回的社会意义和经济价值，食品召回组织体现为一种社会技术系统，组织之间需要良好的信息收集、存储、解释与交换，还需要具有良好的协作关系，在召回应急状态下能够调整各自功能与工作方式，提升整体协作能力。组织协作在对召回目的的认知下，对初始条件进行分析，明晰食品召回流程，确定组织间协作关系，从而使得该系统具备应对食品召回的适应性发展能力。

食品生产企业是食品实施召回的责任主体，实施食品召回对于企业的长远发展具有至关重要的作用。因此需要在食品企业内部设立召回管理组织机构，开展食品召回管理的相关活动。食品召回管理组织机构的主要任务是预防食品危害发生、危害发生后实施食品召回管理以及召回后开展后续处理工作。食品企业实施召回管理的主要目标是实现企业对市场和消费者的品质与信誉承诺，同时反映出食品企业对召回管理的重视程度。通过有效实施召回管理，减少与消除缺陷食品对消费者与公众产生伤害的风险，遵守食品召回管理相关规定，减少企业承担的经济和法律责任，同时使召回给企业和消费者带来的经济负担和不便最小化。食品企业设立召回管理机构，涉及食品企业多个职能部门的协作，需要形成网络结构。

借鉴已有文献中食品召回组织结构关系研究，以及结合其他学者关于召回供应链系统结构的描述（张旭梅，2010；秦江萍，2014），建立食品召回组织系统结构模型如图 5－1 所示。在食品召回组织系统结构中包括三个子系统，分别是企业召回组织子系统、召回物流执行子系

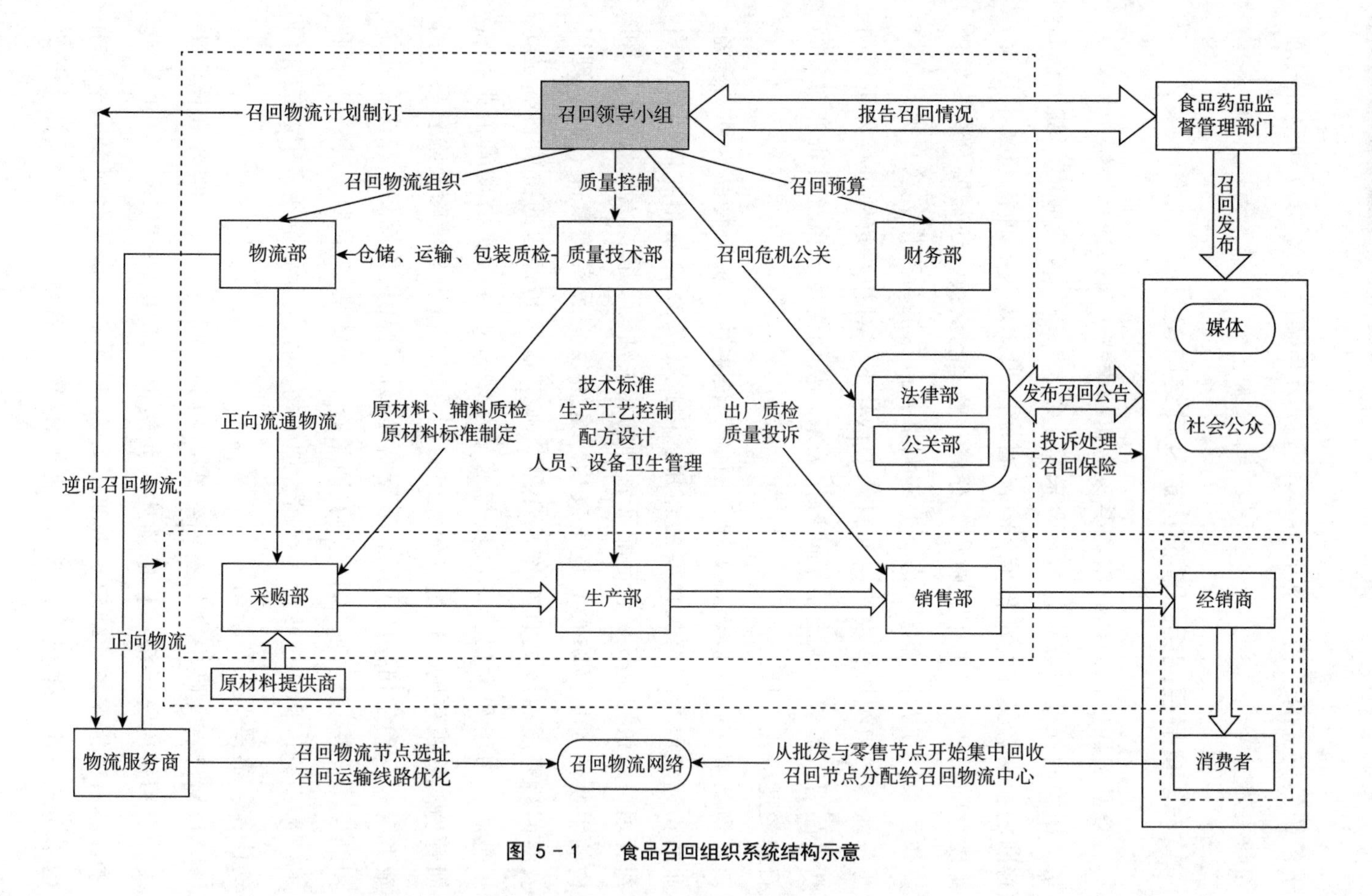

图 5-1　食品召回组织系统结构示意

统与政府召回监管子系统。食品召回需要食品企业各部门参与其中，因此食品企业必须成立召回领导小组（召回管理小组），全面负责召回的计划、实施与过程控制。召回领导小组成员应包括质量技术、物流、采购、生产、销售、财务、法律、公共关系等部门的负责人，上述企业组织机构成员构成食品企业内部召回管理组织网络结构，各个部门承担的召回职责具体见图 5－1 箭头示意。在食品企业内部召回管理组织结构中，召回领导小组处于核心位置，统管召回一切事宜，同时质量技术部门也发挥非常重要的作用。召回领导小组作为食品企业内部召回组织管理的总协调方与负责方，与食品召回监管机构直接联系，向省、市质监部门汇报召回进度。这是食品企业内部召回组织向外进行召回相关信息沟通的渠道之一，另外一个对外渠道包括销售部门与流通渠道协助安排逆向召回，法律部门涉及召回保险与损失赔偿，公关部对销售渠道、媒体及社会公众通报召回信息等。基于物流外包理念，需要将召回物流外包给专业的物流企业，提升召回效率与降低召回物流成本。食品召回由食品生产企业负责，具体召回操作过程由物流企业负责，而监督管理作用则由地方食品药品监督管理部门实现，从而实现对食品企业召回实施的全程监督与对消费者和社会公众的召回信息发布。

二　食品召回管理主体职责与分工

食品召回涉及主体包括食品生产企业、食品销售企业、召回物流企业以及消费者、政府部门、媒体、公众等其他参与者。各个主体在食品召回中的职责不同，为了实现召回任务与目标，需要各主体之间展开分工与协作。

（一）食品生产企业

食品生产企业作为食品供应链的核心企业以及食品召回的责任方，需要在日常运营中做好食品安全信息的统计与分析，为食品召回中安全危害分析做好准备。同时食品生产企业需要做好食品召回应急计划，成立召回领导小组，制订食品召回方案并及时与政府质监部门沟通。在食品召回实施阶段，食品生产企业与食品销售企业、消费者、政府监管机构、新闻媒体就各自的任务进行信息沟通，及时将问题食品相关信息向这些主体进行发布，以便及时进行食品召回计划的实施。危害食品主要分布在食品销售企业与食品消费者手中，因此食品生产企业需要建立沟通机制，准确掌握危害食品的分布情况，在触发召回后能够及时、准确、全面地进行缺陷食品回收。

食品生产企业与政府监管部门存在监督与被监督的关系，包括食品安全监督与食品召回监督。基于召回的成本原因，食品生产企业未必会实施主动召回，但是由于食品安全危害造成的社会影响巨大，需要食品生产企业实施召回。而食品生产企业若是不实施召回或者被动责令召回，召回的效果将远远低于主动召回，这样会造成食品危害的扩大和社会不良影响的放大。因此在食品生产企业与政府监管部门之间存在博弈关系。通过分析双方在监管与召回之间的策略选择影响因素，讨论政府监管机构与食品生产企业发起召回活动的差异性。食品生产企业在食品供应链中的主要作用是食品生产与市场营销，具体的食品召回实施不是食品生产企业的核心业务，因此食品生产企业需要将召回相关活动委托给物流企业来完成。

（二）食品销售企业

食品销售企业在食品召回中的作用表现在两个方面：其一是作为食品召回的主要参与者，配合食品生产企业和物流企业进行问题食品的集中与回收；其二是食品销售企业在流通渠道代替食品生产企业实现对消费者的解释与赔偿。此外，对于召回处理后再进入原先流通渠道的食品而言，食品销售企业继续履行销售职责。不管是流通渠道还是召回过程，销售企业都起到在生产企业与消费者之间承上启下的作用，需要做好渠道信息的控制与传递，帮助食品生产企业做好食品安全信息统计与召回回收渠道支撑。

食品生产企业与食品销售企业形成长期合作关系，通过协作支持食品销售流通，向终端消费者提供食品产品及相关信息。消费者作为食品产品的使用者，要求食品具备基础的安全性，包括食品质量安全与食品安全信息。消费者是食品安全问题的最敏感者，一旦发现其使用与食用的食品存在安全问题，消费者都会有所反应。特别是在当前网络十分便捷的情况下，消费者更会借助微信、微博等手段将食品安全问题传播出去。虽然存在消费者传播食品安全信息失真的个例，但是不可否认消费者是发现与曝光食品安全问题的最主要来源，因此消费者是触发食品召回的直接影响因素。消费者是食品危害的损失方也是食品召回的受益方。食品召回成为常态，有助于塑造诚信的社会环境。广义上的消费者也代表了社会公众，并与媒体站在同样的利益立场。

（三）食品召回物流企业

食品生产企业制造食品、食品销售企业分销食品、消费者购买与食用食品，这样实现了食品供应链的生产、销售与消费等商流活动的流转。在商流过程中物流发挥着物资供应、仓储、运输、配送等功能，有效保障商流活动的开展。同食品生产与销售一样，在食品召回中，物流企业也发挥巨大作用。针对及时、全面、准确地实施食品召回，需要将缺陷食品进行分散收集、集中储存与返厂运输，这些活动本质上表现为物流活动。而且这种物流活动表现为逆向物流，与正向不同的是，食品召回物流在考虑物流成本的基础上更多的是考虑完成召回的及时性。

基于核心竞争力的角度，物流企业参与到食品召回中，由物流企业完成相关活动比食品企业自行完成这些更加高效。因此物流企业成为食品召回的主要主体，食品生产企业委托物流企业进行召回活动的实施与管理。物流企业参与到食品召回中，需要与食品生产企业、食品销售企业形成良好的组织合作关系，同时建立完善的信息沟通机制。此外，物流企业还需要借助其自身已经拥有的物流网络，完善物流中心的召回物流组织运作功能。

（四）其他参与主体

消费者、政府部门、媒体、公众等其他参与者没有与食品召回活动直接相关，但是在食品召回活动中起着监督作用。消费者是食品召回的触发来源之一，同时也是食品召回的直接受益者，并对食品召回实施情况进行关注与监督。媒体与社会公众对食品召回的作用一致，起到舆论监督作用。政府部门直接对食品企业召回实施与召回结果进行监管，同时也为食品召回实施提供技术支持。

食品召回组织系统构成需要考虑组织类型、组织数量、组织协作关系、组织间互动次数、组织资金来源，以及组织的反应时间等因素，就召回相关活动形成协作关系。基于食品召回的社会意义和经济价值，食品召回组织体现为一种社会技术系统，组织之间需要良好的信息收集、存储、解释与交换，在召回应急状态下能够调整各自功能与工作方式，提升整体协作能力。

第二节　食品企业与物流企业关系分析

一　食品企业与物流企业存在委托代理关系

随着物流业的发展，物流外包服务已经在行业内成为共识认可的模式（韩国莉，2014）。基于第三方物流专业性与综合性服务能力体现，制造企业与流通企业通过外包模式与专业物流企业建立战略合作伙伴关系。物流企业通过综合一体化服务为外包商在降低物流成本与提高服务质量两方面进行统筹协调（Jing，2011；Schoder，2013）。

由于食品召回对缺陷食品召回的速度、覆盖程度要求较高，同时召回活动与物流活动密切相关，因此食品召回的物流业务也需要外包给专业的物流企业来完成。在食品召回组织中，食品生产企业与物流企业建立委托代理关系，双方追求共赢和合作的长期性，使得食品生产企业所关注的召回物流成本指标和召回服务质量指标之间的效率背反现象得以转变；召回物流企业在提高服务质量的同时，通过召回物流业务的规模化来降低召回物流成本。

当食品生产企业将召回物流业务外包给物流企业管理后，一方面食品企业无法对召回物流活动的具体内容进行直接控制，若双方就召回物流的权利与义务界定不清，外包合同不完整，将导致召回物流服务外包失控的风险。另一方面，召回物流企业基于成本原因也有可能不履行先前的承诺，降低召回物流服务质量，从而能产生隐藏行动的道德风险。针对上述问题，究其原因，召回物流委托代理中的根本问题是在非对称信息条件下，召回物流企业基于自身利益最大化选择对自身最有利的行动设计。因此食品生产企业需要通过激励合同的完善来选择、约束和激励召回物流企业。

在食品召回物流活动外包过程中，专业召回物流企业需要转变与食品生产企业的关系，从竞争关系转变为战略合作伙伴关系。首先召回物流企业要提高服务能力，针对食品召回特点，在召回物流网络优化方面，注重召回物流中心的选址建设。主要包括在现有的正向物流中心中选择合适的节点并完善召回处理能力，同时针对召回的及时性，优化召回运输线路。其次通过业务扩大实现召回物流服务的规模经济来降低召回物流成本。面对我国食品召回成为企业安全质量控制的常规化手段这一发展趋势，越来越多的食品企业可能发生召回活动，因此专业的物流企业可以通过召回服务能力的提升获取更多的潜在客户，从而达到自身物流成本的降低；同时物流企业召回成本的降低也将减少食品企业的总体召回成本，通过良性循环，达到食品企业与物流企业的双赢。最后加强食品企业与物流企业委托代理中的机理机制建设。现有研究证明，在任何满足代理人参与约束及激励相容约束，而使委托人预期效用最大化的合约中，代理人必须承担风险（Tomasini and Wassenhove, 2004；Lin, 2008）。因此在食品召回物流委托代理关系中，食品企业与物流企业之间需要建立多元化的剩余利益分享机制，通过有效激励控制难以量化的风险因素，从而有效克服食品企业对物流企业的监督成本过高而难以进行有效监督的问题。

在食品召回管理供应链协作中，委托代理问题产生的根本原因是信息的不对称和信息的不完全导致的信息风险，因此需要加强食品生产企业与召回物流企业的信息共享，这对于企业间的合作与资源有效利用可以发挥重要作用（杨利军、李明，2013）。

二　食品召回下第三方物流的委托代理分析

（一）提出问题

在现代的食品企业中，很多食品生产企业是没有建立自己的食品逆向物流体系的。所以，在问题出现需要召回的时候，食品企业通常需要委托第三方物流企业来进行物流活动。通过第三方物流企业能迅速有效地召回问题食品，防止进一步流通扩散。缩短召回时间，降低食品生产企业的召回物流成本，挽救食品企业的形象信誉，使得食品企业更具有竞争力。

食品召回企业要求第三方物流公司以最快的速度、最短的时间将分散在各地的问题食品运输到企业。而对第三方物流企业来说，考虑到问题食品的分散性和包装的不完整性，可能无法最大化运输和仓储的效用，同时考虑到车辆的满载率和成本及时间问题，可能无法完全满足食品召回企业的要求。这就导致了两者之间的利益冲突。食品召回企业无法直接观测到第三方物流企业的努力程度，处在信息劣势地位。第三方物流企业清楚自己的努力水平，处于信息优势地位。由于双方信息的不对称，第三方物流企业可能利用自己的信息优势隐藏真实的努力水平以最大化自己的效用，发生损害食品召回企业利益的风险。

在这个委托代理关系中，最重要的问题是食品召回企业如何使第三方物流企业的行为更符合食品召回企业的利益。本书主要引用莫里斯－霍姆斯特姆的经典的委托代理模型，探讨食品召回企业和第三方物流企业的最优激励问题。该模型是莫里斯最初使用，霍姆斯特姆进一步发展的一阶条件方法（the First – Order Approach），这是委托代理模型的基本模型，相较于其他更为抽象的模型，简单的一阶条件方法更直观更容易被理解。

（二）模型的建立

1. 问题假设

假设1：第三方物流企业的努力水平合集为 A，$a \in A$，其中 a 表示第三方物流企业选择的特定的努力水平。假设 a 是一维的连续变量，a 越大，表示第三方物流企业越努力。Z 为常数，与需要召回的问题食品自身特性相关，如召回食品的问题严重程度、食品的包装、抗挤压性等。产出函数 $\pi = \lambda a + Z + \delta\theta$，其中 λ（$0 < \lambda < 1$）是第三方物流企业的努力水平对产出函数的影响系数，即第三方物流企业的能力水平。θ 是不受食品召回企业和第三方物流企业影响的由外界不确定因素决定的外生变量。θ 服从均值为0，方差为 σ^2 的正态分布，θ 越大，外部情况越好，如天气状况、道路状况等。δ（$0 < \delta < 1$）是外生变量系数。

假设2：委托人食品召回企业是风险中立的，代理人第三方物流企业是风险规避的。

假设3：食品召回企业和第三方物流企业激励报酬契约模型采用线性形式：$S(\pi) = R + \beta\pi$。$S(\pi)$ 是代理人第三方物流企业的总报酬。R 是代理人第三方物流企业的固定收入，β（$0 < \beta < 1$）是代理人第三方物流企业可以分享的产出份额的比例，即激励报酬强度系数，第三方物流企业收回问题食品的速度越快、时间越短，β 越大。

假设4：代理人第三方物流企业是绝对风险规避者，效用函数为 $u = -e^{-\rho w}$，ρ 是绝对风险规避度量，w 是代理人的实际货币收入。代理人第三方物流企业的努力成本 $C(a)=\frac{1}{2}ba^2$，其中 b（$b>0$）是成本系数，b 越大，努力成本越高。

2. 模型的基本框架

委托人食品召回企业的期望收入：

$$Ev=[\pi-S(\pi)]=(1-\beta)\lambda a+(1-\beta)Z-R \quad (5-1)$$

代理人第三方物流企业的实际货币收入：

$$W=S(\pi)-C(a)=R+\beta\pi-\frac{1}{2}ba^2=R+\beta(\lambda a+Z+\delta\theta)-\frac{1}{2}ba^2 \quad (5-2)$$

代理人实际货币收入的期望效用：

$$Ew=R+\beta\lambda a+\beta Z-\frac{1}{2}ba^2 \quad (5-3)$$

根据 Arrow－Pratt 结论，代理人第三方物流企业的风险成本为：

$$\frac{1}{2}\rho Var[S(\pi)]=\frac{1}{2}\rho\beta^2\delta^2\sigma^2 \quad (5-4)$$

代理人第三方物流企业的确定性等价收入为：

$$Y=R+\beta\lambda a+\beta Z-\frac{1}{2}\rho\beta^2\delta^2\sigma^2-\frac{1}{2}ba^2 \quad (5-5)$$

委托人食品召回企业的目标是期望收入 Ev 达到最大值，而代理人的目标确定性等价收入 Y 最大化。令代理人第三方物流企业的保留收入为 $\overline{Y}$。当确定性等价收入小于 $\overline{Y}$，第三方物流企业不接受此合同。因此，第三方物流企业的参与约束（IR）可以表述为：

$$Y=R+\beta\lambda a+\beta Z-\frac{1}{2}\rho\beta^2\delta^2\sigma^2-\frac{1}{2}ba^2\geqslant\overline{Y} \quad (5-6)$$

激励相容约束（IC）表述为：

$$R+\beta\lambda a+\beta Z-\frac{1}{2}\rho\beta^2\delta^2\sigma^2-\frac{1}{2}ba^2\geqslant R+\beta\lambda a'+\beta Z-\frac{1}{2}\rho\beta^2\delta^2\sigma^2-\frac{1}{2}ba'^2,\forall a'\in A \quad (5-7)$$

即理性的代理人第三方物流企业会选择最佳努力水平 a 使自己获得最大化的效用。

（三）模型的分析

1. 信息对称条件下的委托代理模型

在信息对称的条件下，代理人第三方物流企业的努力程度 a 可以被委托人食品召回企业观测到，因此代理人不能随意选择努力水平。委托人食品召回企业可以根据观测到的努力水平 a 对代理人进行奖惩。此条件下，委托代理模型中的激励相容约束就是多余的。委托人食品召回企业可以设计任意强制性合同。

委托代理模型为

$$\max_{\alpha,\beta,a} Ev = (1-\beta)\lambda a + (1-\beta)Z - R \tag{5-8}$$

$$\text{s.t. IR } R + \beta\lambda a + \beta Z - \frac{1}{2}\rho\beta^2\delta^2\sigma^2 - \frac{1}{2}ba^2 \geq \overline{Y} \tag{5-9}$$

在最优情况下，参与约束的等式成立。代入目标函数，得 $a^* = \frac{\lambda}{b}$，$\beta^* = 0$。

将结果代入第三方物流企业参与约束得：

$$R^* = \overline{Y} + \frac{1}{2}b(a^*)^2 + \overline{Y} + \frac{\lambda^2}{2b} \tag{5-10}$$

即食品召回企业支付给第三方物流企业的固定收入 R^* 等于第三方物流企业的保留收入 $\overline{Y}$ 和努力成本 $\frac{1}{2}b\ (a^*)^2$ 之和。

第三方物流企业的努力边际成本效用为

$$C'(a) = (\frac{1}{2}ba^2)' = ba^* = \lambda \tag{5-11}$$

第三方物流企业的努力边际期望效用为

$$E\pi = \lambda \tag{5-12}$$

第三方物流企业的努力边际成本等于第三方物流企业的努力边际期望，此时达到努力水平的最优状态就是帕累托最优。努力水平 $a^* = \frac{\lambda}{b}$。

所以当委托人食品召回企业观测到代理人第三方物流企业的努力水平 $a^* < \frac{\lambda}{b}$时，就支付给第三方物流企业$\underline{\alpha}$（$\underline{\alpha} < \overline{Y} < \alpha^*$）即可。只要$\underline{\alpha}$足够小使代理人第三方物流企业无利可图，代理人就会选择 $a^* = \frac{\lambda}{b}$。

2. 信息不对称条件下的委托代理模型

在现实生活中，委托人食品召回企业不可能观测到代理人第三方物流企业的努力水平。第三方物流企业可能利用自己的信息优势，选择符合自己利益的努力水平而忽略食品召回企业的利益要求。这就是信息不对称造成的后果。在信息不对称条件下，委托代理模型最重要的问题就是如何规范代理人的行为，如何设计良好的激励机制使代理人按照委托人的利益行事，从而使双方的利益达到一致。在这种情况下，激励相容约束是有效的。

激励相容约束为

$$\beta\lambda - ba = 0 \tag{5-13}$$

得 IC：$a = \frac{\beta\lambda}{b}$。

信息不对称下的委托代理模型为

$$\max_{\alpha,\beta} = (1-\beta)\lambda a + (1-\beta)Z - R \tag{5-14}$$

$$\text{s.t.} \quad \text{IR} \quad R + \beta\lambda a + \beta Z - \frac{1}{2}\rho\beta^2\delta^2\sigma^2 - \frac{1}{2}ba^2 \geqslant \overline{Y} \tag{5-15}$$

$$\text{IC} \quad a = \frac{\beta\lambda}{b} \tag{5-16}$$

得
$$\begin{cases}\beta = \dfrac{\lambda^2}{\lambda^2 + b\rho\beta^2\delta^2\sigma^2} \\ a = \dfrac{\beta\lambda'}{b}\end{cases} \tag{5-17}$$

由于第三方物流企业是风险规避的，所以第三方物流企业的努力水平无法达到帕累托最优努力水平。即

$$a = \frac{\beta'\lambda}{b} < a^* \tag{5-18}$$

食品召回企业的期望收入为

$$Ev = \frac{\lambda^2}{2b(1 + \rho b\delta^2\sigma^2 / \lambda^2)} + Z - \overline{Y} < Ev^* \tag{5-19}$$

第三方物流企业的实际收入为

$$Y = \overline{Y} + \frac{\rho\delta^2\sigma^2}{2b(1 + \rho b\delta^2\sigma^2 / \lambda^2)^2} > Y^* \tag{5-20}$$

可以得出，在信息不对称的情况下，食品召回企业因为信息劣势，利益会受到影响而降低。而第三方物流企业因为信息优势，可以降低努力水平获得更高的收益。

3. 食品召回企业期望收入分析

信息不对称下，食品召回企业的期望收入为

$$Ev = \frac{\lambda^2}{2b(\lambda^2 + \rho b\delta^2\sigma^2)} + Z - \overline{Y} \tag{5-21}$$

$\dfrac{\partial Ev}{\partial \lambda} > 0$，说明第三方物流企业的努力水平系数越大，食品召回企业的期望收入就越高。

$\dfrac{\partial Ev}{\partial \rho} < 0$，说明第三方物流企业的风险规避度越高，食品召回企业的期望收入就越低。

$\frac{\partial Ev}{\partial b}<0$，说明第三方物流企业的成本系数越大，食品召回企业的期望收入就越低。

$\frac{\partial Ev}{\partial Z}=1>0$，说明召回食品包装越完整越抗挤压，食品召回企业的期望收入就越高。

4. 激励报酬强度分析

β 是激励报酬强度系数。$\beta=\frac{\lambda^2}{\lambda^2+b\rho\delta^2\sigma^2}$说明激励报酬强度系数由能力水平系数 λ，成本系数 b，风险规避度 ρ，外生变量系数 δ，外生变量方差 σ^2 的取值决定。

$\frac{\partial\beta}{\partial\lambda}=\frac{2\lambda b\rho\delta^2\sigma^2}{(\lambda^2+b\rho\delta^2\sigma^2)^2}>0$，说明激励报酬强度系数与第三方物流企业的能力水平系数 λ 呈正相关。表示第三方物流企业的能力水平越高，运送的速度越快、时间越短，激励报酬强度就越大。

$\frac{\partial\beta}{\partial b}=\frac{\lambda^2\rho\delta^2\sigma^2}{(\lambda^2+b\rho\delta^2\sigma^2)^2}<0$，说明激励报酬强度系数与第三方物流企业的成本系数 b 呈负相关。表示第三方物流企业的成本系数越小，获得的激励报酬强度就越大。

$\frac{\partial\beta}{\partial\rho}=\frac{\lambda^2 b\delta^2\sigma^2}{(\lambda^2+b\rho\delta^2\sigma^2)^2}<0$，说明激励报酬强度系数与第三方物流企业的风险规避度 ρ 呈负相关。表示第三方物流企业的风险规避度越小，获得的激励报酬强度就越大。

$\frac{\partial\beta}{\partial\delta}=\frac{\lambda^2 b\rho\delta^2\sigma^2}{(\lambda^2+b\rho\delta^2\sigma^2)^2}<0$，说明激励报酬强度系数与外生变量系数 δ 呈负相关。表示外生变量的影响程度越小，激励报酬强度就越大。

$\frac{\partial\beta}{\partial\sigma^2}=\frac{\lambda^2 b\rho\delta^2}{(\lambda^2+b\rho\delta^2\sigma^2)^2}<0$，说明激励报酬强度系数与外生变量方差 σ^2 呈负相关。表示外生随机变量越稳定，激励报酬强度就越大。

由于第三方物流企业的能力水平系数 λ，成本系数 b，风险规避度 ρ 不同，所获得的激励强度也不同，并最终导致第三方物流企业的努力水平不同。在外生变量系数 δ，外生变量方差 σ^2 相同的情况下，第三方物流企业的成本系数 b 和风险规避度 ρ 较低，能力水平系数 λ 较高，能获得较大的激励强度，从而选择更高的努力水平 a。

（四）研究结论与启示

1. 主要研究结论

食品召回企业的期望收入与第三方物流企业的努力水平系数呈正相关，与第三方物流企业的风险规避度呈负相关，与第三方物流企业的成本系数呈负相关，与召回食品本身的特性呈正相关。

第三方物流企业所获得的激励报酬强度系数与第三方物流企业的能力水平系数呈正相关，与第三方物流企业的成本系数呈负相关，与第三方物流企业的风险规避度呈负相关，与外生变量系数呈负相关，与外生变量方差呈负相关。

第三方物流企业获得的激励报酬强度越大，所选择的努力水平越高，越符合食品召回企业的利益需求。此时，委托代理双方对所获得的效益都比较满意，委托代理的效果达到比较好的状态。

2. 对食品召回物流代理服务的启示

食品召回企业应该选择风险规避的第三方物流企业来完成召回活动。根据模型我们可以得到，激励报酬强度系数与第三方物流企业的风险规避度呈负相关。表示第三方物流企业的风险规避度越小，获得的激励报酬强度就越大。激励报酬的强度越大，第三方物流企业越不可能做出损害食品召回企业的行为。同时激励报酬强度系数与第三方物流企业的能力水平系数呈正相关，与第三方物流企业的成本系数呈负相关。所以在选择风险规避的第三方物流企业时，可以从物流公司的规模、声誉、合作伙伴等角度考虑。物流企业的规模大且企业声誉好，合作伙伴也都是规模较大的企业，说明该企业能提供较为优质的物流服务。食品召回物流因为召回产品的空间分散性和对召回时间的要求等特殊性，对物流企业提出了更高的要求。规模大、设施设备齐全的物流企业更能解决召回产品的空间分散性所带来的问题，也因此能有效缩短召回时间，更有效地完成食品召回企业的召回任务。

对比信息对称和信息不对称条件下的模型，可以看出信息对称条件下，食品企业对第三方物流企业的规范更为容易。这是因为在信息对称条件下，食品企业可以观测到第三方物流企业的努力水平，这会使得第三方物流企业做出有利于食品召回企业的选择。因此，食品召回企业和第三方物流企业可以共建物流信息平台，共享信息，提高第三方物流企业的效率。食品召回企业可以通过平台实时追踪召回的进度，并对第三方提出建议，做出正确的决定。

模型是建立在线性激励的基础上的，因此，食品召回企业可以通过制定线性激励合同，对第三方物流企业的努力水平加以约束（刘杨等，2019）。食品召回企业在激励第三方物流企业的时候不能盲目进行奖惩，要考虑到第三方的效率表现等因素。并且因为食品召回的时间紧迫性，需要第三方物流企业尽可能快地完成召回活动，食品召回企业可以让渡部分利益来换取第三方物流企业对召回活动时间的重视，尽快完成召回活动。除了物质奖励，还可以提供精神奖励，食品召回企业可以与满意的第三方物流企业建立长期的合作伙伴关系，第三方企业在长期效益和声誉上都得到了激励，食品召回企业也减少了选择物流企业的成本，得到了更好的服务。

第三节　企业召回与政府监管博弈分析

一　食品召回涉及多方博弈关系

召回作为食品安全问题发生后续应急处理手段，对于有效控制危害食品蔓延与建设诚信社会具有积极意义。2015 年 3 月，国家食品药品监督管理总局出台与实施《食品召回管理办法》，标志着我国食品召回管理进入一个新的发展阶段。但是食品召回是一项系统工程，食品召回的实施与管制涉及企业、政府、公众等多方主体利益。根据《食品召回管理规定》，食品召回决策中食品企业承担实施责任，政府部门发挥监管作用。因此在召回实施与监督、监管中，目前食品企业与政府处于相对积极与主动的地位，消费者处于相对较弱的地位。随着我国食品召回制度的完善，消费者要求食品生产企业能够及时召回缺陷食品的意愿日渐强烈，这就涉及食品生产企业与消费者两个主体的博弈关系，食品企业基于召回对其信誉提升的长期考虑，会选择主动实施召回管理，同时消费者基于自身权益也会对食品召回实施监督。

对食品召回博弈相关研究成果进行梳理得出以下结论。一是我国食品召回决策问题主要包括食品企业是否实施召回与政府部门是否实施监管这两个方面，食品企业是否实施召回取决于召回成本、法律法规约束、政府监管力度等影响因素。二是我国食品召回的实施与管制问题涉及诸多博弈方，受到食品企业自律、行业经济秩序、社会公众评价等因素的影响。三是当前我国食品召回管理仅仅依靠市场行为无法得到有力保证，需要引入规制经济学理论强化政府监管主导作用。四是加大政府部门监管力度有助于引导、监督与保障食品安全与召回管理，政府监管部门除了提供技术检测支持之外还需提供法律法规、资金和制度等保障。

在食品召回多主体之间，食品生产企业与政府监管部门对于召回实施的作用最为明显，因此，现有文献大多选择食品制造商与政府监管机构就召回与监管行为进行博弈分析。食品企业是否实施召回存在召回成本与企业信誉间的权衡，同时政府部门是否有效监管影响到企业召回主动性与社会公众对政府作为的评价，因此食品企业与政府部门就召回决策存在较为复杂的博弈关系。

二　企业召回与政府监管的关系

（一）食品企业与监管部门的博弈关系

根据我国《食品召回管理规定》，食品召回分为主动召回与责令召回两种形式，究其主体二者皆为食品生产企业实施；同时规定提出“县级以上地方食品药品监督管理部门”对食品企业实施召回进行监督管理，包括对召回的调查、通知、监督、检查、评价等活动。为此构建食品召回的静态博弈模型，将食品生产企业与政府监管机构设定为博弈参与方，食品企业的“召回与不召回”和政府监管的“作为与不作为”作为博弈双方的可选择策略。

食品企业选择召回行为对其短期与长远发展都产生影响。从短期来看，实施召回管理对食品企业的好处包括由于实施召回管理避免了缺陷食品导致的更多食品安全问题，进而避免了食品安全问题带来的赔偿支付；实施食品召回的坏处在于需要食品企业耗费大量的食品召回成本，主要包括召回组织成本、技术检测成本、召回物流成本、召回食品的再处理成本，以及实施召回附加成本，例如对消费者的赔偿支付以及食品企业声誉损失等。从长期来看，食品企业实施召回管理的好处在于可以为食品企业树立重视产品安全质量的声誉与体现社会责任意识，坏处在于召回常规化管理所消耗的管理成本。

食品企业不实施召回管理，则上述召回成本不发生，但是企业可能存在罚金的风险损失，这种情况存在的前提是食品安全问题出现，提示政府严厉监管，对不实施召回的食品企业进行行政处罚。食品企业作为市场主体，以追求利益最大化为首要目标，必然会通过考虑召回活动的预期收益成本来选择是否实施食品召回管理。当实施召回的预期收益大于实施召回的管理成本时，食品企业必然主动实施召回。在食品企业存在侥幸心理，或者我国食品安全与食品召回监管制度不完善的情况下，食品企业则会选择不实施召回，甚至逃避召回。因此食品企业是否选择实施召回主要取决于其召回管理成本与召回收益的比较，即通过衡量是否召回对其收益的影响程度来决定是否召回，该衡量取决于企业召回成本与收益，同时又取决于政府监管执行力度，以及处罚与召回成本大小比较。

政府监管部门是否对食品召回进行监管也存在收益的差别，即政府是否监管与监管力度的大小也与政府的付出成本和获取收益有关。政府部门主要站在政府职能部门的角度，通过对缺陷食品的安全问题进行深入调查与监测，及时发现安全问题或者隐患，并将该安全问题降低至最低程度，通过对召回的监管减少食品安全对社会的危害。但是在现实生活中，政府监管部门需要投入较大的人力与物力才能提高监管效率。因此在资源有限的情况下，政府部门的监管力度受到政府总体预算的约束。当政府部门选择加大监管力度时，必然需要加大资金与人力的投入，此时获取的收益包括两方面，其一是政府执行力提升得到社会公众的好评，其二是减小与杜绝食品安全危害。此外，食品企业不实施召回管理时，政府监管部门还可以通过罚金等收益。

通过上述分析可以得出的较为浅显的结论是，食品生产企业与政府监管部门之间存在着博弈关系，即双方根据自身的成本付出与收益的比较来选择是否实施召回决策与是否加大监管力度，同时双方还会根据对方的决策进行博弈。该博弈关系可简化处理为，食品企业根据政府监管政策选择实施召回还是不实施召回，而政府监管部门则根据资源约束选择加大监管力度还是减小监管力度，本书将其简化为监管作为与监管不作为。以下通过构建博弈模型，分析食品企业与政府部门在食品召回博弈中的策略选择与策略行为的影响因素。食品生产企业与政府监管部门是食品召回博弈活动中的两个主体，有着各自的效用函数，在博弈过程中选择相应的策略使自身的期望效用最大化。

对于政府监管部门而言，政府监管部门对食品召回的监管目标是减少和消除缺陷食品带来的食品安全危害与食品安全问题。其加强监管的收益是保护消费者利益与维护社会诚信以及通过监管提升政府部门的信誉。此外，在食品企业不实施召回时，政府监管部门还将获取罚金收益。其成本是对食品召回活动的监管成本，主要包括监测与检测成本、召回过程的监督成本以及召回结果评价所发生的费用。本模型将上述成本统一计为召回监督成本。

对于食品生产企业而言，实施召回管理是保障食品安全与消除安全风险的重要手段，食品生产企业在召回实施中的直接收益是避免缺陷食品导致的消费者赔偿，间接收益是企业信誉提升与品牌维护。其发生的成本主要包括技术检测成本、通知费用、召回实施成本以及召回后物品的再处理成本等。当食品生产企业不选择实施召回管理，食品召回成本将不发生，但是当政府监管严厉时企业将面临罚金压力以及问题食品带来的赔偿成本。

（二）博弈主体行为分析

由于与食品召回博弈直接相关的文献较少，故本书同时借鉴食品安全博弈与召回管理博弈等相关文献进行研究。食品供应链中食品制造商与政府监管机构就召回与监管行为存在博弈，通过重复博弈食品生产企业与政府监管机构两个主体达成合作均衡，从而实现食品供给的安全性。食品召回涉及消费者、企业与政府三方利益，其中食品企业与政府处于主动地位，政府需要通过加大对拒绝召回企业的惩处力度促进食品企业实施召回策略。基于食品安全规制理论，食品企业与政府监管部门存在重复博弈，其中引入罚金、公众满意度等变量有助于食品企业选择生产安全食品策略（吕永卫、霍丽娜，2018）。为此，需要讨论产品召回中的成本分担与质量激励问题，引入根源分析的成本分担合同，运用上模博弈理论证明分散式供应链的纳什最优均衡解的存在性（Varzakas，2006）。随着企业品牌长期建设，企业信誉也对食品召回策略产生经济影响，通过建立企业和消费者产品召回博弈模型，分析得出的结论是为保护消费者利益政府应该通过加强措施让企业更加注重企业信誉（Hobbs，2002）。

由于食品生产企业所在当地政府存在纳税等利益考虑，可能出现地方保护主义行为，也将影响到其对食品企业召回行为的有效监管。基于食品安全与食品召回主要影响到企业的信誉与政府的公信力，在进行食品召回实施与监管的博弈分析时，应将食品企业所在地的政府机构也纳入政府监管部门当中。因此，在食品召回管理过程中，主要存在食品召回实施企业与政府监管部门两个利益主体，二者分别追求自身效用的最大化。其中食品生产企业作为召回实施的责任主体更加侧重企业自身利益，而政府监管部门追求政治收益最大化的同时，还需要付出监管成本。从而食品生产企业与政府监管部门不同策略的选择决定了食品召回管理能否有效开展。

如前所述，政府监管部门是指各级地方食品药品监督管理部门，根据我国《食品召回管理规定》，“县级以上地方食品药品监督管理部门”对食品企业实施召回进行监督管理，包括对召回的调查、通知、监督、检查、评价等活动；食品生产企业是实施食品召回的直接责任主体，与此同时食品召回还需要食品生产企业与供应链中的食品流通企业、召回物流企业合作，共同完成食品召回。因此，在本节将供应链的食品召回相关企业视为一个企业主体。

根据我国《食品召回管理规定》，食品召回分为主动召回与责令召回两种形式，二者皆由食品生产企业实施。其中责令召回是指在食品安全问题非常严重的情况下，政府监管部门强制食品企业执行召回，食品企业无从选择，所以在本节假定食品企业的召回形式均为主动召回形式，因此食品企业选择是否主动实施食品召回管理策略。同时，假定政府部门与食品企业都是理性经济人，以自身利益最大化为目标进行决策，可以按照完全信息静态博弈来处理，并求得纳什均衡解。

在当前，我国并没有在法律法规层面普及食品企业必须强制实施召回管理（除《食品召回管理规定》第二十五条外），因此食品企业有两种策略可供选择。一是“实施召回”，如基于自身社会责任意识的强化、不实施召回面临政府处罚的威胁或者期望长期信誉提升等原因，食品企业愿意选择“实施召回”策略。二是“拒绝召回”，如基于侥幸心理预期不被政府部门发现其问题、食品召回成本过高没有能力召回或者拒绝召回的罚金远少于实施召回带来的损失等原因，食品企业愿意选择“拒绝召回”策略。

政府部门也有两种策略。一是“监管”，即政府部门投入一定成本监督食品企业是否实施召回管理，若食品企业实施召回管理，政府可能给予这些企业一定的补偿或奖励，若食品企业拒绝实施召回的同时被政府发现，则政府部门将对其进行惩罚，即处以罚金。二是“不监管”，即政府监管部门不采取任何措施去影响和干预食品生产企业是否实施召回，当然政府部门也不会产生任何的成本。

三　食品召回与监管博弈分析

（一）静态博弈模型的建立

1. 模型假设

借鉴已有相关文献，以及当前我国食品召回与监管实际情况，对食品生产企业与政府监管部门的静态博弈模型做如下假设。

假设1：模型中只存在食品企业与政府部门两个利益主体，消费者、社会公众对食品企业和政府部门策略选择的看法，通过引入相关变量来考虑。

假设2：不考虑食品企业的“主动召回与责令召回”形式，食品企业策略只有“实施召回”与“拒绝召回”。

假设3：双方的收益与成本简化为仅考虑单次整体收益与成本，不考虑单位数量召回与监管的成本与收益，这是因为虽然召回与监管的成本、收益与数量相关，但是这两个活动的主要投入成本与收益主要与每次的策略选择直接相关。

假设4：食品召回监管部门认真履行监管职责，对食品召回实施状况的监管成本为 $C_1(C_1 > 0)$，概率为 $P_1(0 \leqslant P_1 \leqslant 1)$；同时，由于政府监管得到社会认可有助于提高其公信力，因此获取收益 $R_1(R_1 > 0)$。

假设5：食品召回监管部门不认真履行监管职责，可能受到上级部门以及社会公众的指责，导致政府的公信力下降，付出成本 $C_2(C_2 > 0)$，概率为 $1 - P_1$。

假设6：只要政府监管部门发生监管行为，即意味着其必能发现食品生产企业存在食品安全问题与是否实施食品召回管理。

假设7：食品生产企业重视召回，主动召回管理需要增加投入，为此付出召回成本 $C_3(C_3 > 0)$，概率为 $P_2(0 \leqslant P_2 \leqslant 1)$。

假设8：食品生产企业为了隐瞒安全事件或节约成本，而不实施召回管理，此时召回成本为0，概率为 $1 - P_2$。

假设9：存在安全问题的食品企业若被监管部门发现，则该企业需要缴纳罚金 $C_4(C_4 > 0)$，同时监管部门获得上级嘉奖，即获取奖励性收益 $\theta C_4(0 < \theta < 1)$。

2. 模型建立

根据上述问题描述、模型假设与变量说明，建立食品召回监管部门与食品生产企业之间的静态博弈模型，双方的博弈矩阵如表5-1所示。

表5-1　食品召回监管部门与食品生产企业间的博弈矩阵

监管部门	食品生产企业	
	召回（P_2）	不召回（$1 - P_2$）
监管（P_1）	$R_1 - C_1, -C_3$	$R_1 + \theta C_4 - C_1, -C_4$
不监管（$1 - P_1$）	$-C_2, -C_3$	$-C_2, 0$

3. 模型分析

情况1：当 $-C_3 < -C_4$，即政府监管部门对不实施召回管理的食品生产企业的罚金 C_4 小于食品生产企业的召回成本 C_3 时，不召回是食品生产企业的严格占优策略，即不管政府监管部门是否实施监管，食品生产企业都不会选择实施召回策略。

情况2：当 $-C_2 < R_1 - C_1$ 时，实施食品召回监管是政府部门的严格占优策略，无论食品生产企业是否实施召回管理，政府监管部门都选择实施监管策略。

情况3：当 $R_1 + \theta C_4 - C_1 < -C_2$ 时，不监管是政府部门的严格占优策略，即无论食品生产企业是否实施召回，政府监管部门都不选择监管策略。

情况4：当 $-C_3 < -C_4$，且 $R_1 - C_1 < -C_2 \leqslant R_1 + \theta C_4 - C_1$ 时，政府监管部门的期望收益是

$$\begin{aligned}\Pi_1(P_1) &= P_2[P_1(R_1 - C_1) + (1 - P_1)(-C_2)] + (1 - P_2)\\ &\quad [P_1(R_1 + \theta C_4 - C_1) + (1 - P_1)(-C_2)]\\ &= P_1(R_1 + \theta C_4 - C_1) + (1 - P_1)(-C_2) - P_1 P_2 \theta C_4 \end{aligned} \tag{5-22}$$

求得：

$$\frac{\partial \Pi(P_1)}{\partial P_1} = R_1 + \theta C_4 - C_1 + C_2 - P_2 - \theta C_4 = 0 \tag{5-23}$$

$$\Rightarrow P_2^* = \frac{R_1 + \theta C_4 + C_2 - C_1}{\theta C_4} = 1 + \frac{R_1 + C_2 - C_1}{\theta C_4} = 1 - \frac{C_1 - R_1 - C_2}{\theta C_4} \tag{5-24}$$

食品生产企业的期望收益为

$$\begin{aligned}\Pi_2(P_2) &= P_1[-C_3 P_2 + (-C_4)(1 - P_2)] + (1 - P_1)(-C_3 P_2)\\ &= -C_3 P_2 - P_1 C_4 + P_1 P_2 C_4\\ &= (P_1 C_4 - C_3) P_2 - P_1 C_4 \end{aligned} \tag{5-25}$$

求得：

$$\partial \Pi(P_2) / P_2 = P_1 C_4 - C_3 = 0 \tag{5-26}$$

$$\Rightarrow P_1^* = C_3 / C_4 \tag{5-27}$$

将 $C_4 = C_3/P_1^*$ 代入公式（5－24）得出

$$P_2^* = 1 - \frac{C_1 - R_1 - C_2}{\theta C_3 / P_1^*} = 1 - P_1^* \frac{C_1 - R_1 - C_2}{\theta C_3} \tag{5-28}$$

4. 结果讨论

由公式（5－28）可以看出 P_2 为 P_1 的减函数，即食品企业召回概率随着政府部门监管概率的上升而下降，这与常理违背。

5. 模型改进

为此对上述模型进行改进，考虑到食品企业虽然不实施召回管理，短期内不增加召回成本；但是从长远来看，其不实施食品召回将受到消费者对其产品的抵制，即食品企业若不实施召回将受到消费者的惩罚，故消费者不再购买该食品企业的产品会给企业带来损失。因此在改进的博弈模型中，加入食品企业不实施召回的长期损失 C_5，并假设 $C_5 > C_4$，即由于食品生产企业拒绝实施召回带来的长期消费者拒绝购买该产品的销售损失大于其拒绝召回的一次性政府罚金。鉴于当前我国食品召回监管方面的处罚力度不足以及食品企业拒绝召回造成市场声誉的下降等现状，该假设成立。同理，若食品生产企业实施召回，则有助于该企业信誉的提升，故在改进的模型中加入食品企业召回的长期信誉收益 R_2。

此时，双方的博弈矩阵如表 5－2 所示。

表 5－2　加入企业信誉因素的召回监管部门与食品生产企业间的博弈矩阵

监管部门	食品生产企业	
	召回（P_2）	不召回（$1-P_2$）
监管（P_1）	$R_1 - C_1, R_2 - C_3$	$R_1 + \theta C_4 - C_1, -C_4$
不监管（$1-P_1$）	$-C_2, R_2 - C_3$	$-C_2, -C_5$

情况 1：当 $R_2 - C_3 \leqslant - C_5$ 时，不召回是食品企业的严格占优策略，无论政府部门是否监管，食品企业都会选择不实施召回。因此应尽量避免该情况的发生。

情况 2：当 $R_2 - C_3 > - C_4$ 时，实施召回是食品企业的严格占优策略。此时应加大 R_2 和 C_5，即政府通过加大实施中的食品企业宣传与奖励力度提升企业信誉，有助于上述情况 1 向情况 2 转变，从而提高食品企业实施召回的积极性。同理，加大上级部门对召回监管部门的奖励 C_4 以及通过提升食品企业召回管理能力来降低企业召回成本 C_3，都有助于情况 1 向情况 2 转变。

情况 3：当 $- C_2 > R_1 + \theta C_4 - C_1$ 时，不实施监管是政府部门的严格占优策略，也应尽量避免该情况的发生。

情况 4：当 $- C_2 \leqslant R_1 - C_1$ 时，实施监管是政府部门的严格占优策略。此时通过降低政府监管成本 C_1 与注重政府公信力 R_1 提升，使得上述情况 3 向情况 4 转变。

情况 5：当 $- C_5 < R_2 - C_3 \leqslant - C_4$，且 $R_1 - C_1 < - C_2 \leqslant R_1 + \theta C_4 - C_1$ 时，政府部门的期望收益如下：

$$\begin{aligned}\Pi(P_1) &= P_2[P_1(R_1 - C_1) + (1 - P_1)(-C_2)] + (1 - P_2) \\ &\quad [P_1(R_1 + \theta C_4 - C_1) + (1 - P_1)(-C_2)] \\ &= (R_1 + \theta C_4 - C_1 + C_1 - P_2\theta C_4)P_1 - C_2 \qquad (5-29)\end{aligned}$$

求：

$$\frac{\partial \Pi_1(P_1)}{P_1} = R_1 + \theta C_4 + C_2 - C_1 - \theta P_2 C_4 = 0 \qquad (5-30)$$

$$\Rightarrow P_2^* = 1 - \frac{C_1 - R_1 - C_2}{\theta C_4} \qquad (5-31)$$

观察 P_2^* 看出，要提高食品企业实施召回的积极性，需要在加大不召回的处罚力度、提高对监管部门的奖励以及降低政府部门监管成本等方面做好措施。

食品生产企业期望收益如下：

$$\begin{aligned}\Pi_2(P_2) &= P_1[P_2(R_2 - C_3) + (1 - P_2)(-C_4)] + (1 - P_1)\\ &\quad [P_2(R_2 - C_3) + (1 - P_2)(-C_5)]\\ &= P_2(R_2 - C_3 + C_5 + C_4P_1 - C_5P_1) - C_5 - C_4P_1 + C_5P_1 \end{aligned} \quad (5-32)$$

求：

$$\frac{\partial \Pi_2(P_2)}{\partial P_2} = R_2 - C_3 + C_5 + C_4P_1 - C_5P_1 \quad (5-33)$$

$$\Rightarrow P_1^* = \frac{R_2 - C_3 + C_5}{C_5 - C_4} \text{与} C_4 = C_5 - \frac{R_2 - C_3 + C_5}{P_1^*} \quad (5-34)$$

观察 P_1^*，食品生产企业由于实施召回获取的信誉越高，政府部门监管意愿就越强；同时（$C_5 - C_4$）差值越小，即在食品企业不实施召回情况下，其支付给政府监管部门的罚金越接近于因消费者惩罚（不再购买该产品）而带来的损失，越有助于政府部门加大监管力度。

上述后一种情况对食品企业召回意识的提高具有一定的指导作用。鉴于当前我国食品生产企业召回意识不足的实际情况，倘若仅仅依靠政府处罚，并不能提高企业的召回主动性与积极性，而且政府对不召回的处罚也只是短期行为，未能产生长期影响。因此食品企业需要加强关于“实施召回有助于企业信誉提升”的认知，一方面，通过食品企业树立信誉长期维护意识，促使企业认识到实施召回不是短期行为以及不能仅仅考虑召回成本的付出；另一方面，将不召回的短期政府处罚力度与企业不召回的长期损失相匹配，加强政府部门对食品企业的干预，也有助于转变食品企业不愿实施召回管理的短视行为。

将 $C_4 = C_5 - \frac{R_2 - C_3 + C_5}{P_1^*}$ 代入式（5－31）得出：

$$P_2^* = 1 - \frac{C_1 - R_1 - C_2}{\theta C_4} = 1 - \frac{C_1 - R_1 - C_2}{\theta\left(C_5 - \frac{R_2 - C_3 + C_5}{P_1^*}\right)} \quad (5-35)$$

易知：P_1^* 增大时，P_2^* 随之增大，即食品企业选择实施召回的概率随着政府部门的监管概率的增大而增大。换言之，在完全信息静态博弈模型下，只有加大政府部门对食品召回的监管力度（更多的基于处罚）才能提高食品生产企业的召回积极性，这一结论也和当前我国食品召回实际情况相吻合。

（二）动态博弈模型的建立

1. 模型假设

在食品召回监管与实施动态博弈中，食品生产企业与政府监管部门的策略选择有先后顺序，且后选择策略者在选择之前能够观察到先选择者策略（苗珊珊、李鹏杰，2018）。而现实生活中，食品生产企业根据政府监管部门出台的政策调整自己的召回策略，后行动的食品企业可以通过观察知道先行动的政府监管部门的策略，所以用动态博弈分析更加符合实际情况。因此在我国食品召回与监管中，依然存在二者的先后选择策略，食品召回监管部门与食品生产企业的博弈也可以看作动态博弈问题。

静态博弈模型中的前三个假设，依然存在，并做如下假设说明。

假设1：政府部门认真执行监管，监管成本为 $C_1(C_1>0)$，概率为 $P_1(0\leqslant P_1\leqslant 1)$，由于认真监管带来公信力提升，收益为 $R_1(R_1>0)$。

假设2：政府部门玩忽职守，不监管导致公信力下降，同时受到上级处罚与社会批评，付出成本 $C_2(C_2>0)$，概率为 $1-P_1$。

假设3：食品企业认真实施召回，监管成本为 $C_2(C_2>0)$，概率为 $P_2(0\leqslant P_2\leqslant 1)$，由于实施召回带来企业信誉提升，收益为 $R_2(R_2>0)$。

假设4：政府部门选择“认真监管”时，食品生产企业不实施召回的情况必能被监管部门发现。

假设5：食品企业不实施召回的概率为 $1-P_2$，被监管部门发现后，企业将承担罚金损失，罚金带来的成本为 $C_4(C_4>0)$。

假设6：若食品企业不实施召回，短期内由召回引发的成本为0，但是从长远看，将因受到消费者对企业的抵制——不再购买该企业的产品——带来损失 $C_5(C_5>C_4)$，原因同静态博弈假设分析。

假设7：政府监管部门“滥用职权”的概率为 $P_3(0\leqslant P_3\leqslant 1)$，在此情况下，若食品企业不召回，且存在行贿行为，设其概率为 $P_4(0\leqslant P_4\leqslant 1)$，则支付贿金成本为 $\alpha C_4(0\leqslant\alpha\leqslant 1)$；此时若食品生产企业不存在行贿行为，其概率为 $1-P_4$，则政府监管部门滥用职权收取企业罚金为 $\beta C_4(\beta>1)$。其中 $0\leqslant\alpha\leqslant 1$ 是因为贿金小于罚金时，食品生产企业才有向政府监管部门行贿的动力；$\beta>1$ 是因为食品生产企业不履行召回职责且不行贿时，政府监管部门由于滥用职权对其罚款的金额将大于不滥用职权时的罚款金额；此外，政府部门滥用职权，导致其社会公信力下降，带来的损失为 C_6。

假设8：政府监管部门不滥用职权的概率为 $1-P_3$，在此情况下，若食品生产企业以概率 P_4 行贿 αC_4，则被政府部门没收贿金并处以罚款 C_4，政府监管部门将贿金与罚款上缴上级部门，可得上级嘉奖等收益 $\theta(\alpha C_4+C_4),(0<\theta<1)$，同时政府部门获取公信力提升收益 $R_3(R_3>0)$。

食品召回监管部门与食品生产企业的博弈树如图5-2所示。

以下是博弈树各节点收益，由下至上、由左至右分别为：

⑥$(R_1-C_1+\alpha C_4-C_6,-\alpha C_4-C_5)$

⑦$(R_1-C_1+\alpha C_4-C_6,-\beta C_4-C_5)$

⑧$(R_1-C_1+\theta\alpha C_4+\theta C_4+R_3,-\alpha C_4-C_4-C_5)$

⑨$(R_1-C_1,\theta C_4+R_3,-C_4-C_5)$

②(R_1-C_1,R_2-C_3)

③(E_{11},E_{12})

④$(-C_2, R_2-C_3)$

⑤$(-C_2, -C_5)$

①(E_{12}, E_{22})

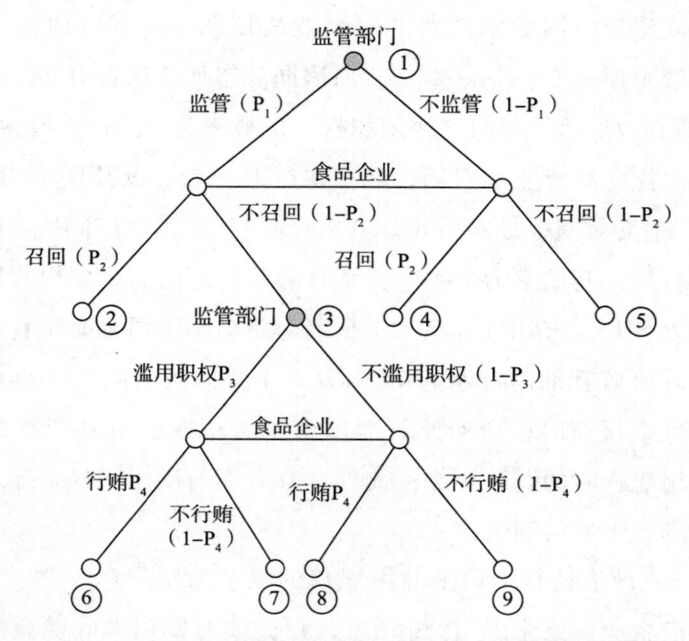

图 5-2 食品召回监管部门与食品生产企业的博弈树

2. 模型建立

采用逆向回归法求此动态博弈问题的均衡解，计算图中①和③的期望值，并进行讨论。

$$E_{11} = P_3[P_4(R_1 - C_1 + \alpha C_4 - C_6) + (1 - P_4)(R_1 - C_1 + \beta C_4 - C_6)] + (1 - P_3) P_4[R_1 - C_1 + \theta(\alpha C_4 + C_4) + R_3] + (1 - P_3)(1 - P_4)(R_1 - C_1 + \theta C_4 + R_3) \tag{5-36}$$

$$\begin{aligned}\partial E_{11} / \partial P_3 &= P_4(R_1 - C_1 + \alpha C_4 - C_6) + (1 - P_4)(R_1 - C_1 + \beta C_4 - C_6) - \\ &\quad P_4[R_1 - C_1 + \theta(\alpha C_4 + C_4) + R_3] - (1 - P_4)(R_1 - C_1 + \theta C_4 + R_3) \\ &= P_4(\alpha C_4 - C_6 - \theta\alpha C_4 - \theta C_4 - R_3 - \beta C_3 + C_6 + \theta C_4 + R_3) + \beta C_4 - \\ &\quad C_6 - \theta C_4 - R_3\end{aligned} \tag{5-37}$$

$$\Rightarrow P_4^* = \frac{C_6 + \theta C_4 + R_3 - \beta C_4}{\alpha C_4 - \beta C_4 - \theta\alpha C_4} = \frac{\beta - \theta\frac{C_6 + R_3}{C_4}}{\beta + \theta\alpha - \alpha} \tag{5-38}$$

观察公式（5-38），易得以下结论。

结论1：罚金 C_4 越高，则食品企业行贿的可能性越大，即在现实召回监管中，当食品企业面临巨额罚款时，企业更愿意通过行贿等非正常渠道来逃避处罚。

结论2：当食品企业不行贿将面临高额的惩罚性罚款（β 是一个大数）时，食品企业更倾向于行贿。

$$\begin{aligned}E_{12} &= P_3[P_4(-\alpha C_4 - C_5) + (1-P_4)(-\beta C_4 - C_5)] + (1-P_3)\\&\quad [P_4(-\alpha C_4 - C_4 - C_5) + (1-P_4)(-C_4 - C_5)]\\&= P_4(P_3\beta C_4 - \alpha C_4) - C_4 - C_5 - P_3\beta C_4 + P_3 C_4\end{aligned} \tag{5-39}$$

$$\partial E_{12}/\partial P_4 = P_3\beta C_4 - \alpha C_4 = 0 \tag{5-40}$$

可得：

$$P_3^* = \alpha/\beta \tag{5-41}$$

观察公式（5-41），易得以下结论。

结论3：α 越大，则监管部门收受贿赂的诱惑越大，越可能滥用职权，从而导致监管不严；β 越大，监管部门滥用职权的概率越小。

将 P_3^*、P_4^* 代入 E_{11}^*、E_{12}^*先计算（E_{21}，E_{22}）。

$$E_{21} = P_1[P_2(R_1 - C_1) + (1-P_2)E_{11}^*] + (1-P_1)[P_2(-C_2) + (1-P_2)(-C_2)] \tag{5-42}$$

$$\partial E_{21}/\partial P_1 = P_2(R_1 - C_1) + (1-P_2)E_{11}^* + C_2 = P_2(R_1 - C_1 - E_{11}^*) + E_{11}^* + C_2 \tag{5-43}$$

$$\Rightarrow P_2^* = \frac{E_{11}^* + C_2}{C_1 + E_{11}^* - R_1} \tag{5-44}$$

$$E_{22} = P_1[P_2(R_2 - C_3) + (1 - P_2)E_{12}^*] + (1 - P_1)[P_2(R_2 - C_3) + (1 - P_2)(-C_5)]$$
$$= P_2(R_2 - C_3 + C_5 - P_1E_{12}^* - P_1C_5) + P_1E_{12}^* \quad (5-45)$$

$$\partial E_{22} / \partial P_2 = 0 \quad (5-46)$$

得：

$$P_1^* = \frac{R_2 - C_3 + C_5}{C_5 + E_{12}^*} \quad (5-47)$$

观察 P_1^* 可得以下结论。

结论1：食品企业实施召回管理可以带来企业信誉的提升，随着 R_2 的增加，政府部门的召回监管意愿变强，此时需要政府监管部门对食品企业的召回进行鼓励，形成食品行业的召回规范；并通过政策宣传、资金扶持等手段使食品企业认可实施召回管理长远意义重大。

结论2：食品召回成本 C_3 越小，政府部门监管意愿越强。食品召回实施必然发生成本，且食品召回成本普遍过高，这也是当前我国食品召回实施中的关键制约因素。因此需要根据当前我国食品召回的主要成本产生原因，通过政府部门提供召回支持技术、加强召回信息沟通等措施，来降低食品召回成本。这样不仅有助于提升政府部门监管意愿，也有助于促进食品企业的召回实施。

结论3：食品企业若不实施召回，势必受到消费者的购买抵制，带来长期的销售损失，该损失越大，政府监管意愿越强。因此需要使消费者与社会公众加大对食品召回的关注，形成食品召回的全社会诚信体系，加强消费者与社会公众对食品企业召回的监督作用。

四　促进我国食品召回实施的组织管理决策

召回已经成为保障我国食品安全的一项重要举措。由于存在食品安全信息不对称、食品企业召回责任意识不强以及政府部门监管举措不利等问题，面对层出不穷与危害甚重的食品安全事件，我国食品召回总体实施效果并不理想。通过上文对食品召回的影响因素与博弈策略分析，可以得到如下启示：食品企业是否选择实施召回策略受到企业与政府两方面对召回相关成本控制以及对召回结果利益评判的影响。因此当前促进我国食品召回实施的管理决策可以从降低食品企业与召回监管部门的实施成本与提升召回利益角度着手。

基于食品企业角度，首先改变对召回的认知，明确召回会对企业产生正面影响，切莫“讳疾忌医”否定与逃避召回。其次选择实施主动召回取代被监管部门强制召回，避免召回事件对企业的声誉和利润产生持久性的负面效应。再次提高对召回成本、召回信誉等召回影响因素的认知程度，通过构建召回管理网络（包括组织网络、信息网络与物流网络），合理组织召回活动降低召回成本，有效降低召回成本有助于食品企业选择实施召回策略。最后完善召回后的售后服务与公关活动，让公众更倾向于认为召回是企业承担社会责任的表现，以企业的主动召回行为维护企业的信誉。

基于政府监管部门角度，首先加大对企业的处罚力度，因为企业选择召回与政府处罚力度呈正相关关系，惩罚机制会对无召回意识的企业产生威慑作用。其次建立企业召回疏导机制，通过官方渠道正面宣传、建立食品召回保证金制度、引导设立召回保险、降低食品召回质量检测成本等多渠道提高企业召回的积极性。疏导机制是指政府部门从行业角度建立与完善奖励（或鼓励）召回的氛围环境与支撑基础，其与惩罚机制相比更有助于建立社会化的召回体系，更好地符合当前我国食品安全与食品召回现状。再次提升召回监管能力，通过细化食品召回管理办法与监管规则，利用第三方食品安全检测机构，建设食品召回舆情、通报与监管平台等措施，加强对食品安全与食品召回的社会化、网络化监督管理。最后全面强化食品召回的宣传，加强对企业、消费者、社会公众与媒体的正向引导，消除大众对食品召回的误解；通过建立常态化与具有可执行力的保障制度，促进食品行业形成召回自律规范，从而提升食品行业整体信任度。

同食品安全问题一样，有效实施食品召回与消费者、生产企业、政府机构和诚信社会四方利益直接相关。我国食品召回决策主要由食品企业与政府机构共同完成。若单纯考虑召回相关成本的双方静态博弈，容易出现政府监管不作为与企业不实施召回“合谋”策略，该结果不利于我国食品召回的实施。不实施召回导致食品安全问题的放大，使得食品安全由企业问题上升为社会问题，后果十分严重。考虑到召回有助于食品企业信誉提升，食品企业选择实施召回策略的概率将提高。政府作为我国食品安全与食品召回监管方，引入“社会公信力”因素强化社会公众对政府监管作为的满意度评判，有效地解决了政府作为理性经济人制约食品企业召回的悖论。政府的奖励策略对食品企业实施召回产生长期影响，有助于形成实施召回的良性循环机制。

鉴于食品安全作为一种纯公共物品，仅仅依靠市场行为无法得到完全保障，因此需要加强政府对召回的监管与疏导作用。通过政府对是否实施召回的鼓励与惩罚能够给食品企业带来更多的收益，提高食品企业实施召回的积极性，形成整体行业的召回意识与氛围，进而规范和创建食品行业的发展秩序与社会诚信环境。与政府对召回发挥监管作用和追求社会效益相比，食品企业则是召回活动的实施主体，既需要考虑企业的经济效益又需要承担社会责任。通过食品生产企业的主观能动与政府监管机构的主导激励相结合，可以促进我国食品召回的顺利开展。

第四节　基于政府规制的企业召回行为的演化路径

一　政府规制对食品企业召回的影响

当前，国内食品召回处于发展的初期，以政府为主导，主要方式体现在食品药品监督管理部门检查并发现问题产品后发出责令召回公告。近年来，随着人们安全意识的提高，消费者对企业食品召回表现出积极态度，对安全产品的认知能力也不断增强。当产品发生质量安全问题时，消费者会向相关部门提交有关材料，并由主管部门责成食品企业召回不合格产品。但企业由于成本问题会忽略或是消极对待相关召回的请求。

食品企业召回行为方式的选择需要从整体角度进行分析，即将政府和食品企业作为行为主体，在日常的决策行为中两者相互影响，共同作用并促进食品供应链的发展。政府在公共利益最大化条件下制定适应企业的发展政策，食品企业会在政府设计的制度环境下追求自身利益最大化。二者在不同目标函数下通过最大化函数进行自身行为的选择，相应的行为决策也是一个动态演变的过程，不断修正，最终达到相对稳定的状态。因此，可以应用演化博弈的相关理论与方法，研究政府和食品企业之间的行为互动与策略的选择，解释目标群体在演化过程中达到的状态，从而找出食品召回行为选择现象背后的原因。

二　政府规制与企业召回的关系

食品召回是产品召回中重要的组成部分，它是伴随市场经济的发展，对消费者权益的逐步重视而兴起的。产品召回制度最初体现为美国针对汽车产品的质量问题制定的政策，且食品召回制度也最早是由美国建立的。在此之后，英国和日本逐步建立了较为完善的食品召回制度。中国的食品召回制度可以追溯到 1995 年颁布的《中华人民共和国食品卫生法》，首次规定了缺陷食品应予以“公告收回”，明确了生产经营者的法律责任。近年来，随着人们食品安全意识的逐步增强，政府也从立法方面对食品安全问题的处理做出了相应的规定。如 2015 年修订的《中华人民共和国食品安全法》和发布的《食品召回管理办法》进一步对食品安全事故做出了较为细致的说明，明确划分了食品安全事故的等级和召回主体的权责。目前，我国采用两种召回的方式，即主动召回和责令召回。这两种方式适用于不同的企业发展阶段和食品召回的方式。例如，食品企业采用主动召回的方式，可以增强企业的责任意识，保护企业的商誉，一定程度上减少政府执法等环节造成的资源浪费，这样的方式适用于企业发展较为成熟的阶段；责令召回是指政府为了保护消费者的合法权益采用行政命令的方式对企业的经营起到限制作用。当食品企业采用不符合规定的食品原材料时便会对消费者的健康产生损害，食品管制部门会依据相应法律赋予的权限对企业做出相应的惩罚，使企业被动召回问题产品，并停止相应的生产行为，这样的方式一般使用在食品企业的初创期和发展期。

现有的两种召回方式实质上是食品企业和政府之间的博弈行为，也是两主体认识的演进过程，对应于不同的食品市场与食品企业的发展阶段。在已有的研究成果中，鲜有从食品召回的角度考察食品企业和政府之间的关系。现有的研究多是从食品安全的角度展开的，例如以食品企业和消费者为博弈主体，通过考察两者的利益演化机制，说明消费者的监督会对食品安全问题的解决产生影响。又如，以"互联网+"为核心理念，将食品安全引入"互联网+"的行为中，证明了政府设立激励机制和惩罚机制会对选择行为产生影响。此外，网络餐饮已成为"互联网+"的一种表现形式，政府的监管策略会对企业的策略选择产生较大影响，而且当前对于网络餐饮的食品安全监管成本较高，但其所产生的监管效率较低，需要各方共同投入，才可保障网络餐饮的安全性。可以发现，食品安全问题是当前政府和消费者十分关心的问题之一，运用食品召回的方式也正是保障食品安全的重要措施。因此，研究食品企业和政府之间如何选择召回的方式便成为亟待解决的问题。食品企业生产的食品具有的公共性特征决定了食品企业在发展的同时需要同其他企业、政府之间有一定的协同。食品企业召回行为的选择和政府召回政策的制定在一定程度上具有动态的特征，共同推动食品产业的发展。由此，本书拟从食品企业和政府的角度出发，构建召回行为的演化博弈理论模型，通过分析博弈模型的稳定性，推导出食品企业和政府行为的动态演化路径，试图厘清食品企业和政府之间的协同发展关系，寻求企业召回行为和政府政策的理论依据，为食品企业的行为选择和规制政策的制定提供参考。

三　政府规制与企业召回行为的演化博弈模型的构建

食品召回是食品逆向物流与资金流的活动，具有较强的不确定性特点（如召回收益、召回成本、召回率等），这些因素会导致企业在召回活动中产生较高的成本，进而影响企业在追求利益最大化的决策行为。主要可以分为两方面，一方面企业为了获取较高的社会声誉，承担企业责任采取积极主动的召回策略，尽力降低企业成本；另一方面为规避社会责任，由食品药品检验部门对产品检验后发现产品质量问题，采取责令召回的策略。从政府的角度来说，其追求的是公共利益的最大化，会依据已有的食品企业内外部环境推动或是管制食品召回的行为。主要分为两种，一是以鼓励企业自主召回为目的，实行相应的财税政策和补贴政策，构建相应的公共信息平台，健全相应的法律法规用以扶持食品企业主动召回行为的策略；二是不支持企业召回的行为，即将政策的制定权交予市场，用市场机制影响企业召回的决策行为。因此，政府与食品企业召回策略的选择是一个较为长期的博弈过程，最后实现在不同阶段中的均衡状态。本书通过构建政府与食品企业召回行为的动态博弈模型，模拟分析政府与食品企业召回行为的博弈过程，分析当前我国食品召回制度发展中存在的问题。

（一）模型的假设

假设1：政府与食品企业均属于有限理性者，即政府追求公共利益最大，食品企业追求自身利润最大。

假设2：政府行为存在两种方式以追求公共利益的最大化，其一是积极鼓励食品企业在自身发现生产食品有质量问题时主动召回问题产品并予以一定程度的补贴，其二是零成本投入。政府鼓励政策主要包括企业税收减免、补贴回收成本、回收渠道建设和公共服务平台建设等。食品企业为获取自身利润主要存在两种行为状态。其一是在发现问题产品时主动召回，其二是当食品监督检验部门在抽检中或是消费者举报存在食品安全问题后进行产品的被动召回（责令召回）。

假设3：食品企业采取积极主动的策略对待问题产品，主动召回投入的成本为 C_1。通过召回获取的企业声誉等收益为 d，其主要由企业资本水平 α 和企业商业关系水平 β 决定。当政府实行积极的政策时，政府所获取的间接收益为 R，主要包括政府声誉、创新支柱性食品品牌特色等。政府投入为 M，对食品企业建立相应的监督管理机制产生的成本为 S，此时食品企业责令召回所产生的惩罚为 P，回收成本为 C_2。在消极政策下，食品企业进行责令召回时，政府公共目标实现程度为 $D(g)$。在企业主动召回的策略选择下，政府鼓励主动召回政策的收益大于消极不作为的政策收益，即 $aD(g)+R-M+P-S>bD(g)$，且 $a>b$。

假设4：政府积极鼓励食品企业主动召回的概率为 y，消极政策不作为的行为概率为 $1-y$。食品企业进行主动召回的概率为 x，责令召回的概率为 $1-x$。

（二）模型的构建与分析

依据提出的四条假设，可构建出食品召回政策背景下政府与企业的选择策略，内容如下。

政府选择积极鼓励企业主动召回的政策：食品企业主动召回，收益为 $d_1(\alpha,\beta,M)-C_1$，政府收益为 $aD(g)+R-M+P-S$；如果企业责令召回，则企业的收益为 $M-P-C_2$，政府的收益为 $D(g)+R-M+P-S$。

政府选择消极政策：食品企业主动召回，收益为 $d_1(\alpha,\beta)-C_1$，政府收益为 $bD(g)$；如果企业责令召回，则企业的收益为0，政府的收益为 $D(g)$。

因此，通过上述分析可以得到博弈双方的收益矩阵（见表5－3）。其中，政府采取积极政策行为的概率为 $y=y(t)$，食品企业采取主动召回行为的概率为 $x=x(t)$。

表5－3　政府与企业召回策略的收益矩阵

		政府	
		积极政策（y）	消极政策（$1-y$）
企业	主动召回（x）	$d_1(\alpha,\beta,M)-C_1$， $aD(g)+R-M+P-S$	$d_1(\alpha,\beta)-C_1$， $bD(g)$
	责令召回（$1-x$）	$M-P-C_2$， $D(g)+R-M+P-S$	0， $D(g)$

1. 博弈双方复制演化博弈趋势

食品企业的复制演化趋势如下：依据假设，食品企业选择主动召回行为与责令召回行为的收益分别为 $E_1=y(d_1-C_1)+(1-y)(d_2-C_1)$ 和 $E_2=y(M-P-C_2)$；食品企业混合策略平均收益为 $\overline{E_p}=xE_1+(1-x)E_2$；食品企业在相互学习与模仿中，决策行为随时间会朝着一定的方向进行演化，即演化动态微分方程：

$$f(x)=\mathrm{d}x/\mathrm{d}t=x(E_1-\overline{E_n})=x(1-x)(d_2-C_1+C_2y-My-Py+d_1y-d_2y) \tag{5-48}$$

政府复制演化趋势如下：依据假设，政府鼓励回收政策与不鼓励回收政策的收益分别为 $E_3 = x[aD(g) + R - M + P - S] + (1 - x)[D(g) + R - M - S + P]$ 和 $E_4 = xbD(g) + (1 - x)D(g)$；政府混合策略的平均收益为 $\overline{E_g} = yE_1 + (1 - y)E_2$；政府的演化动态微分方程为

$$f(x) = \mathrm{d}x/\mathrm{d}t = x(E_3 - \overline{E_g}) = y(1 - y)[P - M + R - S + axD(g)] \quad (5-49)$$

联立方程（5－48）、（5－49）得到食品企业行为与政府政策动态系统的平衡点：（0，0）、（1，0）、（0，1）、（1，1）、$\left[\frac{M - P - R + S}{aD(g) - bD(g)}, \frac{C_1 - d_2}{C_2 - M + P + d_1 - d_2}\right]$。

2. 博弈双方演化稳定性分析

依据弗里德曼的理论分析，一个微分方程系统所描述的群体动态可由其平衡点的稳定性进行描述，即使用雅克比矩阵的稳定性分析即可。因此，方程（5－48）、（5－49）的雅克比矩阵为

$$J = \begin{Bmatrix} (1 - 2x)(d_2 - C_1 + C_2y - My + Py + d_1y - d_2y) x(1 - x)(M - C_2 - P - d_1 + d_2) \\ y(1 - y)[aD(g) - bD(g)](1 - 2y)[P - M + R - S + aD(g) - bD(g)] \end{Bmatrix} \quad (5-50)$$

雅克比矩阵行列式的值和迹分别为

$$\begin{aligned} \det J = {} & (1 - 2x)(d_2 - C_1 + C_2y - My + Py + d_1y - d_2y)(1 - 2y) \\ & [P - M + R - S + aD(g) - bD(g)] - xy(1 - x) \\ & (M - C_2 - P - d_1 + d_2)(1 - y)[aD(g) - bD(g)] \end{aligned} \quad (5-51)$$

$$\begin{aligned} \mathrm{tr}J = {} & (1 - 2x)(d_2 - C_1 + C_2y - My + Py + d_1y - d_2y) + (1 - 2y) \\ & [P - M + R - S + aD(g) - bD(g)] \end{aligned} \quad (5-52)$$

该雅克比矩阵在五个均衡点行列式中的值 $\det J$ 与迹 $\mathrm{tr}J$ 见表 5－4，稳定性及其条件见表 5－5。

表 5-4　均衡点的稳定性分析

均衡点	detJ	trJ
(0, 0)	$(d_2 - C_1)(P - M + R - S)$	$P - M - C_1 + R - S + d_2$
(1, 0)	$(d_2 - C_1)[P + R - M - S + aD(g) - bD(g)]$	$C_1 - M + P + R - S - d_2 + aD(g) - bD(g)$
(0, 1)	$(P + R - M - S)(C_2 - C_1 - M + P + d_1)$	$C_1 - C_2 + R - S - d_1$
(1, 1)	$(C_2 - C_1 - M + P + d_1)[P - M + R - S + aD(g) - bD(g)]$	$C_1 - C_2 + 2M - 2P - R + S - d_1 - aD(g) + bD(g)$
(x^*, y^*)	T	0

注：$x = \frac{M - P - R + S}{aD(g) - bD(g)}$，$y = \frac{C_1 - d_2}{C_2 - M + P + d_1 - d_2}$，

$$T = \frac{D(g)(C_1 - d_2)(C_1 - C_2 + M - P - d)[M - P - R + S - aD(g) + bD(g)]}{D(g)(a - b)(C_2 - M + P + d_1 - d_2)}。$$

表 5－5 稳定性分析结果

均衡点	det$J$ 符号	tr$J$ 符号	条件 1	条件 2	稳态
(0, 0)	+	-	$d_2 - C_1 < 0$	$P + R < M + S$	ESS
(0, 1)	-	+	$d_1 - C_1 < M - P - C_2$	$P + R > M + S$	ESS
(1, 1)	+	-	$d_1 - C_1 > M - P - C_2$	$aD(g) - M + R - S + P > bD(g)$	ESS

基于演化博弈理论，食品企业与政府之间行为的选择是一个长期博弈且分不同阶段形成的均衡状态。每一个阶段博弈双方基于自身目标的要求对行为不断进行调整，以期达到自身利益的最大化。表 5－5 中显示出食品企业与政府政策行为演化的三个阶段，即（0，0）、（0，1）、（1，1）分别对应责令召回－消极政策、责令召回－积极政策和主动召回－积极政策，依次对应食品企业在发展中的三个阶段，即初创期、成长期和成熟期。可以基于演化过程的不同阶段，探讨政府部门对企业召回的监管行为存在的不足。

四 食品企业召回行为与政府规制的演化分析

企业的发展会经历不同的成长阶段，不同的发展阶段对应的企业发展资源也不同，会对企业做出的行为有不同的影响。政府制定政策具有一定程度的滞后性，对相关企业的行为也具有一定的认识过程。食品企业召回行为的发展与政府政策的制定一样，具有一定的渐进性，政府对企业行为的支持和管制会越来越完善。

（一）食品企业召回行为的形成期（责令召回－消极政策）策略组合

在食品企业初创阶段，召回行为的发起者往往是产品的消费者，召回的原因在于潜在的生产技术问题导致产品的质量可能出现瑕疵；自主构建召回网络的成本偏高。虽然相关规定要求企业召回问题产品，但产生的行为成本较高，当企业获取收益小于主动建立召回网络的成本时（$d_2 - C_1 < 0$），企业建立自主召回网络缺乏动力，自然不想采取主动召回行为。此时的政府对食品缺陷问题虽然有一定的认识，但未认识到缺陷产品所产生的后续问题，缺乏对问题的前景认识。因此，地方政府往往采取观望的态度，不会对食品行业提供相应的政策支持和规制选择。如果推进企业主动召回的政策支持，其成本大于收益（$P + R < M + S$），此时并非政府的优选策略，系统初期稳定在（责令召回－消极政策）的状态。

当前，我国缺陷食品召回依旧停留在由初步建立的阶段向成长阶段过渡的状态，中央政府已认识到国家食品安全是当前乃至今后长期应当关注的重点问题之一。然而，由于食品企业和政府在食品安全问题上的不同需求，产生了一些较大的认知差异。为了减少瑕疵产品在市面上的流通，政府强调对问题产品责令召回，并积极鼓励食品企业自身严查产品质量，对问题产品主动召回。在企业责令召回问题产品时，企业的收益会随着政府推行的责令召回产生相应的召回成本 C_2，则自身所获取的收益便逐步降低至 $M - P - C_2$，造成企业召回问题产品的成本高于自身生产或盈利的成本。

（二）食品企业召回行为的发展期（责令召回－积极政策）策略组合

随着经济的发展，人们日益增长的物质需求逐步从温饱向高质量生活水平过渡，对食品安全的关注程度日益提高，也使政府逐步认识到加强食品安全的重要性。

“十二五”末期，政府主动出台了《食品召回管理办法》用以指导食品企业食品安全问题导致的召回行为，细致规定了每一类情况的召回等级和召回流程。由此，各级政府积极制定对食品、药品等缺陷产品的召回政策，扩大了对相关情形的规制投入。伴随着政府对食品召回的成本投入，政府获取了较高的声誉以及本地区未来食品产业发展等方面的间接收益。当政府投入获取的收益大于政府的投入成本时

（$P+R>M+S$），政府会积极鼓励召回。由于政府对召回政策的支持投入属于较为渐进的过程，因此所产生的效果具有一定的滞后性。在此阶段，食品企业资本水平 α 和企业商业关系水平 β 多处在缓慢增长期，对主动召回所产生的收益 d 的影响较小。此外，由于市场召回规则并未正式形成，政府无法进行强针对性有效监管，因此市场监管 S 和市场罚款 P 相对较小，在缺乏有效的约束情况下，食品企业难有主动召回的动力。当企业的收益小于市场监管所带来的收益时（$d_1-C_1<M-P-C_2$），企业不会采取主动召回的行为，由此省去较多的业务成本，获取的利润为 $M-P-C_2$。因此，本阶段的占优策略是企业责令召回产品的策略，系统由责令召回－消极政策转向责令召回－积极政策。

（三）食品企业召回行为的成熟期（主动召回－积极政策）策略组合

在食品企业和政府规制发展走向成熟期时，食品企业除追求各自的经济效益外，还融入企业可持续发展的理念，一定程度上注重企业的社会形象，“客户至上”的理念贯穿企业发展的全过程。政府从税收、公共平台建设等方面不断加大食品企业发展中的政策支持力度。较好的外部环境可以使企业在此阶段提升食品企业资本水平 α 和企业商业关系水平 β，有利于增加企业主动召回业务的收益 d，降低企业的召回成本，提升企业在责令召回时的利润水平（$M-P-C_2$）。同时在政府政策的支持下享有更大的发展空间，最优选择则是主动召回问题产品。

当企业进入成熟期后，食品企业不会从降低成本的角度获取市场利润，而是通过增强相应的人文精神进一步满足顾客对安全食品的切实需求，以获取企业的竞争优势。主动召回问题产品需要政府政策的支持，因此企业主动召回的收益高于责令召回时产生的收益（$d_1-C_1>M-P-C_2$）。政府制定相应的积极召回规制所获取的收益大于责令召回时产生的收益［$aD(g)-M+R-S>bD(g)-P$］。因此系统将从责令召回－积极政策转变为主动召回－积极政策。

综合上述分析，可以看出整体系统的演进路径为责令召回－消极政策→责令召回－积极政策→主动召回－积极政策。

五　政府结论与政策建议

在当前的市场环境中，食品企业召回行为与政府政策之间关系密切。两者均从自身利益发展的角度出发制订相应的行为选择方案。通过长期博弈演进会逐步向政企双赢的方向发展。由于有限理性存在，食品企业在召回方式的选择上不断探索，通过长期的模仿学习，逐步转变为均衡状态。

首先，食品企业的召回方式选择和政府规制的制定决策是一个逐步演变的过程。在不同的阶段会形成不同的政企均衡点，最终形成系统自身的演化路径。在缺陷产品召回机制不完善和食品企业召回管理能力不足时，政府建立积极的规制有利于推动企业朝着自主召回的方向发展，有十分积极的作用。

其次，系统从责令召回－积极政策向主动召回－积极政策演变过程中，政府应当在政策制定上从长远角度出发，积极有效地统筹企业主动召回机制，培育企业社会责任意识和客户意识，促进食品供应链长效合作的环境建设，形成良好的商业网络关系，为食品企业的发展建立良好的发展空间。

再次，研究和实践已形成较为有效的主动召回机制。反观国内的相关实践活动依旧处于初建和发展阶段。因此，就本书研究的阶段特点而言，国内的发展具有（0，0）和（0，1）两阶段的特点。政府应当结合国内发展的实际制定符合本国食品企业召回行为现状的相关规制，为企业发展提供外部环境支持。

最后，政府的政策制定存在一定程度的滞后性，有时难以满足企业召回行为的支持需求，无法做到有法可依。因此，政府应当从长远性角度构建相关的政策规制，力求政策具有一定程度的前瞻性。对于当前食品企业召回过程中所反映出的问题，政府应当客观分析问题原因，找出问题根结。推动已有企业召回政策方面的改革，建立和完善相应的公共产品制度（食品召回管理平台等），增加企业主动召回行为的补贴投入，规范召回管理制度建设和相关配套政策的体系化建设，以促进食品企业承担应有的社会责任。

第五节　本章小结

有效实施食品召回与消费者、生产企业、政府机构和诚信社会四方利益直接相关。我国食品召回决策主要由食品企业与政府机构共同完成，单纯考虑召回相关成本的双方静态博弈，会出现政府监管不作为与企业不实施召回“合谋”策略，该结果不利于我国食品召回的实施。不实施召回导致食品安全问题的放大，使得食品安全由企业问题上升为社会问题，后果十分严重。因此通过引入“召回对食品企业信誉提升”因素，提高食品企业选择实施召回策略的概率。政府作为我国食品安全与食品召回监管方，引入“社会公信力”因素强化社会公众对政府监管作为的满意度评判，有效地解决了政府作为理性经济人制约食品企业召回的悖论。政府的奖励策略对食品企业实施召回产生长期影响，有助于形成实施召回的良性循环机制。同时，应用演化博弈的方法，通过构建政府与食品企业召回行为的动态博弈模型，分析政府与食品企业召回行为选择的演化路径。研究发现：政府与企业召回行为选择是一个较长时间的动态演变过程，可以分为三个不同的选择阶段，具有不同的组合选择策略，最终会朝着双赢的方向演变；在政府制定政策时，应当充分考虑召回政策对企业行为的影响程度，使之具有前瞻性。

第六章

食品召回信息系统设计

加强对召回信息的管理以降低信息不对称是解决食品安全问题的有效手段，通过分析食品召回特点及其对信息管理的要求，基于模块化视角探索食品召回信息系统原型架构。通过设计信息采集模块、安全监督模块、缺陷分析模块、召回预警模块、召回追溯模块、召回实施模块和召回评价模块集成实现食品召回全程控制。该系统架构对食品召回进行分层次、分过程、分阶段管控，有助于企业召回的有效实施与食品的安全控制，有利于消费者实时把握食品安全信息，并不断完善食品召回体系。

第一节　食品召回信息系统现状

一　食品召回信息系统设计研究现状

目前国内大多数学者的研究主要集中于“信息系统对食品安全与召回管理发挥重要作用”，对于食品召回信息系统设计、提高召回信息管理效能的方法与策略等方面的研究相对较少（刘刚，2016）。由于导致食品安全事故的最主要原因是食品安全信息不对称，因此国内外学者提出在食品的供方和需方之上建构第三方监督，以消除信息不对称

（劳可夫、贺祎，2014）。部分学者认为政府应加强企业食品安全信息的公布制度建设和提高食品安全信息公开程度，通过加强食品安全标准制定过程中的公众参与、完善食品信息公布制度、建立统一的食品安全信息公开网站以实现食品安全信息透明化（陈雨生，2015；陈思、罗云波，2019）。

在召回信息系统方面，学者提出制造企业基于信息集成建立产品召回系统，以期达到提高企业综合管理能力、建立先进管理模式、提升客户满意度和企业竞争力等目标（Hallin and Holm，2011）。基于敏捷制造视角，企业通过设计召回预警、产品追溯、召回评价等功能模块构建召回信息系统，以期通过敏捷性管理，解决企业应对产品召回时的响应速度慢等问题，进而提高缺陷产品召回效率，减少企业召回损失（Smith and Thomas，1996；徐玲玲等，2013；张鹤，2015）。

二　我国食品召回信息系统建设存在问题

综合现有的国内研究以及我国食品召回发展现状，发现我国食品召回管理虽然已经开展并得到法律法规的保障，但是当前我国食品召回信息系统建设方面依然存在大量的问题，主要表现在以下几方面。

首先，食品召回信息不规范。我国食品召回管理规定提供了召回概念、召回时限、责任主体等信息，但是食品安全全过程供应链信息存在不足。监管部门对于食品原材料品质、原料供应、生产过程、技术标准以及储存过程的信息披露和检测存在难度；同时监管部门对供应链各主体及其责任划分的具体内容不够明确，导致监管效率不高。一方面，食品企业基于利益驱动，在原材料品质、生产工艺、销售环境等方面采取更多的隐蔽手段隐藏食品安全与召回信息；另一方面，政府监管部门对于食品召回的关键信息例如召回率等缺少规范，导致食品企业与食品行业在食品召回信息全面性、专业性与规范性方面较为薄弱（费威、张娟，2015）。

其次，食品召回信息控制成本较高。这与当前食品流通渠道、信息披露机制、食品企业自律以及召回管理模式等问题相关。目前，我国食品流通呈现典型的分销生产与分散销售的产销结构，原材料提供企业与生产企业多且企业规模较小（李正、官峰，2016）。因此，不论是生产企业为主导还是政府监管部门为主导的食品安全与食品召回监管都存在对诸多相关企业监督、监管力度不大的问题，导致食品安全与食品召回相关信息控制成本偏高。

再次，食品召回信息集成管理效率不高。食品生产流通交易主体多且交易频率高，致使食品安全与食品召回信息的收集、传递效率低下，同时信息的一致性、同步性不高，也影响到食品召回相关信息的共享。虽然我国出台了食品安全与食品召回法律法规以及开展了食品安全技术攻关项目，但是食品安全与食品召回的信息透明化方面还存在不足，包括缺乏对检测技术与信息技术的支持，无法确保安全与召回信息的及时、完整、准确。同时食品安全与召回相关信息的采集、整理、披露与共享方面不够完善，在管理机构之间、食品行业内部、食品企业与消费者之间不能实现召回信息的全面、真实。

最后，缺少行业性的食品召回共享信息机制。由于我国还没有从政府层面建立食品安全与食品召回信息披露机制，食品召回信息在食品企业、政府监管机构、消费者与社会公众之间流通不畅，甚至存在信息链的断裂，高效与精准的信息获取与共享成本过高（熊中楷，2012）。目前我国并没有形成完善的食品召回管理机制与健全的食品召回管理模式，在检测技术、信息集成应用等方面还存在操作困难与制度约束。同理，消费者难以掌握食品供应链全程信息，消费者处于食品安全事件末端，对于信息披露威慑性低、效果不稳定，同时覆盖面较小，随机性强，导致消费者对食品召回的促发作用弱化。

食品召回信息管理机制不够合理，这与我国食品安全监管与食品召回监管密切相关。为了实现食品召回信息资源共享与可靠性提高，需要加强食品召回信息与食品召回制度的有机结合。食品安全是典型的公共产品，食品企业参与提供相关食品安全信息与召回信息积极性不高，一般依赖于政府提供。目前食品安全与召回相关制度提及食品生产企业具有提供信息的责任，但是由于监管不严，企业存在规避提供相关信息与避免实施召回的空间和途径（Hooker et al.，2005）。同时，基于食品安全与召回信息的非竞争性与非排他性，政府监管机构在信息管理执行中的努力程度与收益成“弱相关”，部分政府部门可能利用其在信息上的优势地位产生寻租与设租，更加损害了个体利益与社会利益。此外食品召回信息集成和共享的技术性与专业性很强，需要相关主体密切配合才能建立衔接紧密、高效准确的食品召回信息网络体系；需要建立食品召回信息数据库，向食品企业、社会公众、职能部门开放，及时公布食品安全风险、召回公告等信息（Taylor，2012）。食品安全与召回的政府监管部门职能交叉、层面过多，导致信息的不一致与时限性差。随着互联网的迅猛发展，网络舆情在食品安全与召回方面发挥着不可低估的作用。因此食品召回信息网络体系的构建需要社会资源的充分利用，有效降低公众收集食品召回信息的成本，同时完善食品召回信息发布机制。

结合目前国内外学者的有关食品召回信息系统研究现状发现，其中大多尚处于信息系统的理论体系建构以及理论概念提出层面，因此，本书在前者研究成果的基础上，从功能模块化的视角设计食品召回信息系统原型。

第二节　食品召回信息系统特点与研究意义

一　食品召回信息系统特点

食品召回信息系统除了具备一般管理信息系统共性特点外，还具有自己的特点。食品召回信息系统设计需要充分考虑食品召回管理系统的特点与功能需求。

（一）食品召回信息系统的信息涉及面广

食品召回信息管理涉及的相关信息包括食品自身安全信息、食品安全检测信息、食品召回渠道信息以及食品召回活动信息等。食品自身安全信息表现为食品农业残留、添加剂等质量安全信息，这些信息需要专业的检测仪器进行理化分析。食品安全检测信息表现为检测指标与检测数据，该信息是实施食品召回的依据与标准。食品召回渠道信息与食品流通信息相关，表现为缺陷食品的流通范围、流通数量等，食品召回渠道信息是否准确直接影响到食品召回的力度。

食品召回活动信息是指实施召回的食品企业在人员安排、财务分析、流程设计以及结果评价等方面的信息，其直接对召回的推进、召回的效果产生影响。食品召回信息量大且分散，这一方面与召回的多环节有关，另一方面与当前我国食品行业发展现状有关。

（二）食品召回信息系统涉及的产品信息复杂

缺陷食品是召回实施的对象，该类型产品（食品）信息复杂亦影响到食品召回信息系统的设计。召回产品的信息涉及产品设计、生产、销售和服务的各个阶段，因此产品种类往往不止一种，既包括在流通与消费环节的危害产品，在生产环节的库存产成品，还包括需要进一步再处理的分解产品。

由于缺陷食品在流通领域分布广泛，食品召回需要规范收集渠道信息，做到信息的精准、全面与及时。基于供应链全程控制管理思想，食品召回涉及产品的全生命周期，召回产品所包含的信息量得以放大。

（三）食品召回信息系统涉及范围广

召回管理涉及范围较为宽泛导致召回信息系统涉及范围广。首先，由于食品召回活动涉及风险分析、物流控制与召回处理等内容，因此召回信息系统需要涵盖这些管理内容。发现流通中的食品存在安全问题后，需要对其进行评估，因此食品安全风险信息处理是实施召回管理的前提条件。基于产品缺陷类别，需要进行不同的召回处理，涉及回收、分解、再加工、无害化处理等，因此需要根据产品信息进行危害与风险分析确定召回后续活动。召回本质上是逆向物流，需要充分分析流通渠道、数量等信息，进行召回物流网络优化，实现食品召回的效果与成本相统一。

其次，从食品召回管理决策来看，准备、启动、实施与改进四个步骤涉及事务信息、决策信息、评价信息等，从而也丰富了食品召回信息内容。

最后，食品召回涉及食品供应链的各个环节，并且需要实现正向过程与逆向过程的有机结合，理论上食品召回信息系统需要涵盖食品供应链的各个环节与各项活动。

（四）食品召回信息系统涉及主体众多

食品生产企业、流通企业、再处理企业、物流企业、消费者、政府监管部门以及媒体、社会公众都与食品召回管理密切相关。其中食品生产企业与政府监管部门是最主要的两个主体，食品生产企业是具体负责实施召回管理活动的责任主体，而政府部门履行监管职能，在食品召回信息系统中二者的作用不同，功能要求也不同。

食品生产企业需要借助该系统进行召回管理全程控制，通过与流通企业、物流企业等相关主体的协作，提高召回管理能力与改进召回管理效果。政府监管部门则需要借助该平台实现对食品召回管理的监督与评判。此外，消费者、社会公众、媒体等主体也借助该平台进行信息发布与查询，加大对召回的关注与监督力度。

（五）食品召回信息系统涉及功能较多

不同主体对该系统会有不用的功能需求，就共性而言包括信息采集与发布、信息传输、决策分析等功能。食品企业为该系统的最直接使用者，系统需要为其提供信息采集、安全监督、缺陷分析、召回预警、召回追溯、召回实施和召回评价七个功能模块。通过信息数据的交换、共享、分发和交互操作，支持召回管理各项业务开展、流程推进；通过信息集成应用提供召回管理辅助决策，不断改进召回方案。

二　食品召回信息系统研究意义

通过上述特点分析，可以总结出食品召回信息系统具备多主体、多环节、多层次、多功能等特点（Houghton，2008）。通过食品召回信息系统的设计，希望可以实现加强食品安全风险控制、加快食品安全信息辨识、提升全员食品召回意识、完善食品召回法规以及提高企业召回管理水平等。

全员食品召回意识提升有助于维护食品行业诚信与规范行业召回行为。一方面，通过信息系统为消费者、生产商、社会公众、媒体、政府监管部门等诸多主体提供窗口与渠道；另一方面，通过信息筛选与控制来消除恶性的、失真的食品召回不良信息，从而使得召回成为一种常态化、规范化的行为。食品生产企业、消费者、政府监管机构对食品召回的安全意识、责任意识、诚信意识、道德意识与法律意识不尽相同，各主体对各种意识的侧重不同，因此信息系统对此应有所区别。系统通过信息发布、宣传教育、法律惩戒、舆论监督等功能相结合，进一步提高食品企业的召回意识、改进食品行业的召回规范以及端正社会全员对食品召回的态度，对于当前促进我国食品召回体系完善的作用不言而喻。

第三节　食品召回信息系统架构设计

一　食品召回信息系统需求分析

现阶段，我国食品召回制度在食品召回政策与机制方面相对完善，已经形成趋于成熟的食品安全管理制度、明确的分工管理体系和完备的基础法律保障；在召回技术支持与召回程序管理方面，我国显现出了较之发达国家并不低的技术水平和相对完善的召回管理程序；但是在食品安全信息方面的研究，相对于政策制度、管理机制以及技术支持而言表现出明显的不足，主要停留在食品召回信息管理制度以及食品召回信息重要性研究这一阶段，对于食品召回信息系统的建设与研究尚欠缺。

我国食品召回信息主要是通过各种媒体渠道进行公布，信息内容不规范，报道也缺乏完整性。当前不管是政府监管机构还是新闻媒体，关于食品召回的信息发布都缺乏严谨性与权威性的信息平台作为支撑，消费者了解食品安全信息与食品企业召回情况都缺少专门的信息通道。

由于我国尚未建设权威规范的食品召回信息平台，因此食品召回统计数据缺失，不利于对食品召回进行监管控制与决策分析。现有的政府监管机构门户网站虽有公示平台，但是缺乏分门别类的统计。此外，已公开的食品召回信息数据总量偏少，且公开信息内容不规范，不能准确反映实际的食品召回状况。

食品召回实践水平与实际效果体现一个国家或地区的食品安全监管水平，我国食品召回发展相对滞后。因此需要借鉴国外先进地区食品召回信息平台建设经验，并结合我国食品召回制度，构建与中国食品行业发展现状与食品安全控制相适应的食品召回信息平台，其中特别应在食品召回信息数据库建设与召回数据统计监测、食品召回原因分析与追踪溯源、食品召回全程跟踪监控、食品召回监测技术与物流资源共建共享等方面加强研究。

二　食品召回信息系统主体分析

（一）食品召回信息系统涉及主要主体

国家层面需要建立与健全食品召回体系，不断规范我国食品行业发展秩序；同时制定完善的食品召回政策、发挥有力的监管作用与技术支持作用，从而培养良好的食品企业召回意识与食品行业召回氛围。

食品召回体系作为行业性的食品召回实施与监督的框架体系为我国食品召回发展奠定基础和规范标准。食品生产企业要想履行社会责任与长效发展，借助召回信息系统增强其召回管理能力至关重要。食品召回管理模式是以食品生产企业为主导的食品召回具体活动开展的管理模式，也是我国食品召回管理具体运作的方案与规程。食品企业通过不断建设与完善召回管理模式，培养与形成召回危机应对能力和食品召回管理机制。

食品召回体系与食品召回管理模式是本书提出的宏观与微观两个层面的食品召回管理范畴，各自的主体分别是食品召回监管部门与食品生产企业，其中食品企业建设和完善召回管理模式是我国食品召回体系建设的基础。而设计与完善高效的食品召回信息系统，并使奖惩政策、管理职责、操作规程贯穿于该信息系统中，通过相关主体的协作有助于提高食品企业召回管理效率与效果和我国食品行业召回管理的整体水平。

上述分析说明食品召回体系的主体是我国食品安全与食品召回行业监管部门，即国家食品药品监督管理总局与省、市、县各级地方食品药品监督管理部门，这也是我国食品召回信息系统的两大主体。这两大主体的确定是根据2007年的《食品召回管理规定》，《食品召回管理规定》于2020年7月废止。根据国务院机构改革方案，2018年4月起由国家市场监督管理总局负责“建立并统一实施缺陷产品召回制度”。

2019年11月21日国家市场监督管理总局令第19号公布《消费品召回管理暂行规定》，其中，第五条提出“国家市场监督管理总局负责指导协调、监督管理全国缺陷消费品召回工作”，“省级市场监督管理部门负责监督管理本行政区域内缺陷消费品召回工作”；第三十条提出“根据需要，市级、县级市场监督管理部门可以负责省级市场监督管理部门缺陷消费品召回监督管理部分工作，具体职责分工由省级市场监督管理部门确定”。根据《消费品召回管理暂行规定》相关条款，认为当前我国食品召回体系的主体是国家市场监督管理总局以及省、市、县各级地方市场监督管理部门，这也是我国食品召回信息系统的两大主体。

（二）政府监管部门对食品召回信息系统的要求

基于政府监管职责，各级地方食品药品监督管理部门需要借助食品召回信息系统指导全国发生的不安全食品安全事件的处理，并要求与监督食品生产企业开展食品召回活动，既包括对企业与销售渠道的召回活动进行监督、为召回提供技术支持以及为行业协会与社会公众提供监管平台等，也包括责令食品生产企业停止生产经营、召回和处置等监督管理工作。各级食品药品监督管理部门组织建立由医学、毒理、化学、食品、法律等相关领域专家组成的食品安全专家库，为不安全食品的停止生产经营、召回和处置提供专业支持，并监督食品生产者落实食品召回主体责任。

借助该信息系统可以实现在线食品安全风险监测、分析与专家决策，各级监管部门组织专家对食品生产者的召回计划进行评估。信息系统应与各级监管部门网站与主要媒体链接，发布食品召回公告。国家食品药品监督管理总局通过信息系统进行全国不安全食品事件与召回活动的汇总分析，并根据具体食品安全风险因素，不断完善食品安全案例库建设，从而为各级部门以及具体食品生产企业提供指导，在行业层面建设与完善食品安全监督管理制度。各级政府监管部门借助在线信息系统可以为食品行业协会提供技术支持与政策扶持，包括鼓励和支持食品行业协会加强行业自律，制定行业规范，引导和促进食品生产经营者依法履行不安全食品的停止生产经营、召回和处置义务；同时对网络食品交易第三方平台进行监管，完善对食品流通渠道的安全监控。该信息系统也为社会公众提供信息服务，政府监管部门需要鼓励和支持公众对不安全食品的停止生产经营、召回和处置等活动进行监督。

（三）食品生产企业对食品召回信息系统的要求

基于召回主体职责，食品生产企业是食品召回信息系统的直接使用者，借助该系统实现食品安全与食品召回的信息发布，实现与经销商、物流商、再处理企业的协作，通过信息共享与集成应用，提高食品召回效率与食品召回管理水平。

首先，食品生产企业借助该信息系统进行供应链食品安全信息的监测、追踪、溯源，通过食品安全与食品召回相关信息备案建立与健全食品安全与食品召回相关管理制度。

其次，食品生产企业借助在线食品安全专家库提供的技术支持，确定食品安全风险与召回等级，为实施召回提供专业的、权威的技术保障。

再次，当前食品生产者基于自检自查、经营者和监督管理部门告知以及公众投诉等方式知悉其生产经营的食品属于不安全食品，从而避免由信息不当导致的食品安全问题扩大化，之后食品生产企业应当主动召回，开展食品召回管理活动。

最后，食品生产企业借助该信息平台进行食品安全信息与食品召回活动的集成管理，总结食品供应链中产生食品安全问题的原因与解决对策，不断完善食品安全管理规程与防范措施。因此建立与健全高效的食品召回管理信息系统，并将召回政策、操作程序和管理职责体现在该信息系统中，是食品生产企业做好召回工作的硬件前提与基础。

三　食品召回信息系统流程分析

食品实施召回之前需要收集、分析相关信息，即由召回预警促发召回实施。食品召回要求对食品安全风险进行分析，主要通过检测技术进行风险评判。当前针对食品召回开展的检测与抽查手段相对落后、检测信息的预见性、时效性与警戒性较差，因此需要借鉴发达国家食品药品召回经验，并结合我国食品召回实际状况，逐步建立与完善食品召回信息系统，通过食品召回检测信息的收集、监测、检测、执行、评估与决策工作进行统筹安排与协调分工。

（一）食品召回信息系统流程设计

本书根据食品召回具体操作流程与决策管理过程，进行食品召回信息系统流程设计，具体流程如图 6－1 所示。食品召回信息系统流程设计是基于食品生产企业为主导的流程分析，即食品生产者在食品召回管理过程中处于核心企业地位，同时与食品供应链中的农户、食品经销商、物流企业、再处理企业以及消费者等直接相关主体协作共同完成食品召回活动与管理决策，提升召回管理效率。

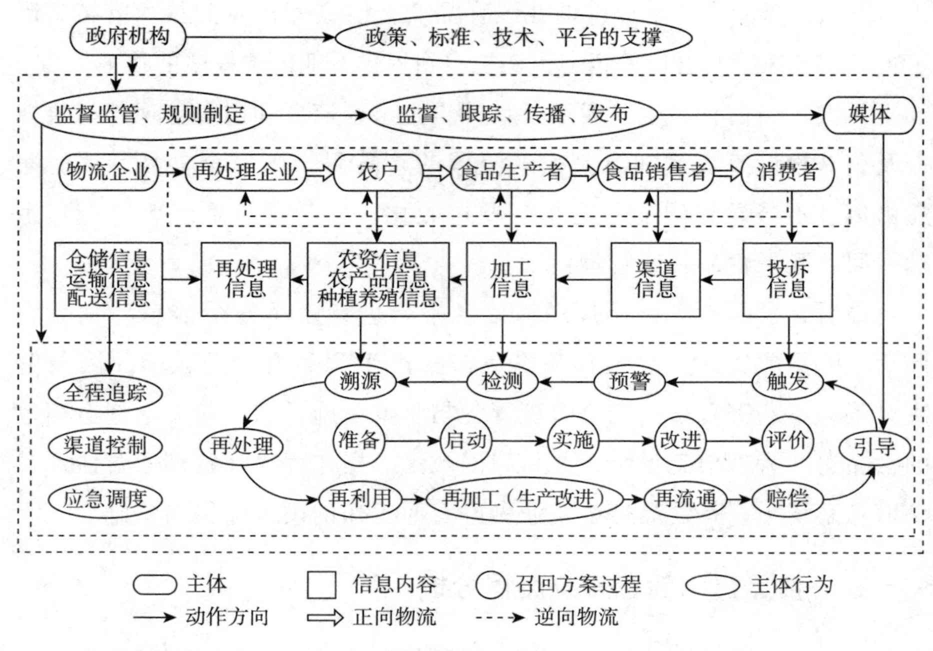

图6-1 食品召回信息系统流程

食品召回信息系统流程图中，食品生产企业在政府监管部门指导下，以及消费者、媒体与社会公众共同监督下履行召回职责，防止食品召回管理失控。以食品生产企业为核心企业，从农户到生产企业，再到经销商，最后到消费者，形成食品供应链正向渠道；反过来，当食品召回发生时，缺陷食品从消费者、流通渠道反向至食品生产企业，再最终返回再处理企业，形成食品召回的逆向供应链。在食品正向流通与逆向召回过程中，物流企业发挥着运输、仓储、集中与分散等功效，保证缺陷食品等物资的正常与高效流转。

（二）食品召回信息系统关键信息节点

食品召回信息系统以食品安全与召回信息为主要处理对象，从源头分析农户相关信息、食品企业信息、流通渠道信息，最后分析消费者信息，其中涵盖供应链正向与逆向过程中的物流信息。此外，政府监管部门提供食品召回政策奖惩、技术基础等信息，媒体与社会公众也发挥监督、引导等作用。

农户方面的信息包括种植、养殖、农资等农产品原始信息，这是食品生产企业相关的采购信息，同时也是监测与溯源食品安全信息的源头。食品生产者方面的信息主要包括生产工艺、加工流程、添加剂、包装、生产场所以及员工健康等信息，这些环节均可能产生食品安全问题。

食品经销商与消费者信息主要包括渠道信息与投诉信息。这对于食品召回至关重要，因为当前我国食品生产企业自律意识不足，更多的食品安全问题是经由消费者投诉发现的。

同时，一旦发现缺陷食品并触发实施召回后，缺陷食品的分布渠道、分布数量与分布方向直接影响到食品召回的操作难度与管理效率。食品召回后需要进行再处理时，需要考虑再处理企业的再处理加工能力等信息。

在整个食品召回管理过程中，物流企业的分布、逆向回收能力以及运输与存储效率信息对于召回管理是十分必要的。因此在食品召回信息系统流程设计时，需要考虑召回物流企业的网络优化问题，主要涉及物流节点选择与回收线路优化等问题。

（三）食品召回信息处理过程

通过分析食品召回相关主体的协作关系与关键信息节点的分布，得出食品召回的信息处理与集成应用过程。

在食品供应链的各个正向环节，包括农户、原材料供应商、生产加工、销售、消费以及该进程中的各个物流环节，各主体应做好食品安全信息的备案与监测，及时检测监管安全点，为未来可能发生的食品安全问题做好前期准备。接着基于食品召回的角度，通过对各个环节可能出现的食品安全风险或危害进行评估，做好风险与安全预警。食品安全问题一旦出现，即触发食品召回管理，这里需要一个准备，即食品生产企业已做好召回管理预案与成立组织机构以及时应对突发事件，食品生产企业还应具备应急能力。

食品召回实施后，食品生产企业对食品安全风险与缺陷食品进行溯源，一方面是从供应链的各个环节追溯危害产生的来源（主要发生于食品供应链上游与中游），分析原因做好应对措施；另一方面是对分布在食品供应链的下游销售与消费渠道的缺陷食品进行召回处理，主要包括分散回收、集中处理，这一部分工作主要由逆向物流来完成。回收的缺陷食品具备再循环利用的条件时，需要食品生产企业与再加工企业紧密合作，再加工食品或者附属产品借助正向物流再次进入流通环节。

当食品召回完成后，食品生产企业需要向政府监管部门与社会公众公布召回结果，更为重要的是对食品安全控制与食品召回管理进行总结，不断提升食品安全与召回管理能力。

基于上述食品召回信息系统流程分析，可以得出食品召回信息集成应用需要以食品生产企业为主体，以食品安全信息为载体，主要完成食品召回管理活动的各主体协作，提高食品召回质量；同时，政府部门、消费者、媒体、社会公众借助该系统平台发挥各自的监管、技术支持以及监督作用。

四　食品召回信息系统主要数据项

美国食品药品监督管理局（FDA）设计召回数据库，主要涉及食品药品召回编号、召回等级、发起日期、产品种类、产品名称、产品型号、生产许可证编号、产品批次、召回原因、召回范围、召回数量、采取行动、用户说明等信息。根据食品召回实际情况，对食品召回数据库关键信息点进行说明（Baal，2011）：

（1）召回编号（Recall Number）是召回条目的信息编号，每次召回任务对应数据库中唯一召回编号；

（2）召回等级（Recall Level）是此次召回的等级确定；

（3）发起日期（Data Posted）是发布召回信息的具体时间；

（4）产品种类（Product Type）是需要召回的产品类别；

（5）产品名称（Product Name）是需要的具体产品商标名称；

（6）产品型号（Product Model）是需要召回的产品型号；

（7）生产许可证编号（Production License Number）是需要召回的产品的生产许可证编号；

（8）产品批次（Product Batch）是需要召回的产品生产批次；

（9）召回原因（Recall Reason）是产品召回的原因；

（10）召回企业（Enterprise）是产品所属生产企业；

（11）追加企业（Additional Product）是与此次召回相关的销售企业；

（12）召回范围（Recall Range）是需要召回的产品分布区域；

（13）召回数量（Recall Quantity）是需要召回的产品总量；

（14）采取行动（Recall Action）是此次实施食品召回管理所采取的具体实施措施；

（15）用户说明（Consumer Instructions）是食品相关产品召回涉及的使用者如何响应此次召回。

食品召回信息数据具有体量庞大、类型多样、分布散乱、范围广等特征，由于食品数据源自食品原材料端，之后涉及运输、制造、加工乃至最终的销售（Piramuthu，2013）。从地域的跨度来说，现在的很多食品信息采集纵贯了全球。从食品所有者层面来说，流通过程中的所有相关信息都要被记录并上载至数据库，其间数据会被以不同的数据结构方式和不同的数据模型（关系模型、模式模型、层次模型、网络模型等）构建成数据库用于存储食品信息；同时，基于同一数据模型构建的数据库的数据库管理系统（Oracle、SQL Server 等）也可能不同；相同的数据库也可能会在不同的操作系统（Unix、Windows、Linux 等）上进行处理，这些都会导致数据的异构性（Manoa，2012；周宝刚，2019；徐广业等，2019）。

借鉴现有的相关研究，本书设计食品召回信息系统的数据结构，数据结构的主体由根元素和各级子元素构成，在根元素 Food Recall Data Set（食品召回信息）下，有 3 个子元素（Food Data－食品信息、Enterprise Data－企业信息、Customer－客户信息）描述，在各子元素下层还有各自的子元素，逐层数据具体化，其中数据含义如表6-1所示。

表6-1　食品召回数据含义

<table>
<tr><td rowspan="21">Food Recall
Data Set
（食品召回信息）</td><td rowspan="5">Food Data
（食品信息）</td><td rowspan="3">Essential Data
（基础信息）</td><td>Trade Name（名字）</td></tr>
<tr><td>Time（生产日期）</td></tr>
<tr><td>Property（其他属性）</td></tr>
<tr><td rowspan="2">Circulation Data
（流通信息）</td><td>Enterprise（企业）</td></tr>
<tr><td>Customer（消费者）</td></tr>
<tr><td rowspan="12">Enterprise Data
（企业信息）</td><td rowspan="3">Supplier Data
（供应商信息）</td><td>Time（供货时间）</td></tr>
<tr><td>Number（供货量）</td></tr>
<tr><td>Property（其他属性）</td></tr>
<tr><td rowspan="3">Manufacturer Data
（制造商信息）</td><td>Time（供货时间）</td></tr>
<tr><td>Number（供货量）</td></tr>
<tr><td>Property（其他属性）</td></tr>
<tr><td rowspan="3">Retailer Data
（零售商信息）</td><td>Time（供货时间）</td></tr>
<tr><td>Number（供货量）</td></tr>
<tr><td>Property（其他属性）</td></tr>
<tr><td rowspan="3">Logistics Enterprise Data
（物流企业信息）</td><td>Time（供货时间）</td></tr>
<tr><td>Number（供货量）</td></tr>
<tr><td>Property（其他属性）</td></tr>
<tr><td rowspan="4">Customer
（客户信息）</td><td>Name（姓名）</td><td rowspan="4"></td></tr>
<tr><td>Time（购买时间）</td></tr>
<tr><td>Contact（联系方式）</td></tr>
<tr><td>Property（其他属性）</td></tr>
</table>

五　食品召回信息系统功能模块

加强食品安全信息管理，是对近期频发的食品安全问题的有效解决途径之一。本书在对现有研究成果进行系统梳理的基础上，从模块化的角度切入，构建基于功能模块划分架构的食品召回信息系统。

（一）基于“模块化”的信息系统设计前期研究

“模块”的概念近几年在信息系统设计中得到快速应用。早在1996年有学者提出模块半自律子系统，其既可以和其他子系统构成更加复杂的系统，本身又可以作为一个系统而分为若干模块（谢长菊，1996）。

针对企业危机事件需要利用信息获取竞争优势，把模块化的思想引入信息管理和信息组织的范畴，重构企业信息系统的方法，即把信息系统分为数据模块、信息模块、知识模块和技术模块4个主要构件，并以此重构企业的信息组织，以满足危机管理过程中对于信息的需求（梁帅，2018）。信息系统模块化设计也应用于虚拟化协同管理，是指通过模块化价值网的系统结构视图理论研究，基于企业模块化与共同界面规则框架，设计企业财务管理信息系统原型，由集群品牌核心企业推动搭建的信息、知识和价值共享的虚拟化网络组织（周光辉等，2013；陈玉忠等，2015；王琪，2017）。

（二）食品召回信息系统运作流程设计

本书基于模块化视角设计集信息采集模块、安全监督模块、缺陷分析模块、召回预警模块、召回追溯模块、召回实施模块和召回评价模块于一体的食品召回信息系统，以期有益于政府进行分层管控、有助于企业分阶段实施召回、有利于消费者实时把握食品安全相关信息。食品召回信息系统运作流程如图6-2所示。

食品召回信息系统运作流程包括七个环节。具体过程如下，通过供应链关键环节食品安全信息的反馈，在食品安全与召回信息收集中心进行相关信息处理。通过缺陷分析发现其危害超过阈值，触发食品召回管理，并进一步进行缺陷分析查询问题所在，确定召回方案。通过召回溯源，实现对缺陷问题的追溯，并通过召回方案实施与召回逆向物流实现问题食品的召回处理。召回活动完成后，对召回方案进行评估，这有助于食品企业召回方案优化与决策改进。

（三）食品召回信息系统原型架构设计

因为食品召回信息系统是一个若干功能集成的系统，所以基于模块化理论将系统依功能进行模块划分。基于功能模块化的食品召回信息系统原型架构如图 6－3 所示。

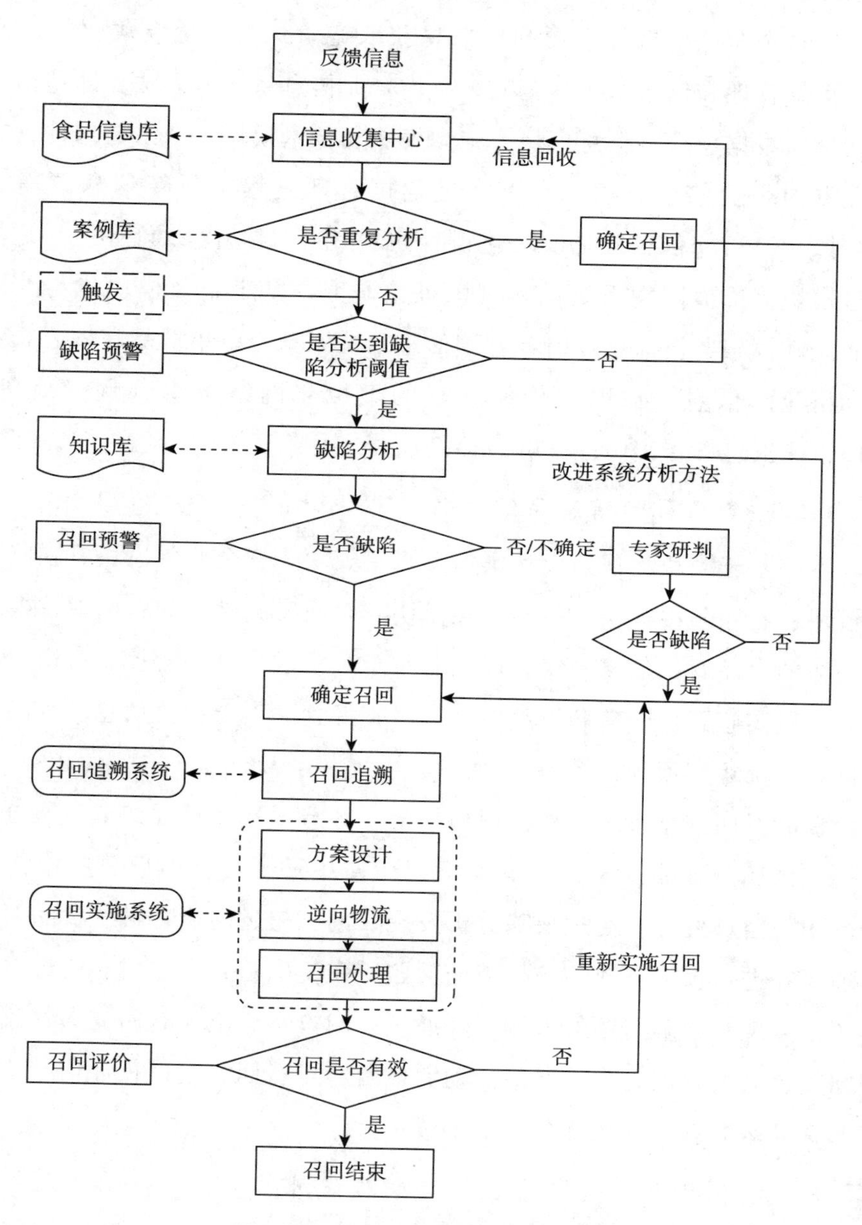

图 6－2　食品召回信息系统运作流程

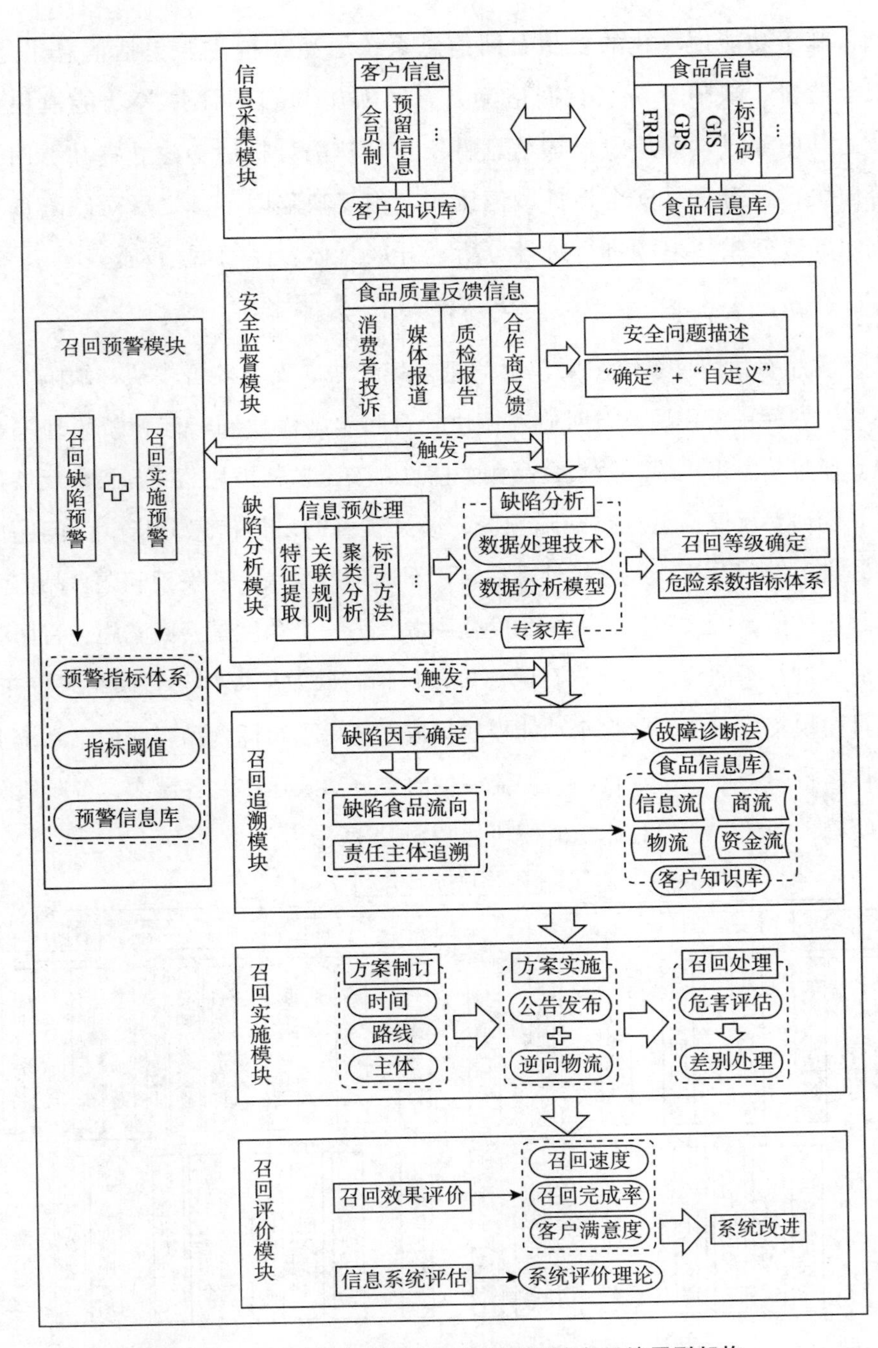

图 6-3　基于功能模块化的食品召回信息系统原型架构

基于功能模块化的食品召回信息系统原型架构主要包括信息采集、安全监督、缺陷分析、召回追溯、召回实施与召回评价等功能模块设计。其中通过食品质量反馈信息触发食品缺陷分析后，建立食品召回预警模块，通过食品安全指标阈值比较，确定缺陷因子，之后对缺陷食品流向、责任主体追溯进行统计分析，开展具体食品召回活动。

（四）食品召回信息系统功能模块分析

食品召回信息系统主要包括信息采集模块、安全监督模块、缺陷分析模块、召回预警模块、召回追溯模块、召回实施模块和召回评价模块七部分。通过信息采集模块收集食品相关信息，安全监督模块监测与检测反馈信息，随后对反馈信息进行缺陷预警，通过预警的反馈信息分析食品问题成因，进行缺陷分析，经分析处理后转入召回预警模块，若发现问题食品监测值超出阈值，触发召回，一个角度是溯源，另一个角度是召回实施，召回结束后，进行召回食品处理与召回评价，包括召回效果评判与召回结果发布。通过模块集成方法，将多个功能模块集成于统一平台即食品召回信息系统上协作运行与管理，实现食品召回流程的时空分离式运作，各层次、各阶段分工明确，责任明晰，具体功能模块如图6-4所示。

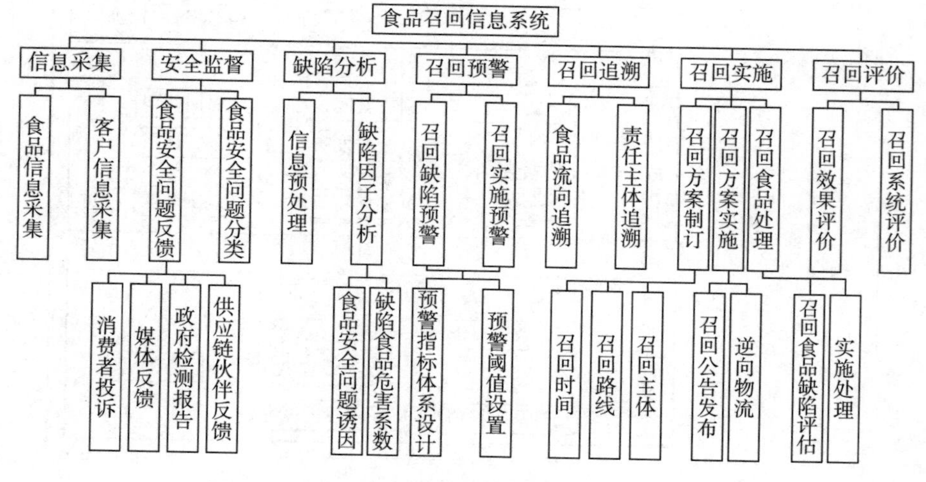

图6-4 食品召回信息系统原型的功能模块结构

食品召回信息系统原型的功能模块主要包括信息采集、安全监督、缺陷分析、召回预警、召回追溯、召回实施与召回评价模块。其中，信息采集模块主要完成食品信息与供应链客户信息采集；安全监督模块包括食品安全问题反馈与食品安全问题分类；缺陷分析模块包括信息预处理与缺陷因子分析；召回预警模块包括召回缺陷预警与召回实施预警两个方面；召回追溯模块包括食品流向追溯与责任主体追溯；召回实施模块包括召回方案制订、召回方案实施与召回食品处理三个方面；召回评价模块主要包括召回效果评价与召回系统整体评价。

分模块构建信息系统平台，不仅有益于政府进行分层管控，同时有助于企业分阶段实施召回，通过系统平台可以实现对系统内部不同子系统的协同管理，实现统一的集成化管理，形成基于信息、监督的闭环网络。食品召回信息系统功能模块具体说明如下。

1. 信息采集模块

信息采集模块包含食品信息采集子模块和客户信息采集子模块。主要功能是进行食品信息和客户信息的收集积累，为其他模块提供实时的信息支持。

①食品信息采集。通过无线射频技术（RFID）和电子监管技术，运用 RFID 射频识别标签，对食品及其原材料种植信息、生产制作流程信息、食品流通信息、食品在售信息等进行记录后实时上传和更新，通过 GPS（全球定位系统）和 GIS（地理信息系统）实时同步食品所在地理位置，将这些信息不间断更新并储存在食品信息数据库，数据库关联对应区域服务器，如图 6 – 5 所示。

通过 RFID 对食品流通过程和生产制作过程进行食品安全信息收集，在采购、生产与销售等环节发现食品安全风险来源，特别是通过仓储、运输等渠道对食品进行正向或者逆向信息追踪。通过信息追溯与监测等方式，确保在出现食品质量问题时，最快速实施信息追踪，找到问题根源，定位事故责任主体，以达到快速响应的目的。

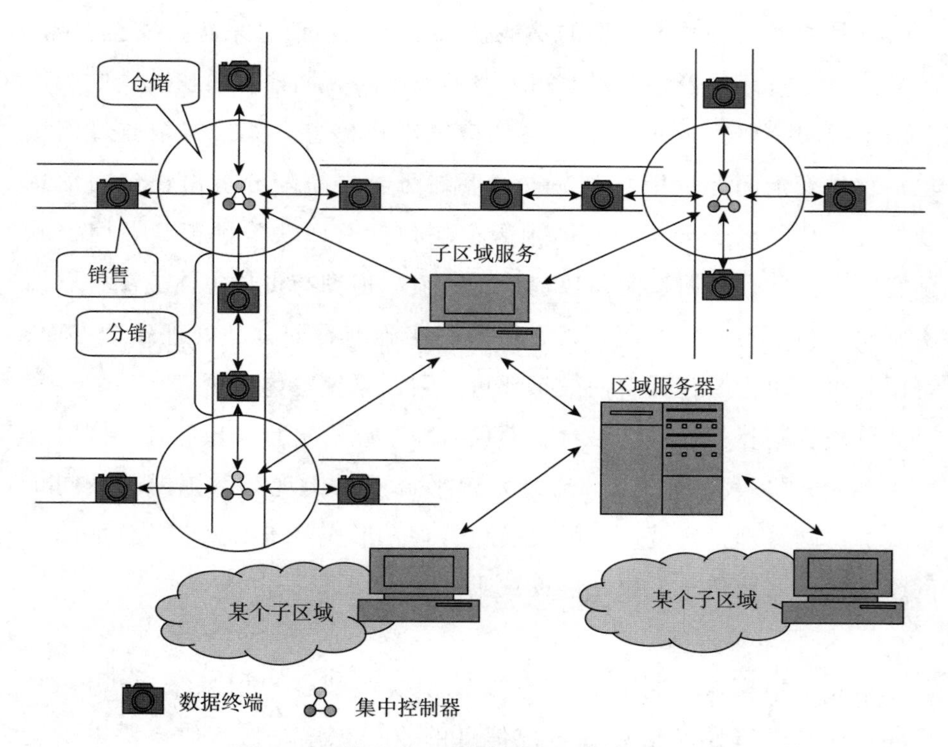

图 6－5　基于 RFID 的食品召回信息采集示意

②客户信息采集。信息采集模块还担负着客户信息收集的功能，通过会员制等方式进行客户的信息采集并为其建立客户知识库。基于知识库的建立，企业采用分类、聚类、关联等数据挖掘方式对客户信息进行统计分析，主动发掘客户需求和产品之间的潜在关系，最大化开发客户消费需求。同时，在召回追溯环节，企业或政府通过关联客户知识库的查询系统，可以快速、直接找到缺陷食品和食品消费者，不仅降低了召回成本，而且提高了召回系统响应速度与召回效率。信息采集是信息系统设计的基础，食品召回信息采集与应用体系如图 6－6 所示。

2. 安全监督模块

安全监督模块主要功能是对消费者投诉、媒体报道、政府监测信息

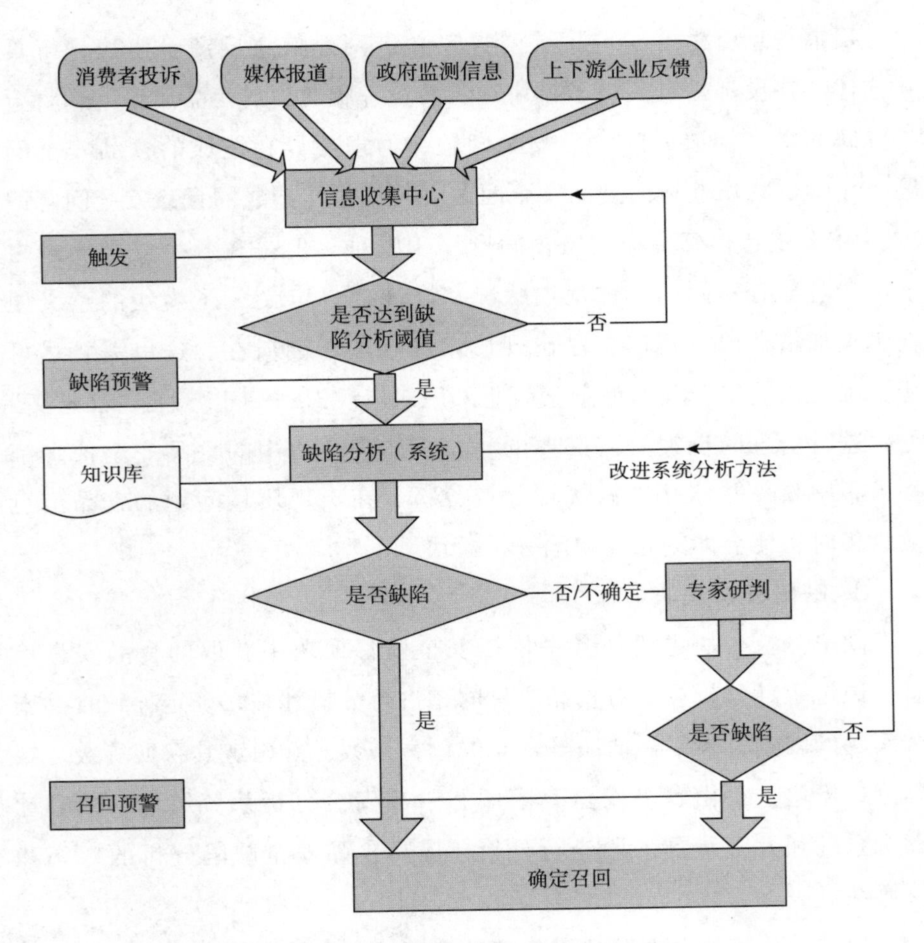

图6－6　食品召回信息采集与应用体系

和上下游企业反馈信息等食品质量问题反馈信息进行收集，以此来对食品安全状态进行实时监控。

食品质量安全信息反馈方式多样：消费者通过食品安全信息平台对出现质量问题的食品进行投诉，填写问题信息并发送至信息收集中心；消费者对购买食品的商店等销售方进行安全问题反馈；媒体对食品质量安全相关信息进行报道；政府对食品进行安全检查，撰写检查报告；供应链上下游企业对食品质量问题进行反馈；等等。

反馈信息将由“确定”+“自定义”两个信息反馈子模块进行具体描述。在设计信息反馈子模块时，消费者所遇到的食品质量问题将会被分解为微生物造成的食品安全问题、物理性异物造成的食品安全问题、化学性物质造成的食品安全问题、其他物质造成的食品安全问题四类。由“确定”模块确定质量问题属于哪种。但是在各个安全问题之下消费者会有不同的具体反馈状况，设计“自定义”子模块的意义便在于更加精准地分析出食品出现质量问题的原因所在，这里需要尽可能详细记录消费者反馈信息。因此采用双模块即“确定”+“自定义”方式进行信息的反馈是有必要的。安全监督模块中的食品安全信息都将被集中收集并储存以做统计分类分析，在出现质量问题的食品信息被收集时，便会即刻触发缺陷分析模块。

3. 缺陷分析模块

缺陷分析模块主要任务是依据安全监督模块中获取的食品安全信息，通过统计分析算法对食品质量问题进行分析评估，确定导致食品安全问题的因素，最终评估缺陷食品的危害系数，并确定其召回等级。缺陷分析模块主要由食品安全专家库和食品安全分析系统组成，结合计算机系统和人工干预手段进行分析，提高食品安全缺陷分析的效率和可靠性。

缺陷分析模块分两阶段进行：信息预处理和缺陷因子分析。信息预处理阶段采用关联规则、特征提取方法、分类原则、标引方法等方式对食品信息进行第一步加工处理。基于安全监督模块中的“确定”+“自定义”双模块信息反馈，进一步确定和具体化导致食品出现问题的缺陷因子，一般来说，按照不同食品安全问题分类对缺陷食品产生原因（缺陷因子）进行确定，可以将其分为微生物缺陷因子、物理性缺陷因子、化学性缺陷因子和其他物质缺陷因子。每类缺陷因子下各有不同程度的危害因子，通过危害系数量化各缺陷因子下的子因子的危害程度，最终形成一个危害系数排行，如：危害程度最大的危害系数为100，食用后有很大概率造成安全隐患甚至导致死亡；食用后会出现身体不适，情节严重者需要就诊，像这种危害程度中等的危害系数设置为30～70；危害程度较小的危害系数设定在10上下，比如小部分食用者出现腹泻等情况。

缺陷分析阶段是在预处理阶段运用关联分类规则和标引等方法处理后的基础上，借助现代信息数据处理技术（数据挖掘技术、聚类分析等），采用专家库中各种分析模型（变化和偏差分析模型、贝叶斯统计分析模型、指标对比分析模型等），按照缺陷因子的危害系数做对应的处理。如果是危害系数非常小的个别一般质量问题且没有召回必要，按照正常的食品质量问题投诉进行处理即可；如果危害系数达到召回要求，按照《食品召回管理方法》规定，分级召回。最终将食品缺陷分析评判信息转入召回预警模块。

4. 召回预警模块

食品召回信息系统结构中，食品召回预警具有十分重要的作用。食品召回预警是指根据企业（生产企业与销售企业）以往的经验性总结发现问题食品与食品危害出现的规律，或者借助区位监测部门的监测结果，发现食品安全问题客观存在，这时发出紧急信号，触发召回管理。根据食品安全危害程度与评估召回等级情况进行食品召回预警，可以避免食品安全问题无法发现以及发现后没有做好召回的前期准备。通过加强食品流通渠道、销售渠道以及网络舆情渠道的食品安全信息通报，应用协作式监管手段与专业性信息技术，采集、汇集、分析食品安全与召回信息，实现食品安全与召回管理动态监管，借助食品安全与召回管理预警信息，控制、减少与消弭食品安全问题与实现食品有效召回管理。

食品召回预警是食品召回的重要组成部分，也是实施食品召回的前期保障措施，食品召回预警系统的设计目标是监测与检测信息、预测与评估风险、沟通与促发召回实施，提醒食品召回提前采取预防性的应对措施，保障食品召回顺利实施。

针对食品安全危害程度、流通范围以及产生的社会影响，将食品召回风险预警分为三个等级，以危害物残留量为核心检测指标，对危害程度进行衡量。风险预警检测等级划分与食品召回等级划分相吻合。危害物包括病原微生物、禁用物质类危害物，其中病原微生物包括沙门氏菌、金黄色葡萄球菌、溶血性链球菌等，禁用物质类危害物包括农药、兽药残留、食品添加剂、工业污染物以及有害元素等。危害物残留量必须低于我国食品安全相关规定标准，当其超过安全标准规定的最大残留限量时，即存在一定安全风险，需要发出预警报告。危害物的最大残留量是食品召回预警中最重要的阈值指标和明显标志。

根据食品安全问题存在的场所与发现的途径，食品召回预警监测分为维权监测、常规监测、疫情监测三种形式。维权监测是指通过消费者投诉、媒体曝光等形式发现食品安全问题，对风险进行监测；常规监测是指工商、检验等政府部门常规性、定期性监测食品安全；疫情监测是指根据世界各地发生的疫情、食品污染事件，对出口到我国的食品进行安全监测。相对于维权监测与疫情监测是食品安全问题已然出现后的监测而言，常规监测具备食品安全事件事前监测与控制的作用，虽然常规监测未必必然促发食品召回，但是对食品安全的常态化维护作用明显高于另两种。因此加强食品安全常规监测的意义就不局限于食品召回预警，而是已成为食品安全预警的主要手段。

食品种类繁多，不同种类的食品引发的食品安全事件产生的社会影响不同。因此需要对婴幼儿食品、保健食品等种类加强监测。同时新的食品培育与加工技术（例如辐照食品、转基因食品）可能也需要进行安全危害的重新评估，因此对这类食品的监测标准与检测频率相对要求较高。对于常规监测，当检测出危害发生频率与发生范围出现提高与扩大趋势时，也应加强监测。

食品召回预警实现食品安全信息检测、传递、发布以促发召回。因此该预警级别内容包括对食品安全状态的监测、发现异常状况、对异常状况的通报，以及对食品召回实施提供相关信息支持。预警系统的基础是监测，需要食品安全与召回监管部门组建专业性与非功利性的监测机构。同时将监测信息与衡量结果传递给食品企业、政府部门、社会公众等群体。

召回预警模块分为召回缺陷预警和召回实施预警两个子模块，模块主要功能是基于具体化、层次性、灵敏性、可行性以及前瞻性原则，考量引发食品缺陷分析和召回启动的因素，将其指标化，构建相应的召回缺陷预警和召回实施预警指标体系，并设计触发缺陷分析和召回启动指标阈值，同时构建预警信息库，避免对同一因子进行多次预警分析。

召回缺陷预警模块。在安全监督模块出现食品质量问题时，召回缺陷预警模块触发，进行食品缺陷信息量的检测，观察是否达到缺陷分析阈值，也就是是否有分析的必要。阈值的设计也同样重要，由食品缺陷分析专家组设置，不同类别食品的分析阈值自然也会有所差别。当缺陷信息量未达到阈值，缺陷信息重新返回安全监督模块；否则，触发缺陷分析模块，将食品缺陷信息传送至缺陷分析模块。

召回实施预警模块。缺陷分析模块将食品分析信息转入召回实施预警子模块，根据指标化的召回启动指标阈值，当某一指标达到食品召回要求时（超过召回阈值），由专家组进行研判后确认召回实施；若没有达到召回要求或者分析未果，专家组对缺陷信息和缺陷食品进行评估，最终决定是否实施召回，并将评估信息上传至预警信息库。

5. 召回追溯模块

召回追溯模块是追溯食品缺陷因子、追踪缺陷食品流向、追究食品缺陷责任主体的主要过程，是决定召回效率的关键因素。食品召回追溯体系在接收到召回实施预警模块传达的召回信息时启动，根据召回预警模块所确定的缺陷食品，从该食品原材料生产地出发，对食品原材料生产—原材料采购—原材料加工—食品生产制造—物流配送—市场销售的整个过程通过EAN·UCC系统编码、RFID标识、GPS定位、GIS标注等技术进行详细信息的记录并实时更新至召回追溯数据库，在做出食品召回决策后，按照上述供应链流程追溯缺陷因子；在责任主体问题上，基于食品缺陷因子，通过食品信息采集数据库进行缺陷食品→经销商→分销商→食品制造商→食品原材料供应商的逆向责任追究；在食品流向问题上，通过客户信息采集数据库进行缺陷食品→食品制造商→分销商→经销商→最终消费者的正向流向追踪。

根据召回预警模块传送的信息，结合RFID标识码和其他标识符对缺陷食品进行食品信息查询，确定食品的型号和生产批次，再通过信息采集数据库进行检索，得到缺陷食品在整个供应链上流通的所有信息，包括食品各阶段责任主体信息、食品身份信息和消费者信息。主要信息需要具体到原材料供应商、食品生产企业、生产日期、批次、当前所在所有企业和单位个体、缺陷食品在各流通单位的存量和食品全程流向等。根据这些信息基于故障诊断方法，通过对食品生产流通过程中各阶段的食品安全特征进行分析，对出现故障的缺陷食品以及其他同批次或者临近批次生产的同类食品运用GPS、GIS等技术进行追踪分析，找出食品出现缺陷的主要阶段及其责任主体，见图6－7。基于可标识的数据载体等信息技术应用和完善的食品信息采集系统，召回追溯模块才能达到快速反应与准确追溯的预期。

6. 召回实施模块

召回实施模块包括召回方案制订子模块、召回方案实施子模块、召回食品处理子模块。召回方案制订子模块是指基于召回预警子模块评判出相应的缺陷食品的召回等级后，结合追踪到的食品所在市场位置，来进行召回方案的设计。根据不同的召回等级，召回完成时间也不一样：一级召回10个工作日；二级召回20个工作日；三级召回30个工作日。同时，根据缺陷食品所分布区域和食品相关主体的现实情况，运用启发式算法中的蚁群算法制定出最优的召回路线。最后根据召回追

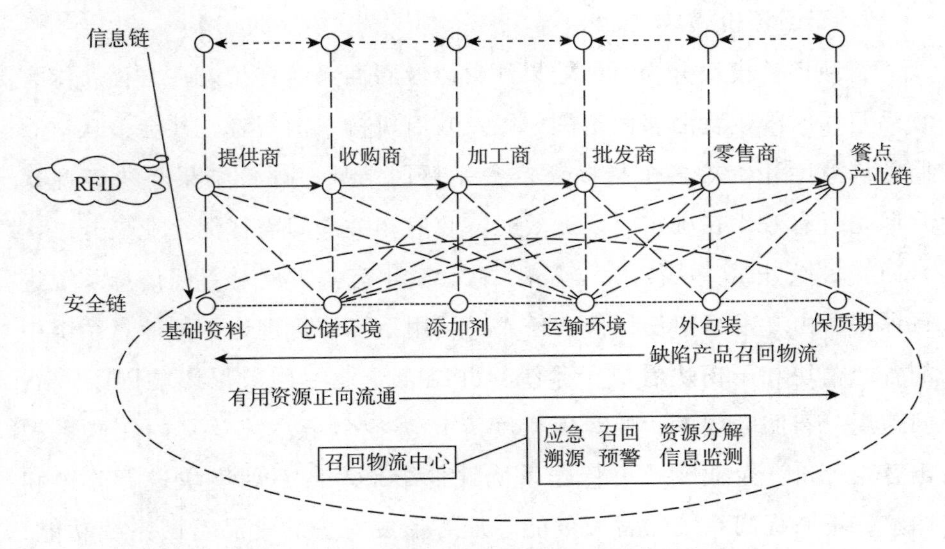

图 6－7 基于 RFID 的食品召回可追溯体系架构

溯模块所确定的追究责任主体，由其进行召回过程中的责任承担。

召回方案实施子模块结合了召回公告发布和逆向物流。召回公告发布方式主要考虑缺陷食品的危害程度，根据召回等级确定采用何种方式进行召回公告，其他因素比如食品消费者群体分布、销售方式、食品保质期等也是决定发布方式的影响因子。发布方式主要集中在以下几种，报刊、网络、电视新闻、电台、电话、信函等，而且在以后的召回过程中，应该借助多种公告方式，加大召回通知力度，提高缺陷食品召回率。发布公告后进入召回实施阶段，根据召回方案来实行逆向物流。

召回食品处理在整个召回系统中异常重要，处理结果会直接影响召回效果，如果缺陷食品再次流向市场，产生的危害将异常严重。处理过程中，由专家组对召回的食品进行危害评估，确定缺陷食品的缺陷因子是否可修复或弥补，再进行下一步处理。针对不同问题的缺陷食品采用不同的处理方式：对于可修复的缺陷因子——食品包装规格、包装说明等，及时修整后返还客户；对于不可修复且无法再次利用的食品，政府相关部门应该监督企业统一销毁，防止缺陷食品再次流向市场。

7. 召回评价模块

召回评价模块分为召回效果评价以及召回系统评价。一方面，综合食品召回时限、食品召回范围，以及政府机构、消费者、社会公众对召回的满意度评价等多个指标评价食品召回结果，评价结果将决定此次召回是否有效，在确定召回无效时，政府相关部门需督促企业展开二次召回。另一方面，从技术、经济、社会、生态等方面对召回信息系统进行评估，由专家组担任评价责任人，运用系统评价理论，把信息系统中的各个模块和子模块看成子系统，并结合企业召回效果影响因子（召回速度、召回完成率、顾客满意度等）对各个子系统及其内在联系做出客观评价。企业或政府依据系统评价结果对各召回模块进行改进和调整，不断提高系统的召回效能。最终形成完善的食品召回系统功能，食品召回系统功能框架如图 6－8 所示。

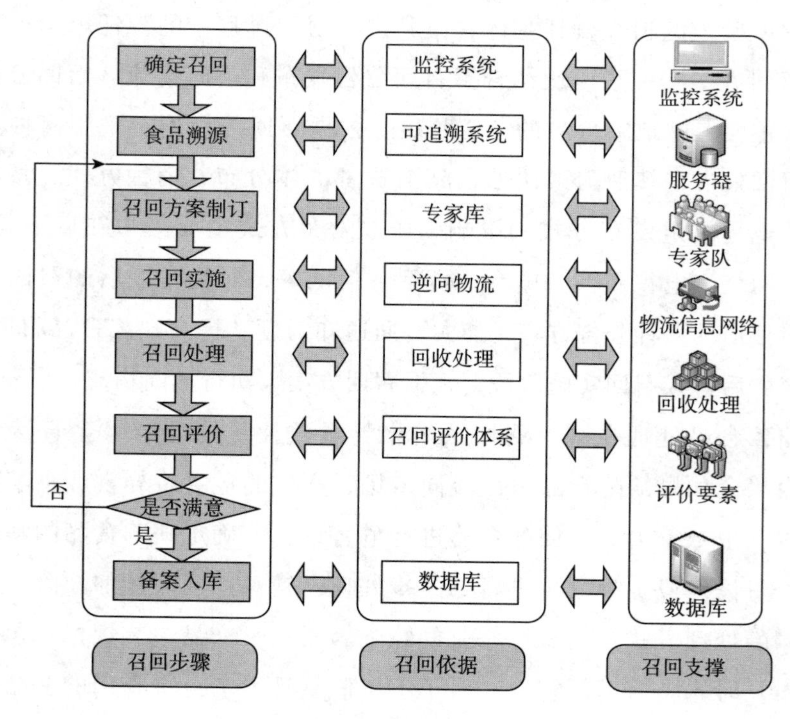

图 6－8　食品召回系统功能框架示意

在上述食品召回系统功能框架中，主要包括召回步骤分析、召回依据设置与召回支撑条件三个方面。其中召回步骤根据召回操作流程设计；召回依据设置通过监控系统、可追溯系统、专家库、逆向物流、召回评价体系以及底层数据库的设置实现；召回支撑条件包括信息系统、服务器以及回收处理场所等软硬件。

六　食品召回信息系统技术支撑

信息技术集成应用保障食品安全与食品召回实施和监管顺利进行，也是食品召回信息系统中需要广泛采用的有效技术手段。食品安全风险存在于从农户种植养殖的田间地头到食品企业生产加工场所，再到流通与消费环节的整个供应链。同时，食品召回是一种反向供应链表现形式，从消费、流通到加工，最后溯源至农户，其中在整个运输、仓储、配送过程中也可能存在风险或问题。由于食品安全与食品召回涉及食品相关的生产链与流通链，因此需要完整、准确、及时的信息管理和共享应用系统，从而实现这些过程中对食品安全与食品召回关键信息的监管。同时，食品安全风险分析与食品召回实施管理过程涉及的环节多、主体多，因此相关信息量较大、信息应用程序较为复杂，故需要设计完善的食品召回信息系统，实现对信息数据的高效、准确与及时地采集、监测、检测、追踪、预警与溯源。通过对食品召回活动相关信息的整理与分析，有助于帮助食品生产企业有效实施召回活动、管理与决策，同时政府监管部门、消费者、媒体等借助该信息平台对食品企业召回相关活动进程、管理过程、实施结果进行有效监督与管理。因此，借助现代先进的信息技术支持，设计食品召回相关的供应链全程管理是我国实施食品召回管理与监督的有效保障。食品召回信息系统设计需要采用先进的信息技术，主要包括数据库技术、信息追踪技术、数据挖掘技术、编程语言等。

（一）数据库技术

食品召回涉及大量数据管理，通过建立食品安全信息与食品召回数据库进行相关数据管理。借助计算机网络与信息平台进行信息相关数据的共享与提供信息集成应用服务。该系统数据信息既包括食品供应链过程中的物资信息、加工信息与渠道信息，也包括产品质量标准、生产的安全技术指标及食品安全与食品召回的相关政策法规等。借助档案记录可以进行供应链全过程的追踪与溯源，即利用信息技术对食品进行一种从“从种植到消费”的正向跟踪以及“从餐桌到田间”的反向溯源。

食品的相关信息都是以数据的形式存档和传输，食品安全信息召回系统的建构必须以强大的数据库系统为基础。数据库作为依照某种数据模型组织起来并存放在存储器中的数据集合，通俗来说就是指电子化的信息仓库，管理者可以对其中的信息数据进行更新、删改、提取等操作。

（二）信息追踪技术

随着国际互联网技术和企业网的发展和广泛应用，传统的企业工作模式也随之而改变，通过使用群件技术进行协同，不同地区通过网络实现数据共享，进而实现统一管理。建立食品信息平台，形成可视化的信息平台，可以供消费者进行相关食品安全信息的查询和问题食品的线上投诉，供应链上的所有企业通过平台进行食品安全信息的共享。通过条形码与射频识别技术的结合，可以更有效地进行食品信息的上载和读取。地理信息系统（GIS）既是跨越地球科学、空间科学和信息科学的一门应用基础学科，又是一项工程应用技术；全球定位系统（GPS）是一种全方位、全天候、全时段、高精度的卫星定位系统，为用户提供特定对象的三维位置信息。结合 GPS 和 GIS 技术，可以实现对食品召回运输路线的合理优化和对食品位置信息的实时掌控。

（三）数据挖掘技术

食品召回管理涉及大量信息，随着各种数据的积累与沉淀，需要将这些海量数据转化成有用信息。因此食品召回信息系统设计需要采用数据挖掘技术，即从大量的、不完全的、随机的、有噪音的数据中，提取隐含其中的、潜在的有用信息与知识，并通过对这些数据的分析，获取与食品安全与食品召回密切相关的信息。通过数据挖掘技术与应用可以实现食品安全风险分析与食品召回的预警分析（王琪，2017）。食品召回信息系统设计采用的数据挖掘技术要求食品召回业务过程及时获取信息，并做好长期有效更新与保存，基于长期数据分析数据变化过程中隐含的规律，从而可以对召回业务过程信息进行统计分析，为食品召回科学管理和决策提供依据。

（四）编程语言选取

召回信息管理过程涉及多个子系统，甚至会涉及不同公司之间的系统信息交互，而不同公司的操作系统、数据库、服务器可能不尽相同，这时候就需要一种技术能够实现不同平台之间的完美衔接，Java 是目前应用较广的跨平台语言。鉴于 Java 编程语言是一种可以撰写跨平台应用程序的面向对象的程序设计语言，可移植性高，而且 Java 不支持指针，能够很大程度上防止木马入侵，提高系统的安全性，加之 Java 的多线程机制能够并行执行应用程序，进而提升系统的整体处理性能。因此 Java 非常适合用于统一描述类型繁杂的食品召回数据。

由于我国食品企业所处的食品供应链较长、企业的组织化程度较低、经营与销售过于分散，这些问题导致食品安全的信息化与食品召回系统设计难度较大。因此在设计与开发食品召回管理信息系统时需要借鉴国外较为成熟的信息化软件技术，同时结合中国食品召回管理的特点，设计与开发适合中国国情的食品安全与食品召回管理信息系统。食品召回信息系统的设计商与开发商结合食品召回相关组织机构的协作关系与召回工作流程，将分布在不同机构、不同部门的分散、独立、互不兼容的信息进行整合，实现多主体间的信息共享与信息集成应用。

第四节　本章小结

随着对食品召回信息管理的重要性认识加深，构建食品召回信息平台成为政府与企业加强食品安全管控和降低食品安全危害的共识。为实现企业通过信息管理系统分层次、分过程、分阶段对召回实施有效管控，政府通过信息监管系统对食品行业全面监管，消费者借助信息访问平台完成对食品安全信息的反馈与查询，引入模块化概念，将召回过程分解为各个单独的功能模块，每个模块各司其职，分工明确，功能模块间又相互关联，协同运作，构成一个集多个子模块于一体的信息系统。基于信息采集、安全监督、缺陷分析、召回预警、召回追溯、召回实施和召回评价七个功能模块建设食品召回信息管理系统，促进监管部门及时了解食品行业现实情况，使食品行业规范化发展。

第七章

食品召回物流管理及其网络设计

食品召回责任主体是食品生产企业，同时召回实施主体为物流企业，有助于提高食品召回实施效率。通过对召回物流理论进行研究，在提出召回物流概念的基础上，分析召回物流网络结构，并设计食品召回物流管理 LRP 模型。通过食品企业与物流企业的分工协作，实现召回物流的社会效益和经济效益统一。

第一节　食品召回物流管理

一　食品召回与物流管理的关系

问题食品发现的起点通常在食品供应链的最终端——消费者环节，同时缺陷食品质量问题被发现时，大量的缺陷食品还有可能正处于流通环节——批发与零售。问题食品缺陷严重时影响消费者健康安全，此时需要进行召回。召回过程是指将缺陷食品从食品供应链下游向供应链上游转移，及时送达生产厂家（或者再处理企业）进行产品处理，在生产厂家（或者再处理企业）进行召回产品的检验、拆分、部件利用、再处理等活动。可再次返回供应链制造或销售渠道的资源与产品，仍需进入原先的流通渠道与新的流通渠道。在缺陷食品召回管理中需要食品企业、流通企业、再处理企业、监管机构、物流企业等部门协作，并发挥各自的核心功能。

食品召回与物流管理存在必然的联系：一方面食品召回过程中发生的运输、仓储、集中等物流活动，属于逆向物流范畴，即从消费终端到上游供应链的物流活动；另一方面食品召回处理后，需要再次进入流通环节，属于正向物流范畴，与食品召回前的商品流通类似。此外，食品召回时逆向物流与召回后再流通正向物流都需要借助原来的生产后流通渠道（包括物流渠道）。因此，可以认为物流是保障与支持食品召回顺利实施的必要条件，物流操作、物流管理与物流基础设施在食品召回过程中发挥着支持作用（郑立华、冀荣华，2019）。

虽然食品召回的社会意义大于其经济意义，但是该活动也反映为一种经济活动，因此从商品流通的“四流”角度分析其过程也有助于界定食品召回物流的作用与意义。首先，食品召回的商流表现在召回是满足食品企业发展的长期有力因素，是食品生产企业进行市场营销与实现社会责任的重要手段。其次，食品召回物流是派生食品召回商流活动产生的需求，要求通过运输、仓储等活动将分散的缺陷食品迅速集结以及返厂。再次，在食品召回过程中，存在大量的、与缺陷产品相关的信息流通，具体包括产品信息、渠道信息、检测信息、物流信息等。最后，食品召回的资金流不是基于商品所有权的转换而产生的，而是考虑通过召回挽回食品生产企业的声誉以及食品召回活动涉及的运营资金。通过召回的物流、商流、资金流和信息流有机结合起来，会产生更大的能量，更好地完成召回管理，从而实现更大的经济效益与社会效益。

二　食品召回物流管理含义与特点

（一）食品召回物流的含义

食品召回物流是指为保障问题食品正常召回而实施的物流活动，即为了预防或者最大限度地降低问题食品对消费者和社会的损害，快速及时地将问题食品从最终消费端或供应链某个下游环节向上游生产商或物流场所转移并进行集中处理所形成的物流管理过程。本质上，食品召回物流是物流学科体系的一个应用分支，是服务于食品召回的物流操作活动和物流管理过程。

食品召回物流的目的就是通过物流管理对食品召回过程进行有效支持与监控，期望通过有效率的物流活动来实现产品召回的社会效益。食品召回物流的实施关键在于快速及时的物流操作，即通过物流信息技术、物流联合运输、物流节点布局等物流管理手段实现对缺陷食品的即时召回，防止出现更大的社会危害，以实现召回物流的社会效益。

食品召回物流是召回管理的重要部分。食品召回物流的出发点主要包括四个方面：其一，食品召回的性质决定了物流管理的参与和支持；其二，物流操作的专业化有利于降低食品召回成本；其三，基于召回逆向物流与正向流通物流的有机结合，实现物流的集约化；其四，通过及时与全面的召回物流有效控制食品召回结果。

（二）食品召回物流的特点

食品召回物流具有物流的一般性质，同时食品召回又对召回物流提出新的要求，因此食品召回物流具有自己的一些特点。

食品召回物流表现出逆向性。食品召回物流中，缺陷食品流动总体方向是从消费者到经销商、制造商、原材料或零部件供应商。因此，召回物流总体流向和正常物流相反。食品召回物流流向具有逆向性，且食品召回物流的起始点可以是最终的消费者，也可以是零售商和分销商甚至是生产商的仓库。食品召回物流除了包括缺陷食品的逆向物流外，还包括处理后正常食品的重新正向流入消费渠道。

食品召回物流具备应急性特点。食品召回物流往往是在缺陷食品已经对消费者和社会公众产生损害或者被发现存在潜在危害时启动的。所以，食品召回物流在初始阶段对时效性要求较高，要求能够以最快的速度、最短的时间将已经销售出去的问题食品召回，将正在销售的该系列产品及时撤下并停止销售。

食品召回物流的发生具备不确定性特点。食品召回物流的启动时间、启动地点和召回数量具有不确定性。一旦发现缺陷食品存在潜在危害或已经产生了损害，就要马上鉴定并且考虑实施召回；在国际贸易蓬勃发展的今天，食品的消费终端和销售网点往往是遍布全世界的；召回食品的数量与多个因素有关，无法根据预测某食品在某地的市场需求进行估计。食品召回物流的启动时间、启动地点和召回数量的不确定性要求食品召回物流架构良好的信息网络和物流网络。

食品召回物流涉及关联方多。食品被发现存在缺陷或已经对消费者产生危害时即需要运行召回物流。食品召回物流涉及多方面——消费者、生产商、销售商、第三方物流公司和保险公司等利益；食品召回物流需要协调多方利益纠纷，因此需要完善的制度法规的规范和约束，政府部门（主要是市场监督管理部门与海关等）也是食品召回物流的关联方；同时，食品召回物流的实施不是一家物流企业就能全面做好的，因此需要多家物流企业协作。

食品召回物流成本较高。由物流的效益背反原则可以知道，食品召回物流对时效性要求很高，满足这样的物流要求必然导致物流成本的上升。食品召回物流成本的昂贵性是由召回的目的、召回物流的应急性、不确定性等因素共同造成的。借用传统物流渠道，召回物流的效率难以提高，因此需在一般的物流基础之上，改善物流据点的功能，创造食品召回流通渠道，增加食品召回物流的资源投入。

食品召回物流具备公共服务性特点。食品召回物流实施的目的是避免缺陷食品造成损害，维护广大消费者和社会公众的利益。这一点就决定了它的公共服务性。因为社会的每个个体都是消费者，都有可能被缺陷食品损害。从食品召回物流对时效性的要求和成本的昂贵性也可以看出食品召回物流的公共服务性。在食品召回实施过程中，政府部门和消费者协会参与也说明了这个特性。

（三）食品召回物流和食品应急物流、食品逆向物流的联系与区别

食品召回物流从实质上看，既是食品应急物流，也是食品逆向物流。但是由于食品召回物流服务对象的专属性，食品召回物流与食品应急物流、食品逆向物流又有区别。

食品召回物流与食品应急物流存在紧密的关系。食品召回物流和食品应急物流都有以下特性：应急性、不确定性、弱经济性。食品召回物流旨在消除危害，食品应急物流旨在满足紧急需要。二者都强调时效性，目的都是通过物流效率来实现物流效益。二者都是满足不确定的、紧迫的物流需求，二者在实施的过程中都是为了减少物流的时间不惜付出比较高的物流费用。

食品召回物流和食品应急物流的区别体现在操作物资的流向、流量以及操作流程上。食品召回物流是逆向物流中比较特殊的一类，流向和正常物流恰恰相反；而应急物流的流向和正常物流是一致的，是由供应方到需求方。食品召回物流在流量上的特点在于由小变大，因为缺陷食品在不断汇聚集中；而食品应急物流在流量上的特点是由大变小，因为货物一般由某个储存中心运输到需求地点然后配送出去。食品召回物流的流程比正常食品物流的流程更为复杂，比如在大量缺陷食品召回之前，货物要先经过鉴定机构的鉴定；但是在应急物流启动时，为了尽快满足需要，其流程比正常物流的流程还要简单。

食品召回物流也与食品逆向物流存在区别与联系。食品召回物流和食品逆向物流是从属关系，食品召回物流是食品逆向物流的一部分，是一种比较特殊的逆向物流。食品召回物流和食品回收物流、食品废弃物物流等一起构成食品逆向物流。食品召回物流是食品逆向物流中比较特殊的一种。大多数情况下，食品逆向物流的目的是环境保护和资源再利用，而食品召回物流是为了避免或减少缺陷食品对广大消费者和社会公众的危害。所以从效益上来说，食品召回物流是一种侧重强调社

会效益的食品逆向物流。

此外，食品召回物流与食品回收物流、食品废弃物物流有联系和区别。食品召回物流强调实效性，通过快速流动减少损害，强调社会效益；食品回收物流一般不追求实效性，而是侧重于强调经济效益。食品召回物流的目的在于消除或减少缺陷产品的损害，而食品废弃物物流的对象是失去再利用价值的食品。另外，食品废弃物物流对物流的时效性要求较低；而食品召回物流对时间的要求较高。

（四）召回物流的价值发现

1. 召回物流提升产品和企业的价值

对缺陷产品进行及时的召回，是企业应该尽到的社会责任。但是由于召回会给企业带来一些短期的损失，比如召回花费大量的费用，对品牌形象有一定的损害，所以目光短浅的企业往往一开始选择逃避，这种现象特别容易发生在缺陷产品存在潜在损害但不直接影响消费者生命安全的情况下。但是企业这样做，事情一经披露，往往令广大消费者和社会公众更加不满，对该企业的品牌将会有更大的负面影响。

在现在的市场经济环境下，已经形成了以客户为中心的买方市场，客户就是上帝，只有做负责任的企业，提高其客户服务水平特别是售后服务水平，企业才能长久地拥有客户。一方面，对缺陷产品进行召回，通过召回物流快速有效地将有潜在危害的产品召回，尽可能避免产生危害，将使企业的社会形象得到提升，从而在消费者心中树立“靠得住”“信得过”的社会形象。在市场竞争日益激烈的今天，企业只有采取这样的做法，做负责任的“公民”，才能不断增强企业的竞争力。另一方面，在客户服务越来越重要的今天，召回物流的实施将对产品的召回、产品的处理和产品资源再利用进行全程管理与控制，有助于实现产品的有效供给、资源的高效利用以及提高客户满意度（潘文军、刘伟华，2009）。

2. 召回物流创造物流新的价值

实施召回物流可有效降低该过程的物流成本。由于召回往往具有紧急性，再加上处理过程的复杂，缺陷产品的消费地和数量都不确定，很多情况下还存在包装遗失或破损的不确定因素，所以召回难以实现规模效应。另外，召回强调的是时效性，要求以物流效率来实现物流的社会效益。所以，重视效率而不断增加召回费用也就成为普遍的现象。召回物流，就是要在提高物流效率以实现物流的社会效益的前提下，尽可能降低在召回过程中产生的费用。

召回物流的提出，就是为了使缺陷产品能够按照召回物流的程序，快速有效地被召回，避免缺陷产品对消费者和社会公众造成更大的损害。这是召回物流最主要的作用。召回物流加快了产品召回的速度。通过构建召回物流信息网络，同时加强召回物流与企业正向物流的结合，开展社会化运输，可加快产品召回的速度。召回物流是对企业供应链的有效补充，一些物流企业不断加强对产品召回过程的控制，完善召回功能，从而扩大自己的有效市场。王之泰先生提出的物流的8次价值发现对本书具有一定的借鉴意义，针对产品的安全性、消费者的安全，可以说召回物流是物流产业应对缺陷产品的一次新的价值发现。

3. 召回物流实现产品召回的社会价值

随着召回事件的不断增多，目前我国有关缺陷产品召回方面的法律法规制度不完善的问题日益凸显。通过召回物流的实践，可以发现该物流过程中具体存在的问题。针对召回物流实践问题探讨召回方面的法律法规和制度。通过召回物流的实践，可以明确召回的参与方以及利益相关方的权利、义务和责任，明确召回的业务流程，所以召回物流的理论研究与实践有利于产品召回方面法律和制度的建设。而召回法律制度的日益完善，又将使召回物流的顺利实施更加有保障。召回方面的法律制度不断完善，将使缺陷产品能被及时有效召回，所产生危害引发的纠纷可以得到合理的解决，市场秩序也就可以得到很好的维护。

召回物流有利于资源的再利用，促进循环经济的发展。对某些特殊的缺陷产品来说，对其实施召回后，由于没有回收利用的价值，物品将被集中处理。对大部分缺陷产品来说，缺陷往往只存在于某些部分或某些零部件等，此时其他部分将可回收利用。即使对于有缺陷的成分或者零部件，也可考虑经处理修复后重新使用或另作他用。在经济不断发展的今天，社会需求的不断增加和资源的紧缺已经成为矛盾。对缺陷产品进行召回，消除其危害性以后对其回收利用，将有利于循环经济的发展，缓解资源紧缺的经济发展困境。

召回物流是指为保障产品正常召回而实施的物流活动，即为了预防或者最大限度地降低缺陷产品对消费者和社会的损害，快速及时地将缺陷产品从最终消费端或供应链某个下游环节向上游生产商或物流场所转移并进行集中处理所形成的物流管理过程。召回物流是对缺陷产品逆向物流与应急物流的深化研究，具有逆向性、应急性、不确定性、关联方多、物流成本昂贵和公共服务性等特点。

三 食品召回物流形成机制与流程分析

（一）食品召回物流形成机制

食品召回物流的使命与传统的正向物流和逆向物流有所不同。传统的正向物流强调为满足企业正常运转需求，将供应物流、生产物流和销售物流结合在一起，形成物资与商品的供应链正向流通。逆向物流与传统供应链反向，为实现产品价值恢复进行产品返厂、废料再利用，使原材料、半成品及最终产品从消费地反向流向生产、采购起始点。传统的正向物流和逆向物流是企业主动站在成本和资源角度对物流活动的控制。而本书提出的食品召回物流是指企业因为食品缺陷存在危害，而被动实施食品召回产生的物流活动。食品召回物流的使命是企业站在消费者角度，利用先进的信息技术和物流网络，快速、低成本进行缺陷食品的逆向回收处理与资源、产品的正向再利用。

食品召回物流的目的不仅仅是召回缺陷食品，还包括修复食品和处理有害物资。召回物流的过程将缺陷食品的逆向物流和修复食品的正向物流以及有害物资的废弃物物流结合形成一个整体。食品召回物流的形成实质上是将食品召回思想有意识地贯穿在食品的正向物流和逆向物流过程中，即通过食品召回管理方法、物流信息技术和物流网络的结合实现缺陷食品物流过程的实时监控、缺陷食品的可视化控制与资源的循环使用。

（二）食品召回物流过程模型

食品召回物流过程包括缺陷食品发现和鉴定阶段、信息处理阶段、逆向运输阶段、缺陷食品加工处理阶段、修复食品正向物流阶段等阶段，如图 7－1 所示。

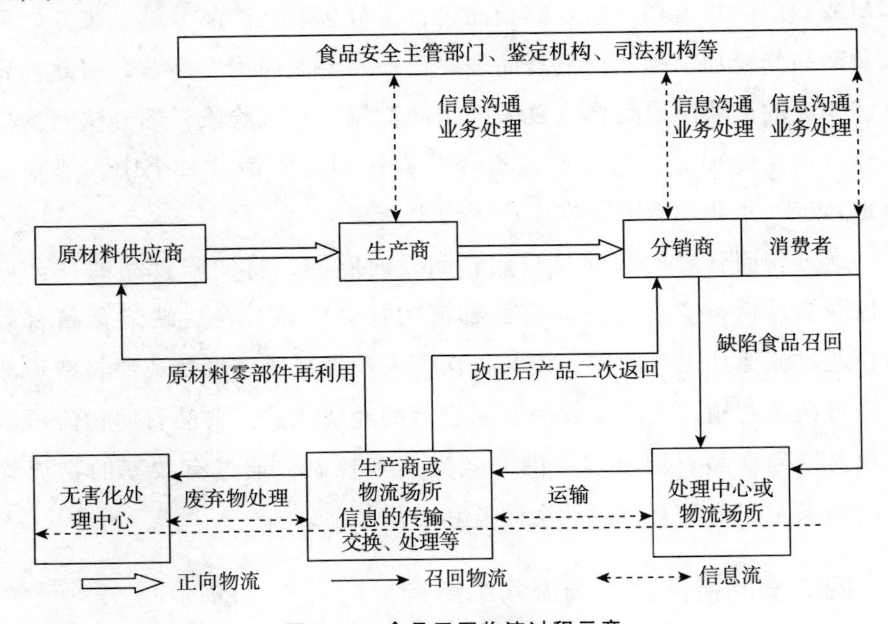

图 7－1　食品召回物流过程示意

在缺陷食品的发现和鉴定阶段，需要国家质量监督等部门对食品分销渠道进行监管，通过信息渠道及时收集、反馈缺陷食品信息，并及时制定缺陷食品鉴定报告。缺陷食品鉴定报告出来后，相关责任方如生产厂家、政府主管部门等应制订召回计划，确定发布召回信息方式，确定缺陷食品召回物流组织以及做好善后补救工作等。在食品召回物流信息处理阶段，首先是食品召回信息的发布，包括对供应链上下游各环节的发布和对消费者、社会公众的发布；其次是信息的传输和处理，缺陷食品召回相关环节和部门需要及时、准确、畅通进行信息沟通以便将缺陷产品危害降低到最小；最后是生产厂家需及时分析处理缺陷产品信息，为召回食品处理及以后的食品技术改造做好准备。在食品召回逆向运输阶段，将缺陷食品从消费渠道下游各环节向上游生产厂家、食品处理场所或指定物流场所进行返回运输。这个阶段的处理对象包括从消费者环节收集的缺陷食品，也包括流通环节中处于销售状态和储存状态的缺陷食品。在缺陷食品加工处理阶段，要在生产厂家的食品处理部门或专门的物流场所对缺陷食品进行拆分包装、产品分解、废弃处理以及产品修复加工等。修复食品最终仍旧需要流向消费环节，因此食品召回物流的最后阶段是修复食品的正向物流。在该阶段，部分缺陷食品在经过食品处理后二次返回流通环节直接到达原消费者手中，部分食品重新进入企业原有的正常生产流通渠道。

通过物流管理的活动将缺陷食品及时召回，将缺陷食品的社会危害性降至最低，实现了食品召回物流的社会效益。在对缺陷食品召回后，通过流通加工等活动，使其再次流入消费渠道或者变成原材料零部件进行循环利用，实现了食品召回物流的经济效益。食品召回物流可以实现对缺陷食品召回全过程的有效支持和控制，通过有效率的物流管理活动来实现食品召回的社会效益和经济效益。

四　食品召回管理物流网络结构

（一）食品召回物流网络的表现

随着我国现代物流业的发展，物流网络化是提高物流服务水平与降低物流成本的必然趋势。目前国内关于物流网络的理论研究主要集中在以下三个方面。一是从供应链角度研究企业构建自用型物流网络，该物流网络主要满足货主企业的采购与销售需求，物流网络设计与企业供应链渠道密切相关；二是从物流线路和节点的角度来研究物流基础设施网络，该网络以运输线路和物流节点为基础，是在运输网络基础上形成的；三是对物流网络理论的研究，包括从物理层面和信息层面去定义与构建相关物流网络。因此按照学界的共识，物流网络包括三个层面，即基础设施网络、信息网络与组织网络。此外还有大量文献对物流网络的体系结构进行设计、优化、组织和评价等方面的深入研究。

物流网络是指由运输线路与物流节点构成的网络，其中运输线路包括公路、铁路、水运、航空与管道五大运输线路，节点包括原材料供应商、生产制造企业、运输货运站、港口和存储仓库、物流中心、配送中心、物流园区等；运输线路与物流节点有机组合，共同实现原材料供应、生产加工与销售流通（王永明、鲍计炜，2019）。物流网络优化应从物流网络组成入手，即从节点的位置和数量、分配物资路径和运输方式等方面考虑优化（孙红霞等，2019）。因此，优化主要体现在对持续增长的物流节点正确选址、产品分配的适当决策、运输方式的合理评估等方面。物流网络优化包括优化整合物流节点位置，这些节点包括港口、码头、工厂、卖方供应点、集货中心、装卸搬运站等（王琰、李文昭，2018）。从组织结构角度构建物流网络，其包括最底层销售消费环节的终端客户，中间的制造商与经销商以及上层的原材料提供商（黄小可，2019）。因此可根据物资流通与物流线路、节点服务整合实现物流设施选址、线路优化、库存控制等管理，物流网络优化是物流管理与决策的重要内容（肖玉兰等，2015）。

现代物流管理思想强调物流的服务保障职能，增强货主企业的竞争力。同样，在开展食品召回管理时，也需要强调召回物流的保障能力。召回物流针对食品召回管理，既需要保障召回活动的全面性、准确性与及时性，也应尽量确保召回的经济性。因此食品召回物流的保障性表现在召回服务水平与召回成本的结合。基于食品召回的目的与召回物流的结构，召回物流应逐步形成一个网络化的综合服务体系。针对食品召回管理而设计的召回物流也表现在上述三个层面。但是本书界定食品召回网络时将召回组织网络、信息网络与物流网络作为支持食品召回的网络体系组成部分。其中组织网络侧重分析召回相关主体的协作关系，信息网络侧重分析食品召回相关信息沟通，而且这两个网络都涉及物流主体。因此在分析食品召回网络的第三个组成部分即物流网络时，侧重物流基础设施网络。

按照食品召回物资的再处理手段可以将食品召回物流网络分为缺陷食品回收物流网络、可再用包装物流网络、再加工物流网络（Bolton and Ockenfels，2000）。缺陷食品回收物流网络是指对影响与消费者安全的问题食品进行回收而配套的逆向物流网络。在该网络中将消费者手中以及还处于流通渠道的缺陷产品进行回收、集中、返回生产厂家，以及进行后续处理，侧重的是对缺陷食品的回收处理。食品一般具备纸箱、玻璃瓶、托盘等形式的外包装载体，这一部分包装通过净化处理可再利用。可再用包装物流网络是指将这些包装物资从下游渠道回收到上游厂家，实现再利用。回收的缺陷食品部分可以通过再加工处理转化为有用资源，对这些物资通过再加工物流网络实现从食品生产厂家到再加工处理企业的逆向物流管理。缺陷食品回收物流网络是食品召回逆向物流的最主要部分，可再用包装物流网络与再加工物流网络则附属于第一个网络。通过三个逆向物流网络的集合，形成食品召回可循环物流网络。

食品回收逆向物流网络设计主要有三种方式：一是构建独立的食品召回逆向物流网络；二是在传统正向食品供应链物流网络基础上进行扩建，增加逆向物流功能；三是进行食品召回逆向物流网络和食品供应链正向物流网络的集成设计（王晓文，2013）。考虑食品召回具体实践，更多的食品企业倾向于考虑第二种方式，因为基于已有的正向物流网络附加逆向召回功能，既可以节约成本，也不会对原有网络造成太大影响。因此本书在设计食品召回逆向物流网络时也是考虑用第二种方式进行有能力限制的单产品回收逆向物流网络优化设计。本书将食品召回物流网络形式确定为以召回中心为主导的逆向物流网络结构，其中召回中心具备回收中心与分拣中心的功能。

（二）食品召回物流网络柔性管理

食品召回物流是指通过管理与食品安全相关的信息，高效和经济地从流通与消费渠道将缺陷食品回收至食品生产厂家，从而达到回收价值和适当处理的目的。召回物流需要根据缺陷食品分布情况、危害程度，合理设计物流节点与线路。食品召回的外部环境处于不确定状态，需要食品召回物流具备及时与有效响应环境变化的能力，即食品召回物流应具备一定的柔性。

食品召回物流柔性是指召回物流系统具备的以最短的时间、最小的成本应对食品召回环境变化的调整与优化作业能力。一方面开展逆向物流的企业节省了建设新的逆向物流渠道的费用，另一方面通过借助原有的运输网络，实现部分利用正向运输的返程车辆，而节约运输成本。鉴于食品召回的时限性要求较高、问题食品分布范围较广，因此仅靠单一企业实施逆向缺陷食品召回物流，其操作性与经济性会受到制约。

食品召回逆向物流网络柔性主要受到外部需求和内部结构两方面的影响。食品召回逆向物流外部需求因素的不确定主要表现为召回食品数量、质量、时间和地点的不确定。由于外部缺陷食品召回时间、地点、数量和质量均无法具体预测，影响到食品召回物流网络内部的回收、集中、仓储、运输以及返厂后续处理等召回逆向活动，从而加剧逆向物流活动组织与管理的不确定性。因此需要对食品召回物流网络进行优化设计，通过召回物流中心的合理选址与召回运输线路的优化来加强食品召回物流的柔性管理。从回收、退货、召回逆向物流的不确定性等外部因素，逆向物流网络节点的规模、节点之间的空间排列及关系程度等内部因素两个方面，分析影响逆向物流网络柔性的因素，提出可以通过提前处理、合理设置节点、建立柔性合作机制等途径提升召回逆向物流网络的柔性。

第二节　食品召回物流网络 LRP 模型设计

一　食品召回物流网络设计前期研究

食品召回已经成为食品生产企业强化社会责任与政府职能部门加强食品安全监管的重要手段。面对食品召回的准确性、全面性、及时性与经济性的要求，亟须建立一套科学、高效的食品召回物流系统，从而保障缺陷食品及时、准确地从分布的消费地点、流通渠道得到集中回收，建立食品召回中心完成缺陷食品的集中仓储与处理，并将缺陷食品运输配送到食品生产企业，以最大限度地降低缺陷食品造成的损失和危害后果。

食品召回是指对存在问题的缺陷食品实施逆向回收与再处理，基于闭环供应链理论实现正向流通与逆向再使用的结合。食品召回的具体实施活动需要借助物流来实现，食品召回与逆向物流在本质上没有区别，只是实施对象与控制要求存在差异。食品召回物流在节点功能设置与线路优化设计方面，综合反映为物流网络设计。在传统正向物流管理中，物流网络设计具有战略重要性。同理，食品召回逆向物流网络设计是否合理从根本上决定了召回逆向物流运作的效率和效益。食品召回逆向物流网络设计是指确定缺陷食品从下游流通与消费环节到中游食品召回处理中心，再到上游食品生产厂家的整个流通渠道的结构，包括各种召回逆向物流设施的类型、数量和位置，以及缺陷食品在设施间的运输优化问题等。

对于选址-路线安排问题的研究，早在 20 世纪 60 年代，已经有类似的概念被提出。在 70 年代选址问题与运输问题结合起来，学者正式提出了选址－路线安排问题（Location－Routing Problem，LRP）。通常LRP可表述如下：给定与实际问题相符的一系列客户点和一系列潜在的设施点，在这些潜在的点中确定出一系列的设施位置，同时要确定出一套从各个设施点到各个客户点的运输路线，确定的依据是满足问题目标（通常是总的费用最小）。客户点的位置和客户的需求量是已知的或可估算的，货物由两个或多个设施供应，每个客户只接收来自一个设施的货物，潜在设施点位置已知，问题的目标是把那些潜在的设施建立起来，以使总的费用最小。与经典的车辆路径问题（Vehicle Routing Problem，VRP）研究相比，LRP不仅考虑了车辆在各个客户点间巡回访问的路线问题，同时寻求对设施选址和车辆路径选择的优化，因此该问题比VRP更加复杂（张音，2012）。

节点设置与线路优化这两者是食品召回逆向物流系统优化中的两个关键问题，而且彼此之间存在相互依赖、相互影响的关系（徐芬、陈红华，2014）。食品召回逆向物流网络设计LRP问题与常规LRP问题原理相同，但是针对食品召回的具体要求，又存在差异性。因此研究食品召回逆向物流LRP问题需要将食品召回逆向物流与LRP两个方面结合在一起（徐成波、王朝明，2014）。

目前，逆向物流网络LRP研究成果颇丰，如Jayaraman（2003）、徐成波和王朝阳（2014）、黎继子和刘春玲（2018）等学者都对逆向物流LRP问题进行了较为详细的研究。现有逆向物流网络LRP问题研究多通过整数规划、混合整数规划、非线性规划等方法设计多目标优化模型，并采用启发式算法、改进遗传算法、Benders分解算法等提高模型求解效率。

二　食品召回物流网络LRP模型构建

（一）模型构建

1. 问题描述

我国食品安全问题层出不穷、危害甚重，召回已成为食品生产企业强化社会责任与政府部门加强食品安全监管的重要手段。面对食品召回的准确性、全面性、及时性与经济性等要求，亟须建立一套科学、高效的食品召回物流网络。前文分析了逆向物流网络设计的三种主要形式，考虑食品企业依托原有的正向物流渠道实施召回，有助于节约物流成本，同时不会对原有网络造成太大影响，因此本书研究的食品召回物流网络设计选择第二种形式。食品召回物流网络主要完成缺陷食品逆向物流管理，即将分散在消费地与流通渠道的缺陷食品进行逆向运输、集中回收至召回物流中心，并在该中心完成缺陷食品的集中仓储与加工处理，最后再将处理后的物品集中运输至食品生产企业。

基于食品召回物流过程，食品召回物流网络优化设计主要解决两个问题：如何定位召回物流中心设施？如何优化食品召回运输路线？前一个问题解决召回物流中心设施定位-分配问题，后一个问题解决召回运输路线安排问题；两者相互依赖、相互影响，是食品召回物流网络优化的两个关键问题，直接影响召回物流系统模式和网络结构形态。从召回物流系统整体优化角度看，有必要对这两个问题进行集成优化与管理，即研究食品召回物流系统的选址-路线安排问题。

与一般逆向物流网络 LRP 问题相比，食品召回逆向物流网络 LRP 问题有不同特性。一方面，基于缺陷食品的危害性，食品召回对逆向物流处理时间要求较高；另一方面，基于物流成本对召回决策的影响，召回物流网络优化目标需考虑召回物流成本。因此食品召回物流网络设计需要同时考虑物流成本与召回时间的优化。

本书在充分考量食品召回突发性、危害性、时效性、全面性等典型特征的基础上，研究食品召回物流网络的 LRP 多目标优化模型，以提高食品召回逆向物流系统的时效性、成本性、稳定性与可靠性。在流通渠道发现缺陷食品后召回触发，需要建立适当规模和数量的召回中心，通过运输方式、运输线路与运输工具的选择将分散在下游流通渠道的缺陷食品运送到召回中心，再集中运输到食品生产企业，完成缺陷食品的逆向回收过程，如图7－2所示。

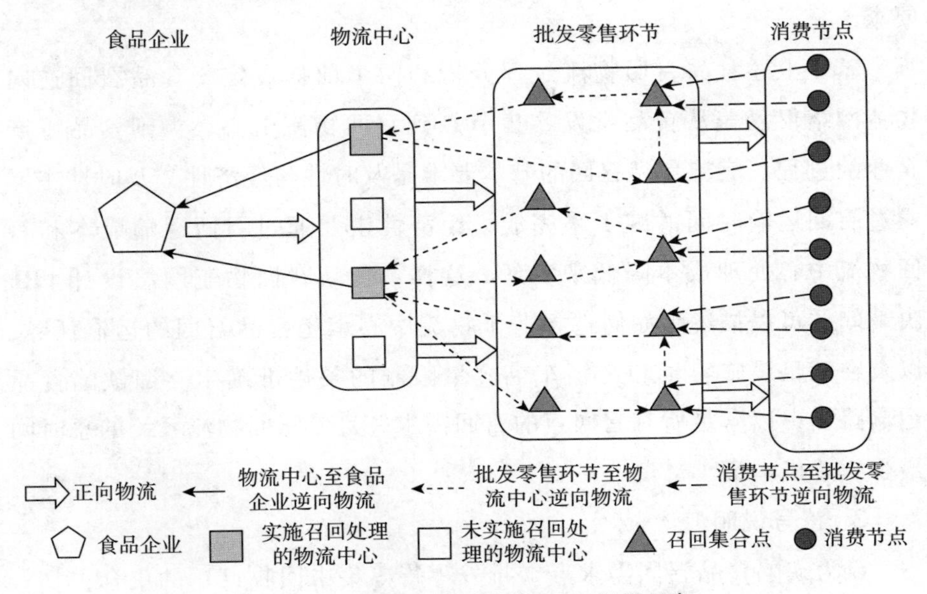

图7－2　食品召回物流网络LRP问题示意

图7－2中主要包括物流管理的两个流程：一是食品生产与销售的正向流通，即从食品生产企业流向批发零售企业，再由批发零售企业流向消费者，其中存在物流中心等物流节点实现食品正向流通的仓储、运输与配送；二是逆向物流过程，主要包括三个阶段，即首先是从消费节点到批发零售环节的缺陷食品回收，其次是从批发零售环节到物流中心的召回运输过程，最后是从物流中心到食品企业的逆向召回运输。

针对食品召回的实际情况，建立模型前做如下两个前提设定：食品召回节点存在分散性，即广泛存在于批发、零售、消费者等节点，但是从食品召回的经济性角度出发，可以认为食品召回主要从批发与零售节点开始集中回收，而分散于消费者处的零星缺陷食品则需要零售企业自行完成回收；考虑到重新建立食品召回物流中心的成本巨大而且未必是常规性设置的物流中心，故，在原有的食品正向物流节点中选择若干物流中心，通过增加物流中心的召回处理能力来满足食品召回要求。

基于上述食品召回物流过程分析和两个前提设定，食品召回逆向物流网络仅涵盖从食品批发零售节点到召回物流中心、再到食品生产企业的过程。实施食品召回的基本要求是及时性与经济性，及时性主要通过召回运输时间的减少来完成，经济性主要通过召回运输成本和召回物流中心处理成本降低来实现。这样，食品召回物流网络设计 LRP 决策问题可以描述为如何选择若干物流中心承担食品召回的运输任务，以及在满足设施容量和运输车辆容量限制的条件下确定召回缺陷食品运输路径，以满足所有召回点的召回需求，且使召回物流系统的总时间最少、总成本最小。

2. 符号说明

C 为缺陷食品召回需求点（批发零售等集中回收点）的集合；

$W = \{p \mid p = 1,2,\cdots,p\}$ 为实施召回处理的物流中心的候选集合；

$N = C \cup W$ 为需求点与召回物流中心节点的集合；

$O = \{o \mid o = 1\}$ 为食品生产企业节点的集合，简化模型中的食品生产企业只有一家；

WQ_p 为召回物流中心 p 的最大处理能力；

CW_p 为建立召回物流中心 p 的成本；

$V = \{k \mid k = 1,2,\cdots,K\}$ 为需求点到实施召回处理的物流中心间巡回车辆的集合；

VQ_k 为巡回车辆 k 的最大载货量（容量）；

$U = \{h \mid h = 1,2,\cdots,H\}$ 为从召回物流中心到食品生产企业间运输车辆的集合；

UQ 为汽车 h 的最大载货量（容量）；

CV_k 为车辆 k 的派遣成本；

CU 为车辆 h 的派遣成本；

q_j 为从第 j 个召回需求点召回的缺陷食品数量；

d_{ij}表示从节点 i 到节点 j 的平面欧氏距离，即从节点 i 到节点 j 的道路距离，有 $d_{ij}=\sqrt{(x_i-x_j)^2+(y_i-y_j)^2}$，其中 x_i 和 $y_i(i\in N)$ 为节点 i 的横、纵坐标；

d_{po}为第 p 个实施召回处理的物流中心到食品生产企业 o 的距离；

DV_k 为卡车 k 的单位运输成本；

DU 为卡车 h 的单位运输成本；

V_k 为卡车 k 的平均行驶速度；

V 为卡车 h 的平均行驶速度；

KT_{jk}表示车辆 k 到达回收点 $j(j\in N)$ 的时间，当 $j\in W$ 时，有 $KT_{jk}=0$；

T_{ijk}表示车辆 k 从节点 i 到节点 $j(i,j\in N)$ 所用时间，有 $T_{ijk}=d_{ij}/V_k$；

x_{ijk}表示若卡车 $k(k\in V)$ 从节点 i 到节点 $j(i,j\in N)$ 则为1，否则为0；

z_p 表示在候选点 $p(p\in W)$ 建立实施召回处理的物流中心则为1，否则为0；

g_{jp}表示需求点 $j(j\in N)$ 被分配给所建实施召回处理的物流中心 $p(p\in W)$ 则为1，否则为0。

3. 模型假设

假设1：在消费节点发现缺陷食品，由消费者自行或者批发、零售企业收集该缺陷食品，即从消费者环节到批发零售企业间的回收过程不包括在食品召回物流系统之中。

假设2：食品召回物流系统主要包括两个过程，即从批发零售环节到实施召回处理的物流中心与从实施召回处理的物流中心到食品企业。

假设3：召回物流中心的召回处理能力建设已在召回实施前完成，即不考虑召回物流中心建设时间。

假设4：基于缺陷食品批量较少，且基本在国内范围内开展召回，因此召回运输方式选择为公路运输这一单一运输方式。

假设5：召回物流中心之间不进行相互转运。

假设6：从召回物流中心到食品企业，基于召回的时限要求，仅考虑用同一容量的大型汽车实现整车运输。

假设7：忽略两阶段缺陷食品的汽车装卸搬运时间。

4. 模型建立

建立食品召回物流系统选址－路线安排（LRP）多目标函数：

$$\min Z_1 = \sum_{k \in V} \sum_{j \in C} KT_{jk} + \sum_{p \in W} \frac{d_{po}}{U} \left(\frac{\sum_{j \in C} q_j g_{jp}}{UQ} \right) \quad (7-1)$$

$$\min Z_2 = \sum_{p \in V} CW_p \times Z_p + \sum_{k \in V} CV_k \sum_{i \in W} \sum_{j \in C} x_{ijk} + \sum_{p \in W} CU \left(\frac{\sum_{j \in C} Qq_j g_{jp}}{UQ} \right) +$$

$$\sum_{k \in V} \sum_{i \in N} \sum_{j \in N} DV_k \times D_{ij} \times x_{ijk} + \sum_{p \in W} DU \times d_{po} \left(\frac{\sum_{j \in C} q_j g_{jp}}{UQ} \right) \quad (7-2)$$

$$\text{s. t.} \sum_{j \in C} q_j \times g_{jp} \leqslant WQ_p, \forall p \in W \quad (7-3)$$

$$\sum_{j \in C} q_j \sum_{j \in W \cup C} x_{ijk} \leqslant VQ_k, \forall k \in V \quad (7-4)$$

$$\sum_{j \in W \cup C} x_{ijk} - \sum_{i \in W \cup C} x_{jik} = 0, \forall j \in W \cup C, k \in V \quad (7-5)$$

$$\sum_{g \in W} \sum_{l \in C} x_{glk} \geqslant 1, \forall k \in V, M \subset W \quad (7-6)$$

$$\sum_{i \in W} \sum_{j \in C} x_{ijk} \leqslant 1, \forall k \subset V \quad (7-7)$$

$$\sum_{k \in V} \sum_{j \in C} x_{pjk} \geqslant z_p, \forall k \in V \quad (7-8)$$

$$\sum_{j \in W} x_{pjk} \leqslant z_p, \forall k \in V, p \in W \quad (7-9)$$

$$\sum_{g \in N} x_{jgk} + \sum_{g \in N} x_{pgk} - g_{jp} \leqslant 1, \forall j \in C, k \in V, p \in W \quad (7-10)$$

$$KT_{jk} = KT_{ik} + T_{ijk} x_{ijk}, \forall i, j \in N, k \in V \quad (7-11)$$

$$x_{ijk} \in \{0,1\}, z_p \in \{0,1\}, g_{jp} \in \{0,1\}, \forall i \in C, j \in C, k \in V, p \in W \quad (7-12)$$

目标函数式（7－1）表示汽车从各个召回集合点到召回处理中心，再由召回处理中心到食品生产厂家的总时间最短。

目标函数式（7-2）表示召回处理物流系统总成本最少。

约束式（7-3）表示分配给召回处理中心 p 的所有召回物品量之和不超过该召回处理中心的最大处理能力。

约束式（7-4）表示分配给汽车 k 的所有召回集合点物品量之和不超过该汽车的运输能力。

约束式（7-5）表示路径连续性约束，进入召回集合点的车辆必须从该节点离开。

约束式（7-6）表示子巡回消除约束，每条路径至少连接到一个召回处理中心。

约束式（7-7）表示每一辆汽车至多只能分配给一个召回处理中心。

约束式（7-8）、(7-9）表示只要召回处理中心开放就有车辆分配给它，且车辆只能分配给开放的召回处理中心。

约束式（7-10）表示当且仅当一条路径从召回处理中心 p 出发经过需求点 j 时，该需求点才能分配给该召回处理中心 p。

约束式（7-11）表示 KT_{jk} 的数学表达式。

约束式（7-12）为0-1决策变量。

（二）算法设计

上述模型是考虑召回时间最少与召回成本最省的多目标优化问题。常规解决多目标优化问题的主要方法有加权法、ε约束法、自适应搜索法和多目标线性规划法等。由于该优化模型同时考虑时间约束与成本约束，因此选择线性加权法进行多目标优化求解，即食品召回决策者根据时间与成本的重要程度，对其赋予不同的权值，选择较优解作为优化决策方案。根据加权法，设计基于权重系数变换的改进遗传算法，即把多目标优化问题转换为单目标优化问题。同时遗传算法把LRP的两个问题作为一个整体求解，能有效降低进化过程中停滞于局部最优解的概率，提高解的质量。此外，设计算法采用随机遍历抽样、重组策略、可变交叉率和变化变异率法，为防止遗传算法早熟问题，算法步骤如下。

1. 参数设置

对遗传算法相关参数进行设定，包括种群规模、最大迭代数、交叉概率、变异概率和代沟率。

2. 遗传编码

搜索计算前需要将解空间的解转换成遗传空间的基因型串结构，该基因型的串结构是按一定结构组成的染色体（个体）。染色体编码采用特定的实值编码方法，每个染色体由四个子串构成，第一个子串表示召回集合点编号，该子串有 n 个基因位，n 代表批发零售等召回集合点的个数，$n = length\ (C)$，该子串对应已编号的召回集合点，所运输的物品是缺陷食品，每个基因位的值是从 1 到 k 的一个随机数，k 为运输车辆数；第二个子串表示运输车辆编号，基因位长度为 k，该子串的基因位对应已编号的运输车辆，每个基因位为 1 ~ P 的自然数，P 为候选具备召回处理能力的物流中心的编号；第三个子串表示实施召回处理的物流中心编号，基因位长度为 P，该子串的基因位对应已编号的实施召回处理的物流中心，每个基因位值为食品生产企业的编号，设定该值为 1（因为只有一家食品生产企业）；第四个子串表示运输车辆编号，长度为 H，该子串对应已编号的各个运输车辆，每个基因位的值是从 1 到 H 的一个随机数，H 为车辆数。

采用这样的编码方案，可以较方便地处理模型中的各个约束条件。

约束 1：车辆和设施容量约束处理。采用惩罚函数法处理运输车辆和实施召回处理的物流中心的容量约束，即使不满足约束条件的个体的目标函数值乘一个惩罚系数。

约束 2：其他约束。通过特定编码使搜索空间与解空间一一对应。

该 LRP 模型的编码设计染色体表示若干下游节点分配给若干物流中心的情况。图 7 - 3 显示了下游 10 个节点分配与 3 个备选物流中心的情况，其中第 1、3 号问题食品物流中心被设立，第 1、2、4、7、8 个位置的下游节点被分配给所设立的第1号位置的物流中心，余下的第3、5、6、9、10个位置的下游节点被分配给第3号位置的物流中心。

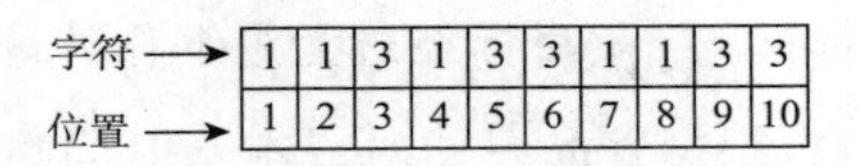

字符	1	1	3	1	3	3	1	1	3	3
位置	1	2	3	4	5	6	7	8	9	10

图7-3　编码方案示意

3. 初始种群

遗传算法编码设定后，通过串结构数据作为初始点开始迭代。根据编码方式与技术，运用遗传算法通用函数创建初始种群得到遗传算法初始种群。利用英国The University of Sheffield开发的遗传算法通用函数创建初始种群。首先，通过crtbase函数分别创建三个向量：一个是长度为$2n$，由n个基数为K的基本字符$\{0,1,2,\cdots,k-1\}$和n个基数为P的基本字符$\{0,1,2,\cdots,P-1\}$组成的基本字符向量；第二个是长度为$K+P$，由K个基数为P的基本字符$\{0,1,2,\cdots,P-1\}$和P个基数为H的基本字符$\{0,1,2,\cdots,H-1\}$组成的基本字符向量；第三个是长度为$1+H$，由1个基数为1的基本字符$\{1\}$和H个基数为P的基本字符$\{0,1,2,\cdots,P-1\}$组成的基本字符向量。其次，用crtbp函数创建三个行数一样元素为随机数（其基本字符由对应向量决定）的矩阵Chrom1、Chrom2和Chrom3，矩阵行数为种群规模Popsize。最后，定义一个矩阵Chrom = [Chrom1, Chrom2, Chrom3]，再加维数与Chrom一样元素为1的矩阵ones，以保证矩阵处理中的行、列序号不为零，至此得出初始种群。

4. 遗传算法适应度

遗传算法是通过适应度来评价个体或解的优劣程度，选取模型的目标函数作为适应度函数去评价种群中个体的优劣。食品召回多目标优化中，由于召回成本与召回时间两个目标具有不同的量纲和较大差异的量级，因此不能简单直接加权，需要进行无量纲化处理，以消除不同量纲和数量级的影响。采用线性比例法进行处理，即无量纲化处理

后的目标值 $f'_j=f_j/f_j^0$，$j=1$，2，其中 f_j 为第 j 个目标的实际值，f_j^0 为第 j 个目标的满意值。设定适应度函数 $u_i=1/[w_1f'_1(i)+w_2f'_2(i)]$，其中 $f'_j(i)$ 为第 i 条染色体的第 j 个目标经过无量纲化处理后的评价值；w_j 是第 j 个目标的权重，可根据食品召回对成本与时间目标函数的重要程度赋予不同的权值。

5. 选择操作

采用随机遍历抽样选择当前群体中较优良的个体进入下一代繁殖，既可以保持种群多样性，同时可以继承优秀基因避免最优个体中途丢失，从而加速算法收敛。遗传操作有以下三种方法，一是选择操作，采用随机遍历抽样与机遇适应度重插入法相结合（孙红霞等，2019）。随机遍历抽样具有零偏差和最小个体扩展的优点，能使种群多样性相对持久，可以防止算法过早收敛。机遇适应度重插入可使最适合个体被连续繁殖，提高优选策略的有效性。二是交叉操作，为了维持种群多样性，采用基于交叉算子的重组策略，采用具有较大破坏性的交叉算子——多点交叉算子以促进遗传算法对解空间的搜索。交叉操作使新个体组合了其父辈个体的特性，使用具有较大破坏性的多点交叉算子以维持种群多样性。三是差异操作，在变异概率 P_m 的选用上为了增加种群多样性，使用可变的变异概率，即算法前期 P_m 取值较大以扩大搜索空间，算法后期 P_m 取值较小以加快收敛速度。变异操作就是对选中的个体以一定的概率随机地改变串结构数据中某个串的基因值。采用实值变异算子并加入区域描述器以限制变异的范围。

6. 算法终止条件

当迭代次数还没有达到算法预先设置的最大迭代次数时，将重复上述步骤（遗传算法适应度和选择操作）。直至达到最大迭代次数 Maxgen 后，输出最优染色体、最优解，算法结束。

（三）算例分析

随机给出35个批发零售缺陷食品集合点，4个具备召回处理能力的备选物流中心，设定食品加工厂坐标（250，350）。10辆汽车完成从缺陷食品集合点到备选物流中心的巡回配送。食品召回过程分为两个阶段，第一阶段为集合点到物流中心的巡回配送，第二阶段为物流中心到食品加工厂的合并运输。35个集合点缺陷食品召回量与坐标如表7-1所示，备选物流中心的坐标、容量和建设成本如表7-2所示，巡回运输车辆的容量、派遣成本、速度和单位距离运输成本如表7-3所示，设定合并运输车辆的车型只有一种，其容量、派遣成本、速度和单位距离运输成本分别为400kg、4000元、80km/h、200元/km。

表7-1 召回集合点的相关参数

节点编号	1	2	3	4	5	6	7
坐标（x，y）	(27，76)	(253，85)	(72，185)	(86，257)	(65，32)	(37，271)	(143，59)
召回量（kg）	22	39	34	26	31	32	46
节点编号	8	9	10	11	12	13	14
坐标（x，y）	(126，145)	(205，185)	(223，145)	(79，87)	(45，80)	(270，98)	(165，215)
召回量（kg）	35	36	41	42	38	26	32
节点编号	15	16	17	18	19	20	21
坐标（x，y）	(240，125)	(89，45)	(254，175)	(231，166)	(157，284)	(291，216)	(52，154)
召回量（kg）	35	52	46	37	33	36	40
节点编号	22	23	24	25	26	27	28
坐标（x，y）	(300，175)	(216，185)	(165，112)	(272，272)	(145，225)	(115，143)	(257，151)
召回量（kg）	27	31	43	42	30	24	23
节点编号	29	30	31	32	33	34	35
坐标（x，y）	(141，157)	(171，242)	(99，45)	(185，276)	(153，85)	(91，99)	(137，283)
召回量（kg）	35	38	45	45	34	30	28

表 7-2　备选物流中心的相关参数

编号	1	2	3	4
坐标（x，y）	（110，158）	（72，65）	（250，200）	（170，255）
容量（kg/天）	700	600	700	600
建设成本（元）	70000	60000	70000	60000

表 7-3　车辆的相关参数

编号	1	2	3	4	5	6	7	8	9	10
容量（kg）	200	200	160	200	200	200	200	180	200	200
速度（km/h）	70	70	50	70	70	70	70	60	70	70
派遣成本（元）	2000	2000	1600	2000	2000	2000	2000	1800	2000	2000
单位距离运输成本（元/km）	100	100	80	100	100	100	100	90	100	100

设种群规模 Popsize = 200，代沟率 GGAP = 0.9，最大迭代数 Maxgen = 300，交叉概率 $P_c = 0.7$，变异概率 P_m 前期为 0.08，后期为 0.01；时间和成本权重分别为 0.5 和 0.5（假设成本与时间对食品召回的影响程度一致）。根据上述设计的算法，通过 MATLAB 语言编程计算，在 Intel Core™ i5-3470s CPU 和 4G 内存的一体机电脑上运行程序耗时，得出的加权目标函数值为选取最好结果，其加权目标值为 0.9232，程序运行耗时 156.54s，其 LRP 优化方案如图 7-4 所示，确定将 35 个召回集合点物品分配给三个物流中心完成召回处理，并规划了巡回路径分配给上述集合点。图 7-5 为遗传算法种群最优解和均值的变化情况。

在算法参数不变情况下，记录 10 次运算的最优值，发现数值偏差不大，所设计的改进遗传算法具有很强的鲁棒性。同时在交叉率和变异率不变情况下，扩大种群规模与增加最大迭代次数，运行若干次，得出的最好结果也与现有加权目标值偏差不大。意味着在当前种群规模与迭代次数条件下已经得到较为满意的结果，增加种群规模和最大迭代次数这两个参数，并不会使目标函数明显改善。

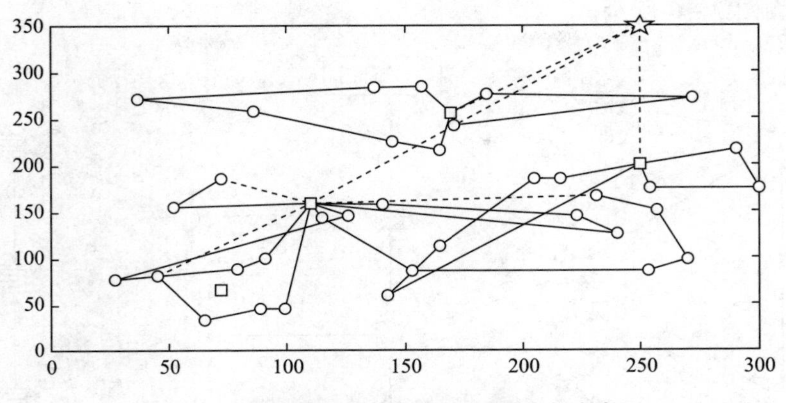

图 7-4　食品召回物流网络 LRP 优化方案

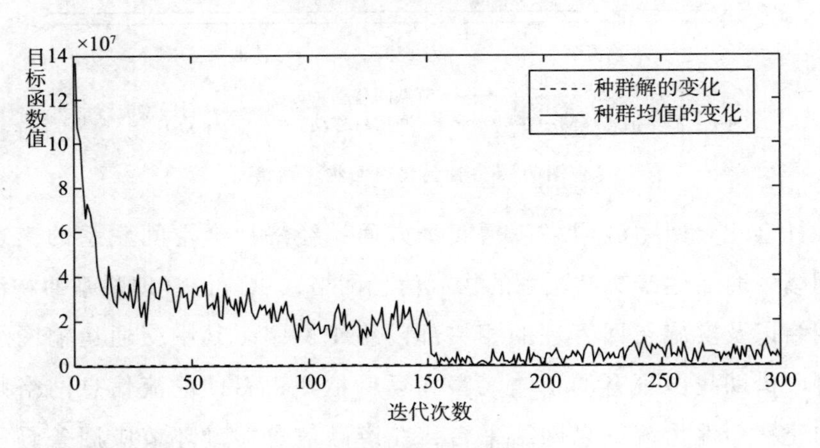

图 7-5　算法性能跟踪

三　缺陷产品召回物流实践策略分析

（一）搭建社会化召回物流网络

本书认为召回物流既是物流管理学科的应用分支，也可以被看成一种物流管理思想。召回物流管理思想即为了消费者安全，企业、社会自觉地将召回意识和召回管理融入企业物流管理之中，做到未雨绸缪，规避潜在的缺陷产品社会危害和降低现实的缺陷产品召回成本。若召回机制成为多数企业和社会的共识，就有必要搭建社会化召回物流网络，如图 7－6 所示。

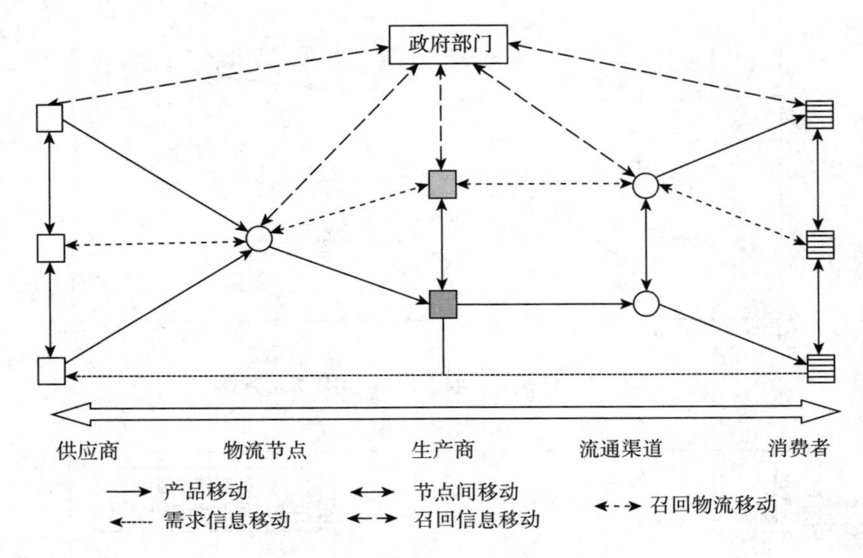

图 7－6　社会化召回物流网络

社会化召回物流网络包括四个方面：经济社会空间联系的交通运输网络，商品生产交换联系的物流信息网络，供应链管理联系的物流业务网络以及实施召回管理的相关部门组织网络。其中交通运输网络完全可以借助我国现有的运输线路和运输枢纽；召回物流信息网络则需要构建社会性物流信息网络平台，在产品信息关键环节应用条码和射频技术；召回物流业务网络需要物流企业完善缺陷产品召回处理功能，实施逆向物流与正向物流的结合，同时做好物流企业和生产企业的合作以及物流企业之间的协作；召回物流组织网络需要物流企业做好与缺陷产品召回责任主体（生产企业）、利益相关方（流通企业、消费者、原材料供应商等）的信息共享和业务分工。

（二）加强召回过程产品信息与物流信息共享

召回物流作为保障缺陷产品正常召回而实施的物流活动，它的正常运作本身就需要信息流的支持。尤其是在召回物流的初期阶段，即缺陷产品的收集过程中，产品召回是否及时很大程度上取决于企业的信息网络是否健全和完善。在召回物流的实施过程中，需要供应链上下游企业的协作和主管部门的监督，涉及原材料（零部件）供应商、生产商、批发商、零售商和召回主管部门之间的信息传递和沟通，这就要求信息网络的建设能够达到信息共享、信息及时传输的要求。

为了更好地支持召回物流系统的运作，对企业信息网络的建设可以从以下几个方面进行改进。第一，在原有信息系统上增加有关缺陷产品的板块和相关处理功能。发现产品存在缺陷时，工作人员能够及时将信息录入系统并及时处理，比如缺陷产品的名称、生产批次、流通日期以及缺陷原因和缺陷可能产生的危害等相关信息。对缺陷产品信息的处理，是为了及时掌握缺陷产品的库存数量和销售数量等各方面的综合信息。充分利用条码技术、无线射频技术，实时监控产品信息，使召回物流活动更加顺利、快速和准确。第二，建立上下游企业共享的缺陷产品动态信息平台。召回物流的顺利实施，要求生产商、销售商等多方面进行合作与协调，这就要求各企业和主管部门等相关单位不仅能共享缺陷产品的动态信息，而且能在各自的权限下修改信息并发布相关信息。这样各环节在对缺陷产品的操作中能够更加明确缺陷产品所处的状态，并且在操作后能及时更新相关信息。第三，建立缺陷产品信息预警机制。当缺陷产品已经产生危害或被发现存在危害性时，就应该在各销售网点停止销售并从超市货架撤下进行集中储存。缺陷产品预警机制可以在信息系统上得以体现，这样缺陷产品将被及时控制，使其不流入更多消费者手中而产生更多的社会损害。

（三）完善第三方物流企业的缺陷产品召回功能

通常情况下，对缺陷产品实施召回的主体是生产厂家。但是对于生产厂家来说，建立一个快速反应的召回物流系统任务艰巨，成本较高。正常的产品通过现成的渠道可以顺利流到消费者手中，但是召回具有的应急性和突发性使生产厂家很难做到这一点。第三方物流公司往往具有物流网络完善、物流节点遍布区域广的特点。这个优势使第三方物流公司能够将分布于众多地域和流通渠道的缺陷产品及时有效地召回。因此，生产厂家在建立自身的召回物流系统时应当考虑和第三方物流公司合作，生产企业可将召回物流同销售物流一样外包给第三方物流公司来做。对于众多服务于生产企业的第三方物流企业而言，可整合并有效实施缺陷产品的运输配送、集中存储、流通加工等物流业务，将其发展为企业核心业务。

（四）提升第三方物流实施召回的能力

第三方物流企业开展缺陷产品物流召回业务，需要不断完善自身功能。在设计供应物流、生产物流与销售物流时，物流企业需要在产品关键环节（例如药品的批次、食品的配料、配销地点与数量）做好信息储存，这有助于缺陷产品的回溯。第三方物流企业应加快缺陷产品回收，因此需要开展航空与公路的多式联运，加快产品的集中、分拣与拆分，改进包装技术防止回收产品二次受损。第三方物流企业服务功能越完善，其服务产品、服务企业的范围就越大，从而可实现物流专业管理与操作的规模效益。物流企业通过自身业务能力的提高、服务范围的扩大以及借助社会化召回物流网络，加快召回物流回收、处理速度，降低召回物流成本。第三方物流企业应积极协调与外部机构的合作，提高召回物流系统效率。

第三节　本章小结

食品召回的实施需要物流企业介入，并发挥物流操作与管理的专业化作用。召回物流主要目的是借助传统正向物流网络实现对缺陷食品的收集、回收、集中处理与运输，将分散的问题食品返回上游环节。召回物流呈现网络结构，需要合理选择召回物流中心并结合召回运输线路优化，满足召回物流管理要求。通过分析食品召回要求与物流网络特点，解决召回物流网络优化问题，建立以召回物流系统运营最少总时间与召回物流系统最小总成本为目标的 LRP 多目标优化模型，并提出了基于权重系数变换的改进遗传算法。建立 LRP 模型为确定召回设施规模和数量、资源分配及行车路线规划提供辅助决策工具。基于召回物流的特点、要求以及网络优化，需要在资源整合、信息共享以及召回物流功能完善等方面加强召回物流管理策略研究。

第八章

食品召回管理对策研究

食品召回管理模式是从企业主体角度进行设计，除了食品生产企业履行自身召回职责外，还需要与政府监管部门、物流企业等开展协作。在食品行业与国家机关层面，完善的食品召回体系作为支撑基础。通过相关组织机构分工协作、召回信息集成应用与召回物流网络优化等角度开展研究，设计我国食品召回体系。虽然目前我国已有一些食品召回实践操作，但是食品召回管理制度、召回管理模式与召回体系设计等方面，还存在一些不足。因此本章就上述四个方面提出促进我国食品召回管理完善的对策。

第一节　完善我国食品召回管理制度

我国食品召回实践发展相对滞后，以及食品安全监管方面存在多部门分散管理，造成食品召回监管也存在一些问题，主要表现在管辖交叉或是职权缺位、食品召回管理办法尚缺乏可操作的具体规则与程序、食品召回责任险制度尚未建立等问题。因此当前应完善我国食品召回管理制度。

一 完善食品召回制度建设

我国现行食品召回制度存在启动食品召回动力不足、企业实施与政府监管效果不佳等困境（唐晓纯、张吟，2011），这与我国食品召回监管制度不完善（袁雪、孙春伟，2016）、食品企业拒绝召回违法成本低（黎继子、刘春玲，2018）、食品安全信息不对称以及食品安全标准混乱（翟雪华、杜兴兰，2019）等问题密切相关。因此有必要借鉴他国食品召回相关制度完善我国食品召回制度，以更好地发挥制度的效力（陈娟，2010）。针对我国食品召回制度存在的问题，一方面，应完善我国食品安全标准体系建设，不仅包括食品质量安全标准，还包括食品安全监测标准，同时实现食品安全国内标准与国际标准的对接；另一方面，除了加大对食品企业的违法处罚与加强政府监管力度之外，还应引入行业组织监督、公众监督、媒体监督等食品召回第三方监督，通过企业自律、政府监管与第三方监督，使得食品召回实施与监管效果有所改进（雷勋平等，2014）。

二 提高食品召回制度实践可行性

我国在2007年颁布《食品召回管理规定》，2015年出台《食品召回管理办法》，同时2015年修订的《中华人民共和国食品安全法》明确提出“国家建立食品召回制度”，这些法律法规的发布与执行意味着我国食品召回已经进入法治化轨道（李锋等，2013）。但是当前我国食品召回制度整体实践表现不尽如人意，说明食品召回管理制度的顺利执行除了依赖制度本身的必要性和合理性之外，更要求制度的可行性。

为了保障食品安全的全面性，需要加强从源头到消费的全程控制，既包括从田间与农资到消费者消费所有环节的安全控制，还包括从消费与流通食品召回到召回后无害化处理等过程的食品安全监管，一方面控制食品自身的安全，另一方面减少缺陷食品的次生危害（汪全胜、黄兰松，2016）。因此我国食品召回制度实践的可行性手段之一是加强对食品采购、生产、流通、消费与召回的全程监管（杨鹏飞、肖新华，2011）。提升食品召回实践能力的第二个方面是食品生产、销售、物流、政府监管等相关责任主体遵纪守法与诚实自律，同时还需要这些主体之间密切协作，实现对食品安全与食品召回的供应链全程控制（Demirag and Chen，2010）。此外，通过食品召回信息平台建设、食品安全与食品召回标准化技术改进、食品召回全程监管制度完善等提高我国食品召回制度实践可行性。

三　建立食品召回补偿机制

当前我国食品安全问题已经上升为社会性问题，食品召回也成为保障食品安全的一个必要手段，需要建立食品安全风险监测和隐患排查机制。通过加强食品企业信用管理与加强食品包装管理建立完善的食品安全追溯机制。消费者可通过产品包装、产品编号进行查询溯源。虽然目前我国还没有出台食品召回补贴相关制度，但是为了提高食品生产企业主动实施召回的积极性，可以对建立食品召回制度、食品安全信息电子化、物流企业完成召回任务、食品企业召回无害化处理等进行政府补贴政策支持。

食品召回责任主体是食品企业，监管主体是政府机构，完全依赖食品企业主动实施召回，客观存在成本问题，同时政府机构的监管效率不高也是实施食品召回的障碍之一。从社会共治的角度来看，建立国家引导食品生产经营企业参加食品安全责任保险的制度是当前鼓励食品企业实施召回的手段之一。食品安全责任保险集经济补偿、社会管理和社会保障等功能于一体，有助于分散食品安全风险、保护消费者合法权益、提升食品安全社会共治合力。因为目前我国实施食品安全责任强制险具有投保率低、需求不强等问题，所以需要国家监管部门引导食品生产经营企业参加食品安全责任保险，扩大投保范围与提高投保强度。通过国家引导、政府补贴、资金保障等方面的改进与完善，逐步建立适合我国国情又与世界接轨的食品安全责任保险制度，推动食品安全社会共治。针对当前我国食品行业发展现状，特别是中小食品企业参保意识不强，完善食品安全责任保险既需要发挥市场作用，还需要政府引导与扶持。

食品生产企业实施召回会发生大量成本，食品召回费用主要产生在监测费用、通告费用、物流费用、召回后续处理费用、危机处理费用等方面。为了提高食品企业的召回积极性，可以建立食品召回责任险制度与设立食品行业安全赔偿基金，通过食品召回补偿机制，促进食品企业主动实施召回（汪春香、徐立青，2014；文洪星、韩青，2018）。通过建立食品安全事故责任强制保险制度有助于强化保险分散风险的基本功能，强化对食品企业与食品安全事件受害人的责任保障，同时将召回保险纳入食品召回相关法规体系有助于减轻食品生产企业与地方政府财政负担（邓蕊，2017）。当前我国食品强制召回的实施存在政府监管部门惩罚措施流于形式与威慑力不足等问题，导致食品企业隐瞒实情甚至拒不召回。为保障食品强制召回制度能够顺利进行以及保障消费者权益，建议引入与建立食品召回国家赔偿保障基金制度与行业性的惩罚性赔偿制度（张锋，2018）。

第二节　加强我国食品召回供应链管理

食品召回管理涉及食品生产企业、销售企业、物流企业以及政府监管部门等多个主体，因此食品召回相关主体之间需要开展供应链管理协作（陈正杨，2013）。基于食品召回的商流、物流、信息流等活动，食品召回供应链协作需要在组织协作技术、信息应用技术与物流管理技术等方面展开。

一　开展食品召回跨组织协作

食品召回管理涉及多个主体，基于供应链协作管理思想需要通过跨组织协作实现食品召回运作流程的畅通高效与降低食品召回成本（袁雪、孙春伟，2016）。通过发掘与实现多个主体的共同目标，在跨组织协作的基础上进行信息共享与业务分工，发挥召回管理中成本、资源、组织等优势。食品安全与食品召回是一个影响力较大的公共性问题，面对食品安全与食品召回，政府应当有所作为，政府在食品召回管理中发挥着至关重要的作用。一方面，政府部门需要通过法制建设、完善与实施为食品安全责任与食品召回责任的实现提供法律保障；另一方面，政府还需要引导各种各样的社会组织对食品安全责任及其召回管理实现进行引导、监督与监管（霍有光、于慧丽，2013）。为了限制、避免企业追求自身利益最大化和眼前的利益而规避责任，需要政府作为公共事务的管理者和公众利益的代表者采取有效措施，把原本食品企业将自身义务与成本转嫁给消费者和社会扭转为食品企业自身来完成食品安全控制与履行相关食品召回职责（王道平等，2017）。

二　提升食品召回信息处理能力

食品召回的根本触发点在于发现问题食品隐患（或者现实危害）的存在，谁来发现与从哪里发现对于食品召回的顺利开展至关重要。食品安全隐患或者现实问题主要由消费者使用、生产企业自检以及媒体曝光等渠道发现。当媒体曝光食品安全问题时，食品危害通常已经扩大化并上升为社会问题。此时危害性食品流通范围广、辐射面大，对消费者权益与社会诚信造成的影响巨大。因此需要尽量在危害发生与发散之前，对其进行检测与控制。当消费者发现食品安全问题存在时，由于消费者对于食品生产企业而言处于劣势位置，因此未能及时促发食品召回。消费者与媒体发现问题食品时往往已经产生了严重的后果，实施召回已经失去最有利的时机。食品安全问题的监测与发现理所当然由食品生产企业来完成，但是指望其主动发现安全问题并主动召回问题食品显然理由不够充分。需要政府监管部门发挥主动作用，针对食品生产企业构建食品生产常态的检测与监测机制，能够及时监督、检测与控制食品质量安全，同时通过检测信息的留存与共享，一方面减少问题食品的分散，另一方面即使问题食品已经进入流通渠道，也可以借助日常食品安全相关检测信息为实施召回决策提供原始信息支持（张盼，2019）。

三　加强食品召回物流管理

首先，需要在物流渠道掌握产品的销售信息。在原有的正向销售渠道中，物流管理对食品安全关键信息没有很好地控制。基于食品召回，物流管理的作用包括销售渠道与消费情况的及时掌握与及时沟通，因为通过物流中的运输与配送，物流企业比生产企业更好把控食品销售状态。在食品供应链管理协作中，除了销售渠道需要物流介入召回管理之外，在生产企业的采购与生产环节，物流企业同样发挥着支撑作用（尹彦、刘红，2015）。一方面，物流企业通过集并运输、库存管理与共同配送等形式降低企业成本（李亚，2016）；另一方面，在采购、生产、销售、回收等环节，物流企业对农产品与农户信息、添加剂信息、包装信息以及销售渠道信息可以实现及时掌握，一旦食品安全问题出现，可以通过物流企业对上述信息进行跟踪与追溯。

其次，加强物流对召回回收的处理能力。基于物流管理对食品召回实施的支撑视角，物流主要支持回收缺陷产品的召回集中处理、召回后续处理等活动。食品召回实施后，物流企业需要迅速将分散在流通与消费环节的缺陷食品进行集中回收，返回至生产企业或者再处理企业，同时再将生产企业或再处理企业处理后的产品运送至新的流通环节。在这个过程中，物流管理活动主要包括应急运输、集中仓储与包装、简单加工，通过这些工作及时处理缺陷产品，防止食品安全问题与危害扩大和蔓延。召回后续处理包括两个任务：其一是召回处理后产品再流通的物流管理；其二是召回后生产厂家对消费者进行新安全产品的更换工作所产生的物流活动。

最后，塑造召回物流网络优化设计与构建意识。从食品召回管理活动可以发现，物流企业存在部分商品无法召回现象，即意味着召回物流工作存在不完善的地方。目前，随着社会对食品安全的关注以及企业履行社会责任意识的提高，食品召回应该也可能成为常规的食品企业管理工作职责，因此食品生产企业应该加强召回物流管理。虽然食品企业已经建有相对成熟的正向物流网络支持企业的正常采购、生产与销售，但是食品企业还应该塑造召回物流网络优化设计与构建意识，即在现有的物流管理中，增加逆向召回物流功能，除了物流节点具备应急召回运输与存储能力外，还需要借助现有的正向物流网络做到关键召回物流节点的布局，同时完善应急召回物流运输线路优化工作。

第三节　优化我国食品召回管理模式

虽然我国食品召回事件越来越多，但是并未形成良好的召回物流管理机制。根据目前现有召回实践存在问题以及借鉴食品供应链协作理论，需要加强食品召回管理模式研究。通过对食品召回条件与召回结果进行分析，明确食品召回的对象、食品召回实施的前提以及食品召回管理达到的目标。依据我国食品召回管理规定与管理办法提出的食品召回管理流程，并结合我国食品企业实际操作要求，对食品召回运作流程进行改进与优化。

一　食品企业强化召回管理意识

基于社会责任担当，食品召回成为食品生产企业的一项常规业务。

为了保证召回的一贯性与执行力，企业需要成立召回管理常设组织机构并明确其职责及其与其他部门机构的配合（全世文、曾寅初，2016）。食品企业成立召回委员会（或召回领导小组、召回管理小组）全面负责召回实施任务与过程控制。该委员会或小组成员包括采购、生产、销售、产品研发、质检、营销、客户服务、物流、财务、法律、公共关系和信息系统等部门的负责人，同时需要企业营销或者质量安全的负责人担任召回小组组长。食品召回管理小组是食品企业常设职能部门，不仅仅为“实施”召回而设立，更多地表现为因“准备”召回而存在。这是因为该企业未必一定会实施召回（在食品安全的前提下），但是该企业一定需要实施召回的前期准备。召回小组需要和物流、营销、质检等部门相互配合，一方面做好信息沟通以备召回，另一方面通过分析引发召回的具体原因提出整改建议。例如召回小组与物流部门协调，做好统计具体产品的分销、渠道与库存情况，召回小组及时掌握产品销售时间、销售数量、渠道分布等数据，一旦食品召回触发，可以迅速地从销售下游收集危害性食品，并沿原渠道返厂。召回小组通过日常与食品安全、召回管理相关的信息集成应用（王绍凡、陈荔，2016），一旦触发召回，及时与各相关部门形成协作关系，启动召回计划，通知客服与下游经销商停止销售，向物流部门下达回收指令，启动食品撤回与召回程序（官文娜，2012）。

二　食品企业完善召回信息系统建设

食品召回过程控制与实施效果评价需要召回相关信息的支持，食品企业作为食品召回的责任主体，需要建立食品召回信息体系。食品召回信息是从消费者向流通渠道，再向食品企业，甚至最终追溯到农户源头，与逆向供应链的构成和流程相吻合。首先，召回信息的流向是从消费者向食品企业，但是从召回实施的前期准备角度分析，召回相关信息的收集、分析与利用，并不能等召回触发后才开始，即召回信息收集需要提前于召回实施（孙旭等，2014）。其次，虽然召回信息涉及食品供应链的全程与各个主体，但是召回信息系统的建设与使用与召回责任主体一致，即由食品企业主导。因此食品企业在做召回准备时，需要与农户、采购商、经销商、物流商、消费者建立信息关联。最后，食品生产企业建立召回信息系统需要与采购计划、生产计划、销售计划等商流过程涉及的信息系统实现对接，实现对原材料、半成品、添加剂、包装物、产成品、消费品等物品表现形式的追踪与监控；同时需要与物流、营销、客服等部门的信息系统对接，实现对物的流量、流向、流程等物流表现形式的追踪与监控（李春好、代磊，2013；吴海霞、陈利斯，2018）。

目前我国实施食品召回与销售渠道相关，销售渠道的复杂性影响召回的时效性。食品销售层级太多，造成信息失真与召回难度加大。针对该情况需要食品企业在改变销售渠道的情况下，使召回模式也要和企业所在城市的分级销售模式契合，加强渠道销售信息的控制，通过渠道信息掌控获知食品所在区域范围内的流通情况，提高企业召回时效性。

食品企业建立召回信息系统实现监测、检测、预警、溯源等功能。监测是指对食品品质进行长期监视，具体包括对食品质量、生产车间、食品包装、物流环境等相关指标进行检测，以便及时发现污染物、卫生状况差等可能对食品安全造成不良影响的问题。同时设立检测指标，将菌落指数等作为食品召回阈值，一旦监测到相关数值超标即触发食品召回计划，起到召回预警作用。食品召回信息系统另一个作用是实现溯源，即通过信息反向传递与追溯，寻找引发食品安全问题的起始原因。通过溯源，从源头发现问题并解决问题，有助于控制食品安全。

三　食品企业提升召回处理能力

为了解决召回的缺陷食品造成的资源浪费问题，需要加强再处理企业对召回食品的再加工与再处理能力。危害食品从消费与流通环节撤回，返至食品生产厂家并不意味着食品召回的完结。食品召回的顺利完成包括三个方面：一是对缺陷食品的合理与高效处理，二是对此次召回实施与决策的评估，三是对食品安全管理制度的完善。首先，对缺陷食品的处理需要做到无害化与再利用，前者要求通过对缺陷食品的回收过程与再处理过程不产生二次污染与危害，后者要求通过将食品转化为饲料、肥料等形式实现食品资源的再利用。其次，在召回过程中还需要做好对包装等材料的再利用，不能因为实施食品召回保障食品的安全而又产生新的浪费与不安全问题。对缺陷食品处理时，从召回检测、召回预警、召回触发、召回回收再到召回处理，实现缺陷食品的发现、回收与处理，实现物资的再循环利用。

四　食品企业加强召回过程控制

在完成一次召回活动后，需要对该次的召回管理进行评估，既要思考此次活动的经济效益与社会效益，更要分析此次活动的不足之处。通过对召回活动的总结评估，提出改善意见以便完善召回管理体系。不能因为召回而召回，召回是保障食品安全的派生需求，因此召回的目的不是召回本身的完结，而是通过召回实施再一次改进食品安全控制机制。所以食品召回的最后一步工作是通过召回发现食品安全问题的症结所在，从而实现食品生产企业对症结的根治，确保食品安全。

食品企业通过制订与完善内部召回方案，形成食品召回长效机制。食品召回未必一定发生，但是一旦发生则需要及时、有效的实施，为了更好地达到理想召回效果，需要食品企业设计食品召回演练计划，通过演练实施发现问题、解决问题，防患于未然。通过设计食品卫生安全突发事件应急预案、应急准备和响应控制程序、召回控制程序、召回应急预案，明确出现潜在食品安全问题时的应急处理办法及食品召回处置方法，锻炼和提高食品企业的应急处理能力。通过食品召回演练计划及其实施，验证上述应急预案及控制程序，为食品企业召回管理模式的改进提供依据。

第四节　加快我国食品召回体系建设

食品召回管理模式是以食品生产企业为主体设计的食品召回管理范式，而我国食品召回的整体管理水平又与食品行业的召回意识与召回决策密切相关。我国《食品召回管理办法》第七条提出：鼓励和支持食品行业协会加强行业自律，制定行业规范，引导和促进食品生产经营者依法履行不安全食品的停止生产经营、召回和处置义务。这就明确了食品行业在食品召回决策中所发挥的具体作用，因此本书基于食品行业与政府监管部门研究召回体系建设的相关措施。

一　加快食品行业召回规范建设

食品召回体系建设需要加强食品行业召回意识与自觉性，因为行业自律与行业发展健康环境密切相关。我国既是食品生产大国，也是食品消费大国，同时还是食品出口大国，食品安全问题的出现与恶化发展，不仅仅影响到我国大众消费人口健康问题，还会对我国食品行业在国内外的声誉产生巨大负面影响。食品行业加强自律不仅仅是对食品召回的业内自我监督与自我约束，更多的是实现食品安全生产的行业自律，因为食品安全生产是杜绝食品召回的根本，而食品召回只是食品安全问题出现后的事后应急对策。

食品召回在我国是新兴事物，虽然我国制定了食品召回管理规定，明确了召回等级、召回时限、召回范围以及召回处理等内容，但是我国食品标准种类繁多，标准体系不够完善，影响到食品召回行业规范与标准的制定。食品行业制定行业规范更多地侧重于食品安全生产规范，基于食品召回管理，应加强食品安全信息规范、检测技术规范以及食品召回规范的制定与实施。基于食品行业的分类繁杂以及食品召回涉及面广等现实问题，食品行业规范需要细化与具体化（姜肇财、宋黎，2019）。

从食品行业分类角度来看，食品召回行业规范主要侧重肉及肉制品、奶及奶制品、食用油、酒等高价值、有回收价值的食品类型的行业规范。从食品召回决策角度来看，食品行业规范侧重食品安全信息规范、食品安全检测规范、食品召回过程规范以及食品召回处理规范等方面。其中食品安全信息规范既包括食品标签、标识或者说明书等外在包装的信息规范，还包括采购、生产、销售等环节的安全信息统一、建档与传递规范；食品安全检测规范包括检测对象、检测指标、检测方式、检测分析等方面；食品召回过程规范包括召回准备、召回启动、召回实施与召回改进四个方面；食品召回处理规范主要侧重于召回后食品的无害化处理与有用化处理。通过食品行业对食品安全与食品召回的重视与自律，形成行业内部规范，从而规范行业发展秩序，使行业自律与政府监管协同，形成合力，推动食品安全与食品召回的社会共治体系建设。

二　加大政府部门召回监管力度

问题食品不仅仅危害食品企业自身的声誉，还会对整个国内食品行业市场秩序造成不可弥补的危害，更甚的是，食品安全问题还会严重影响整个社会的公共利益与有损诚信社会环境的建设（邹俊，2018）。因此食品安全问题日趋严重与食品召回实施力度的弱化，会对食品企业、消费者、食品行业与社会公众都产生恶劣影响，需要政府相关部门加强对食品安全与食品召回的监督管理。在当前市场经济条件下，各食品企业都以利润最大化为目的，因此需要强化有力的外部制约措施（王春娅、余伟萍，2018）。我国政府对当前食品行业竞争性领域进行产品质量规范与召回监控以纠正和消除食品在原材料、设计、加工、销售等环节上产生的缺陷，进而消除缺陷食品对公共安全产生的威胁，这一方面有助于保护消费者合法权益，另一方面可以进一步规范企业经营行为，从而维护正常行业市场秩序与社会诚信体系。同时，通过事前检测、事中控制与事后处理，积极应对食品安全事件与附加的突发状况，食品召回体系成为食品安全防范体系的重要组成部分。

第五节　本章小结

基于我国现有食品召回管理对策研究的局限性以及本书研究的重点，提出完善我国食品召回管理的应用对策。通过完善食品召回制度建设、提高食品召回制度实践可行性、建立食品召回补偿机制等对策完善我国食品召回管理制度建设，为食品召回管理模式的规范化与食品召回体系设计与建设提供制度保障。通过开展食品召回跨组织协作、提升食品召回信息处理能力、加强食品召回物流管理等措施实现食品召回供应链协作管理。通过强化企业召回管理意识、加快行业召回规范建设、加大政府部门监管力度、提升食品企业召回管理能力等措施提高我国食品召回管理模式的实践性与体系建设的科学性。

第九章

研究结论与展望

第一节　研究结论

食品召回管理成为控制食品安全的重要手段，当前国内外食品召回的理论研究更多地侧重于食品召回的法律规范与制度体系建设，部分研究关注食品召回的具体技术，主要包括信息技术与检测技术等方面。由于食品召回涉及面广，同时食品召回管理研究较少，因此目前国内尚未形成完善的食品召回理论体系与召回管理模式，这在一定程度上制约了食品召回的顺利与有效实施。

本书分析我国食品召回管理模式设计的研究背景，包括我国食品安全问题严重，迫切需要完善食品召回体系建设；目前我国已经初步建立食品召回制度，但是召回制度的可行性有待提升；食品召回实践已经在食品行业开展，然而食品召回管理理论与实践依然存在明显问题。在研究背景基础上，以“我国食品召回管理模式”为主题，通过分析食品召回的流程与决策过程，明确食品供应链中各主体就召回展开的协作关系，探讨我国食品召回管理模式框架设计，进一步讨论食品召回体系构架以及供应链相关主体的食品召回管理策略。本书从食品召回管理策略、食品召回管理模式、食品召回体系、食品召回供应链等角度对目前国内外食品召回理论进行梳理，提出当前我国食品召回管理的理论研究应该主要基于两个角度：其一，以食品生产企业为主导的食品召回管理模式理论研究；其二，基于食品行业视角的食品召回体系理论研究。其中，食品召回管理模式是对我国食品召回具体操作与管理决策的规范化研究，也是食品召回体系的重要组成部分；而食品召回体系主要基于供应链协作理论，研究食品召回组织管理、召回信息系统设计与召回物流管理优化等内容，食品召回体系是食品召回顺利开展与高效运作的基础，也是我国食品召回制度落实的载体。

本书系统地对我国食品召回管理模式、召回体系与召回管理策略进行理论研究，梳理食品召回管理模式的基本框架，界定食品召回相关概念，厘清食品召回范畴；通过分析食品召回管理与实施过程，认为食品召回需要组织协作、信息网络与召回物流的支撑，同时三个活动之间形成网络体系，与食品召回管理模式相配合。通过食品召回基础概念界定、食品召回功能分析、食品召回流程设计、食品召回管理模式设计以及食品召回网络构建等构成较为完善的食品召回理论体系。这也是对我国学界侧重于食品召回法律依托与单一技术层面食品召回理论研究的突破，完善了我国食品召回理论体系研究。

食品召回需要考虑召回的时限性、全面性、经济性等要求，实现食品召回的社会价值与经济价值的统一。食品召回是一项系统工程，需要食品企业、政府监管机构与社会舆论的相互监督。食品行业已经重视食品安全与食品召回，十分明确食品召回实施的困难所在，同时部分食品企业已经实施食品召回。当前综观我国食品行业的整体召回效果不佳。一方面是由于政府监管力度不大，造成食品企业不会主动实施召回；另一方面是由于当前并没有完善或者完整的食品召回计划可供食品企业参考。因此，提出食品可召回性概念，进一步为食品企业与食品行业实施召回明确出发点，即哪些种类的食品需要召回；提出食品召回管理模式包括流程、主体以及召回结果的评判，有助于食品企业明确召回的过程控制与结果评价；通过食品召回组织关系分析、信息系统功能设计与召回物流网络优化，即分别从召回主体协作、召回信息集成应用与召回物流管理角度，探讨食品召回管理与体系设计的三个重点与难点。因此通过食品召回管理模式与食品召回管理策略的分析进一步为食品企业召回管理清晰思路，即本书研究也具有强烈的现实意义与应用参考价值。

食品召回活动涉及商业、法律、物流等范畴，因此食品召回理论体系的构建需要经济学、管理学、法学等学科理论支撑。召回管理方面主要研究召回系统管理活动的基本规律和一般方法，通过合理的组织和配置召回管理相关人、财、物等，提高食品召回管理水平。食品召回管理通过召回计划、召回组织、召回领导、召回控制等职能，整合各项资源，实现召回管理既定目标。

基于食品召回管理模式与食品召回体系设计的理论研究，本书最后提出我国食品召回管理对策。通过对我国食品召回管理典型案例与现有《食品召回管理办法》的实施情况进行分析，提出通过完善食品召回制度、加快食品供应链协作管理，以及在食品召回管理模式与体系设计中的跨组织协作、功能主体职责完善、信息集成应用与召回物流网络优化等措施支持我国食品召回管理体系完善。

本书在总结和提炼现有研究基础上，从供应链协作理论视角，系统地对我国食品召回管理模式与食品召回体系构建进行理论分析与应用对策研究。本书的创新主要体现在以下几点。

（1）研究内容：对我国食品召回管理进行系统研究。目前国内外汽车召回的理论研究相对成熟，而食品召回理论与实践在我国发展相对起步较晚、较不成熟，因此本书选择对我国食品召回管理模式与召回体系进行研究。通过借鉴国内外汽车、药品等召回理论与方法，深入探究我国食品召回管理模式与食品召回体系设计，通过系统研究食品召回管理模式丰富我国食品召回管理理论。

（2）研究视角：食品召回是一项系统工程，前期研究多是侧重于制度与技术角度，本书做出两个突破。一是尝试构建食品召回体系框架，侧重食品召回管理模式的理论研究，并从制度、组织、信息与物流等方面探讨食品召回实践策略；与现有文献对食品召回管理的分析侧重于策略研究不同，本书更偏重宏观管理。二是借鉴供应链管理理论研究我国食品召回管理模式与体系设计，食品召回管理模式研究包括分析食品召回起因、召回条件设定、召回流程优化、召回决策控制等内容；基于供应链多方协作的食品召回体系设计研究侧重从组织、信息与物流视角完善食品召回体系。

（3）观点创新：食品召回管理目的即降低、避免由系统性缺陷引发的食品安全风险，缺陷食品的危害程度、批量大小、经济价值与可否再使用是决定是否实施食品召回的四个条件；食品召回主体关联与实施流程共同决定召回决策方案设计，召回决策分为准备、启动、实施与改进等阶段；召回管理需要供应链多主体协作，以食品生产企业为召回责任主体，以物流企业为召回实施主体，以政府部门为召回监管主体；食品召回管理模式与供应链组织、信息与物流协作关系以及召回制度共同构成食品召回体系框架的主要内容。

第二节　研究不足与展望

本书在研究的系统性与深入性以及建模方法上仍存在局限，同时由于我国食品召回管理模式与体系的内部结构与外延的复杂性，还需要从以下几个方面进一步探索。

（1）食品召回管理的理论研究有待深入。本书从社会价值与经济价值相结合角度研究食品召回管理模式与召回体系，与我国食品召回现状与发展趋势相吻合。但是在细节方面，例如食品召回动因机制分析在规制经济学与供应链协作等角度不够深入；食品可召回性指标设计与分类结果评判有待完善；设计了食品召回决策目标，但是召回决策的多目标鲁棒性优化模型还不够完善；设计了基于遗传算法的召回物流网络 LRP 模型，但是算法的实际算例数据的获得与算法的改进还有待进一步研究。

（2）食品召回管理模式的落地问题研究有待深入。本书侧重于食品召回理论研究，因此尝试建立食品召回管理模式与体系架构时更多的是考虑我国食品召回的共性问题。但是设计的体系落地需要验证，因此后续研究一方面侧重进行比较研究，包括国内外的食品召回管理模式与体系比较、借助该模式与体系的食品企业召回实施前后的比较、食品与汽车等行业召回体系的比较；另一方面加强实证研究，通过对有代表性的食品企业（例如油脂类食品企业）进行调研，获取具体数据并进行案例分析来验证本书设计的食品召回管理理论的科学性与实践的合理性。

（3）管理策略方面有待研究。本书从食品召回制度、食品召回供应链协作、食品召回管理模式与食品召回体系建设等角度提出了食品召回管理策略，有助于促进我国食品召回体系理论的完善与提高实践操作性。但对于这些策略如何形成联动机制从而实现各策略的配合与整体效果的提升，还有待深入研究。

食品召回在我国是一个新兴事物，其重要性不言而喻。由于现有文献的研究基础不足与本书的研究不够深入，我国食品召回管理的研究还有很多方面有待加强，在以后的研究中要把理论与实践相结合，并将理论应用于实践中，这才能体现出理论研究的实践价值。

参考文献

[1] 陈娟：《基于闭环供应链核心企业的召回应急管理》，《软科学》2010 年第 4 期。

[2] 陈娟、季建华、李美燕：《基于应急运作管理的产品召回管理研究》，《武汉理工大学学报》（信息与管理工程版）2010 年第 1 期.

[3] 陈思、罗云波：《我国食品安全保障体系的新痛点及治理策略》，《行政管理改革》2019 年第 1 期。

[4] 陈雨生：《我国食品安全认证追溯体系耦合监管研究》，《经济问题》2015 年第 3 期。

[5] 陈玉忠、刘晨、张金换：《中国缺陷汽车产品召回的管理机制：现状及发展》，《汽车安全与节能学报》2015 年第 2 期。

[6] 陈正杨：《社会救援资源应急供应链的协同管理》，《北京理工大学学报》（社会科学版）2013 年第 3 期。

[7] 崔彬、伊静静：《消费者食品安全信任形成机理实证研究——基于江苏省 862 份调查数据》，《经济经纬》2012 年第 2 期。

[8] 邓蕊：《中国食品召回制度若干法律问题探析》，《行政与法》2017 年第 2 期。

[9] 费威、张娟：《食品供应链回收环节的安全问题及监管对策》，《宏观经济研究》2015 年第 2 期。

[10] 冯身洪、刘瑞同：《重大科技计划组织管理模式分析及对我国国家科技重大专项的启示》，《中国软科学》2011 年第 11 期。

[11] 冯颖、李智慧、张炎治：《零售商主导下 TPL 介入的生鲜农产品供应链契约效率评价》，《管理评论》2018 年第 3 期。

[12] 官文娜：《日本企业的信誉、员工忠诚与企业理念探源》，《清华大学学报》（哲学社会科学版）2012 年第 4 期。

[13] 韩国莉：《我国食品召回制度简明评析》，《兰州大学学报》（社会科学版）2014 年第 1 期。

[14] 华锋：《我国食品安全法律体系建设现状及对策》，《河南师范大学学报》（哲学社会科学版）2015 年第 4 期。

[15] 黄培东：《缺陷产品召回信息发布风险管控》，《中国质量技术监督》2015 年第 2 期。

[16] 黄小可：《区块链技术及其在畜产品追溯中的应用》，《西南师范大学学报》（自然科学版）2019 年第 3 期。

[17] 霍有光、于慧丽：《食品召回制度体系构建探析——兼评〈食品召回管理规定（征求意见稿）〉》，《广西社会科学》2013 年第 12 期。

[18] 姜肇财、宋黎：《缺陷产品召回制度国内外对比研究》，《标准科学》2019 年第 4 期。

[19] 金健：《德国食品安全领域的元规制》，《中德法学论坛》2018 年第 1 期。

[20] 劳可夫、贺祎：《产品召回认知对顾客品牌忠诚的影响机制研究》，《广西大学学报》（哲学社会科学版）2014 年第 2 期。

[21] 雷勋平、陈兆荣、王亮等：《供应链视角下我国食品安全监管对策研究》，《资源开发与市场》2014 年第 7 期。

[22] 雷勋平、邱广华、杜春晓：《基于供应链和集对变权模型的食品安全评价与预警》，《科技管理研究》2014 年第 8 期。

[23] 黎继子、刘春玲：《考虑模块化和退货率的供应链大规模定制模型》，《系统管理学报》2018 年第 3 期。
[24] 李春好、代磊：《基于敏捷制造理论缺陷产品召回管理信息系统构建》，《情报理论与实践》2013 年第 8 期。
[25] 李锋、吴华瑞、朱华吉：《基于改进粒子群算法的农产品召回优化》，《农业工程学报》2013 年第 7 期。
[26] 李如平：《零售制造商的模块化供应链网络研究》，《商业经济研究》2017 年第 2 期。
[27] 李亚：《我国第三方物流服务能力对企业绩效影响》，《山东大学学报》（哲学社会科学版）2016 年第 1 期。
[28] 李颖、宋景秀、宋盼：《基于核心企业的食品安全对策研究》，《西安电子科技大学学报》（社会科学版）2013 年第 6 期。
[29] 李正、官峰：《中国产品召回事件的经济后果研究——以食品和药品召回事件为例》，《会计研究》2016 年第 11 期。
[30] 梁帅：《我国企业管理模式的演化与研究》，《河南社会科学》2018 年第 9 期。
[31] 刘刚：《质量信息揭示、逆向选择与食品安全》，《科技管理研究》2016 年第 1 期。
[32] 刘杨、刘飞燕、肖革新：《我国食品安全问题中人为故意行为作用机理路径研究》，《数学的实践与认识》2019 年第 5 期。
[33] 刘咏梅、李立、刘洪莲：《行为供应链研究综述》，《中南大学学报》（社会科学版）2011 年第 1 期。
[34] 刘志楠：《思想重视、认知到位，以 HACCP 为基础避免食品召回》，《食品安全导刊》2019 年第 10 期。
[35] 陆欣、沈艳霞、张君继：《基于人工蜂群算法的食品供应链召回优化》，《江南大学学报》（自然科学版）2015 年第 2 期。
[36] 吕永卫、霍丽娜：《网络餐饮业食品安全社会共治的演化博弈分

析》,《系统科学学报》2018 年第 1 期。

[37] 马琳林:《信息不对称情况下食品安全监管的博弈分析》,《江苏农业科学》2014 年第 9 期。

[38] 孟祥林:《食品安全危机背景下企业诚信文化建设研究》,《学海》2012 年第 2 期。

[39] 苗珊珊、李鹏杰:《基于第三方检测机构的食品安全共治演化博弈分析》,《资源开发与市场》2018 年第 7 期。

[40] 潘文军、刘进:《基于闭环供应链的食品安全召回管理研究》,《食品工业科技》2013 年第 9 期。

[41] 潘文军、刘伟华:《缺陷产品召回物流形成机制与实践策略分析》,《武汉理工大学学报》(信息与管理工程版)2009 年第 5 期。

[42] 潘文军、王健:《食品安全问题研究:基于供应链网络视角》,《中国科技论坛》2014 年第 9 期。

[43] 浦徐进、岳振兴:《考虑农户信任的“公司 + 农户”型农产品供应链契约选择》,《软科学》2019 年第 7 期。

[44] 秦江萍:《内部控制水平对食品安全保障的影响——基于食品供应链核心企业的经验证据》,《中国流通经济》2014 年第 12 期。

[45] 全世文、曾寅初:《我国食品安全监管者的信息瞒报与合谋现象分析——基于委托代理模型的解释与实践验证》,《管理评论》2016 年第 2 期。

[46] 尚清、关嘉义:《食品召回法律制度的中外比较及启示》,《食品与机械》2018 年第 10 期。

[47] 隋洪明:《风险社会背景下食品安全综合规制法律制度研究》,西南政法大学博士学位论文,2014 年。

[48] 孙红霞、李煜、李继华:《需求不确定下供应链间古诺博弈决策分析》,《运筹与管理》2019 年第 1 期。

[49] 孙旭、杨印生、郭鸿鹏:《近场通信物联网技术在农产品供应链

信息系统中应用》,《农业工程学报》2014 第 19 期。

[50] 唐晓纯、张吟:《国内外食品召回数据分析比较研究》,《食品科学》2011 年第 17 期。

[51] 汪春香、徐立青:《影响食品安全网络舆情网民行为的主要因素识别研究——基于模糊集理论 DEMATEL 方法》,《情报杂志》2014 年第 3 期。

[52] 汪全胜、黄兰松:《食品召回制度中“不安全食品”的认定问题探讨》,《宏观质量研究》2016 年第 4 期。

[53] 王春娅、余伟萍:《食品企业社会责任救赎丑闻品牌的作用边界——感知质量与丑闻范围的调节作用》,《财经论丛》2018 年第 8 期。

[54] 王道平、张大川、杨岑:《基于加权网络的敏捷供应链知识服务网络演化》,《系统管理学报》2017 年第 1 期。

[55] 王铬、蔡淑琴:《中国食品安全监管体制问题与对策浅析》,《企业活力》2008 年第 3 期。

[56] 王琪:《食品追溯背景下食品召回体系框架探析》,《食品界》2017 年第 4 期。

[57] 王绍凡、陈荔:《受多变量影响闭环供应链模型研究》,《技术与创新管理》2016 年第 4 期。

[58] 王晓文:《谈召回食品难于处理的原因及对策》,《食品研究与开发》2013 年第 2 期。

[59] 王琰、李文昭:《我国缺陷产品召回标准体系的构建研究》,《标准科学》2018 年第 1 期。

[60] 王永明、鲍计炜:《集群供应链知识共享行为演化博弈分析》,《科技管理研究》2019 年第 4 期。

[61] 文洪星、韩青:《食品安全规制能提高生产者福利吗?——基于不同规制强度的检验》,《经济与管理研究》2018 年第 7 期。

[62] 吴海霞、陈利斯：《食品安全信息披露影响因素分析》，《西北农林科技大学学报》（社会科学版）2018 年第 4 期。

[63] 吴烨：《食品安全博弈行为与监管优化策略》，《统计与决策》2019 年第 8 期。

[64] 肖玉兰、王俊彪、杨志鹏：《经济学视角下我国铁路行业缺陷产品召回制度的保障机制研究》，《铁道经济研究》2015 年第 1 期。

[65] 谢磊：《供应物流协同供应链敏捷性、绩效关系研究》，《科研管理》2012 年第 11 期。

[66] 熊中楷：《缺陷汽车召回所需安排的最优维修店数目》，《管理工程学报》2012 年第 1 期。

[67] 徐蓓：《商业时代食品起诉召回制度的构建和完善》，《商业经济研究》2018 年第 9 期。

[68] 徐成波、王朝明：《国内外食品安全的经济学机理及研究动态——基于供应链分析的视角》，《河北经贸大学学报》2014 年第 5 期。

[69] 徐芬、陈红华：《基于食品召回成本模型的可追溯体系对食品召回成本的影响》，《中国农业大学学报》2014 第 2 期。

[70] 徐广业、蔺全录、孙金岭：《基于消费者渠道迁徙行为的双渠道供应链定价决策》，《系统工程理论方法应用》2019 年第 2 期。

[71] 徐玲玲、山丽杰等：《食品添加剂安全风险的公众感知与影响因素研究——基于江苏的实证调查》，《自然辩证法通讯》2013 年第 2 期。

[72] 杨慧、李卫成：《社会责任角度下的食品安全管理浅谈——基于博弈论》，《食品工业》2019 年第 4 期。

[73] 杨利军、李明：《分散型决策结构下供应链机制的理论探讨》，《科技管理研究》2013 年第 15 期。

[74] 杨鹏飞、肖新华：《企业低成本战略的风险蕴含与应对——基于产品召回事件》，《财经问题研究》2011 年第 11 期。

[75] 尹彦、刘红:《缺陷产品召回标准体系框架研究》,《标准科学》2015 年第 5 期。

[76] 游军、郑锦荣:《基于供应链的食品安全控制研究》,《科技与经济》2009 年第 5 期。

[77] 袁雪、孙春伟:《论我国食品安全责任保险制度的构建》,《南昌大学学报》(人文社会科学版)2016 年第 1 期。

[78] 曾小燕、周永务:《线上线下多渠道销售的酒店服务供应链契约设计研究》,《南开管理评论》2018 年第 2 期。

[79] 翟雪华、杜兴兰:《协同治理视角下食品安全治理问题研究》,《食品安全质量检测学报》2019 年第 14 期。

[80] 张锋:《信息不对称视角下我国食品安全规制的机制创新》,《兰州学刊》2018 年第 9 期。

[81] 张鹤:《我国引进食品召回制度的再思考》,《政法论丛》2015 年第 6 期。

[82] 张盼:《政府奖惩下闭环供应链中需求预测信息分享研究》,《中国管理科学》2019 年第 2 期。

[83] 张卫斌、顾振宇:《基于食品供应链管理的食品安全问题发生机理分析》,《食品工业科技》2007 年第 1 期。

[84] 张旭梅:《制造商监督下的第三方物流集配中心服务契约》,《计算机集成制造系统》2010 年第 12 期。

[85] 张音:《产品召回为何"弄巧成拙"——企业利益相关者的交互满意影响机制探究》,《经济与管理研究》2012 年第 4 期。

[86] 张吟、瞿晗屹、彭亚拉:《从沙门氏菌污染食品召回案例看美国食品召回体系》,《中国食品工业》2011 年第 12 期。

[87] 张肇中、张莹:《基于事件研究法的食品药品召回冲击及其影响因素分析》,《财经论坛》2018 年第 2 期。

[88] 赵震、张龙昌、韩汝军:《基于物联网的食品安全追溯研究》,《计

算机技术与发展》2015 年第 12 期。

[89] 郑立华、冀荣华:《农产品追溯统一编码方案设计与应用》,《农业机械学报》2019 年第 7 期。

[90] 周宝刚:《双渠道供应链结构设计与选择策略研究》,《管理评论》2019 年第 6 期。

[91] 周光辉、温勤、孙铮:《典型重大科技任务组织管理模式分析及其对中国的启示》,《中国科技论坛》2013 年第 7 期。

[92] 邹俊:《食品安全供应链的透明度和诚信风险评价体系构建》,《商业经济研究》2018 年第 4 期。

[93] 张蓓:《美国食品召回的现状、特征与机制——以 1995 ~ 2014 年 1217 例肉类和家禽产品召回事件为例》,《中国农村经济》2015 年第 11 期。

[94] 谢滨、吕春燕、侯晓朦:《从汽车安全标准反思国家标准体制的建立》,《中国软科学》2011 年第 8 期。

[95] 潘文军、王健:《食品召回概念修正与决策分析》,《东北农业大学学报》(社会科学版) 2015 年第 2 期。

[96] 费威:《辽宁省食品质量安全监管优化探析——基于食品质量安全供给网络的视角》,《大连大学学报》2012 年第 6 期。

[97] 聂文静、李太平:《食品安全风险评估模型研究综述》,《食品安全质量检测学报》2014 年第 5 期。

[98] 谢长菊:《管理信息系统设计方法与策略》,《河池师专学报》1996 年第 2 期。

[99] Baal, W., "The Data and Process Requirements for Recall Coordination", *Computers in Industry*, 2011, 62 (2).

[100] Bauman, C., Chong, A., "The Role of Brand Exposure and Experienceon a Brand Recall-product", *Article of Retailing and Consumer Services*, 2015, 23 (1).

[101] Berman, B., "Planning for the Inevitable Product Recall", *Business Horizons*, 1999, 42 (2).

[102] Bolton, G. E., Ockenfels, A., "ERC: A Theory of Equity, Reciprocity, and Competition", *American Economic Review*, 2000, 90 (2).

[103] Carlson, W., "One Bad Apple Spoils the Bunch Exploration of Broad Consumption Change in Response to Food Recall", *Food Policy*, 2014, 49 (3).

[104] David, A., "The Leaderships and the Provision of Safe Food", *American Journal Agricultural Economics*, 2001, 44 (10).

[105] Demirag, C., Chen, Y., "Channel Coordination Under Fairness Concerns and Nonlinear Demand", *European Journal of Operational Research*, 2010, 207 (3).

[106] Hallin, C., Holm, U., "Embeddedness of Innovation Receiver in Multinational Corporation: Effects on the Business Performance", *International Business Review*, 2011, 21 (3).

[107] Henn, T., "Cost-effective Hazard Control in Food Handling", *Agricultural Economics*, 2011, 81 (3).

[108] Henry, D., "Effective Use of Food Traceability in the Products Recalls Advances in Food Traceability", *Techniques*, 2016, 231 (3).

[109] Hobbs, E., "Incentive Structures for Food Safety and Quality Assurance: An International Comparison", *Food Control*, 2002, 13 (9).

[110] Hooker, N. H., Teratanavat, R. P., Salin, V., "Crisis Management Effectiveness Indicators for US Meat and Poultry Recalls", *Food Policy*, 2005, 25 (3).

[111] Hora, M., Bapuj, H., Aleda, V., "Safety Hazard and Time to Recall: The Role of Recall Strategy, Product Defect Type, and Sup-

ply Chain Players in the US Toy Industry", *Journal of Operations Management*, 2011, 29 (11).

[112] Houghton, J., "The Quality of Food Risk Management in Europe Perspective and Priorities", *Food Policy*, 2008, 33 (1).

[113] Hsu, L., Lawrence, B., "Role of Social Media and Brand Equity During Product Recall Crisis: Shareholder Value Perspective", *International Journal of Research in Marketing*, 2016, 33 (3).

[114] Jayaraman, V., "The Design of Reverse Distribution Networks: The Models and Solution Procedures", *European Journal of Operational Research*, 2003, 61 (1).

[115] Jing, C., "Status Quo of Chinese Product Logistics and Establishment of Thirdparty Logistics Mode", *Asian Agricultural*, 2011, 11 (5).

[116] Kumar, S., Budin, E. M., "Prevention and Management of Products Recalls in the Processed Food Industry: A Case Study Based on Exporter Perspective", *Technovation*, 2006, 23 (5).

[117] Kumar, S., "Reverse Logistic Process Control Measures for the Pharmaceutical Industry Supply Chain", *International Journal of Productivity and Performance Management*, 2012, 48 (2).

[118] Kumar, S., "The Knowledge Based Reliability Engineering Approach to Manage Product Safety and Recalls", *Expert Systems with Applications*, 2014, 121 (9).

[119] Lin, R., "The Economics of Food Safety", *Nutrition & Food Science*, 2008, 23 (5).

[120] Manoa, F., "Managing Product Recalls: Effects of Time, Responsible and Opportunistic Recall Managements and Blame on Consumers Attitudes", *Social and Behavioral Science*, 2012, 56 (8).

[121] Maze, A., "Quality Signals and Governance Structures with European Food Chain: A New Institutional Economies Approach", *7sth EAAE Seminar and NJF Seminar*, 2001, 58 (10).

[122] Overbosch, J., "Food Safety Assurance Systems: About Recall Systems and Disposal of Food", *Food Science*, 2014, 42 (2).

[123] Piramuthu, S., "RFID-generated Traceability for Contaminated Product Recall in Food Supply Network", *Operational Research*, 2013, 25 (3).

[124] Ritson, C., Li, W. M., "The Economics of Food Safety", *Nutrition & Food Sciences*, 1998, 33 (5).

[125] Saltini, R., Akkermman, R., "Testing Improvements in Chocolate Traceability System: Impact on Product Recalls Efficiency", *Food Control*, 2012, 24 (1).

[126] Schoder, W., "Assessing In-house Monitoring Efficiency by Tracing on Examination Rate in the Cheese Lots Recalled during the Outbreak of Listeriain Austria International", *Journal of Food Microbiology*, 2013, 67 (7).

[127] Seok, J. K., "How to Improve Government Websites on Product Recall Information", *Analysis Using Perspective Information Systems*, 2013, 44 (2).

[128] Siew, K., Mohamed, Z., "An Reverse Logistics in Malaysia: The Contingent Role of Institutional Pressure International", *Journal of Product Economics*, 2016, 74 (6).

[129] Sing, S., Hazard, M., "Inspection Policy and the Foods Safety", *American Journal of Agricultural Economics*, 2005, 87 (1).

[130] Smith, N. C., Thomas, R., "Strategic Approach to Managing the Product Recall", *Harvard Business*, 1996, 21 (9).

[131] Sohn, M., Sangsuk, H., "Global Harmonization of Food Safety Regulation from the Perspective of Korea and a Novel Fast Automatic Product Recall System", *Journal of the Science of Food & Agriculture*, 2014, 94 (10).

[132] Stave, H., "Safety As a Process: From Risk Perception to Safety Activities", *Chalmers Tekniska Hogskola*, 2005, 81 (7).

[133] Taylor, A., "Australian Foods and the Trust Survey: Demographic Indicators Associate with the Food Safety and the Quality Concerns", *Food Control*, 2012, 241 (5).

[134] Taylor, M., "Change in US Consumer Response to Food Safety Recall in The Shadow", *Food Policy*, 2016, 11 (7).

[135] Teratanavat, R. P., Hooker, N. H., "Understanding the Characteristics of US Meat and Poultry Recalls: 1994 - 2002", *Food Control*, 2004, 13 (15).

[136] Tomasini, R., Wassenhove, L. N., "A Pan-American Health Organization's Humanitarian Supply Management System: Politicization of an Humanitarian Supply Chain by Creating Accountability", *Journal of Public Procurement*, 2004, 41 (3).

[137] Varzakas, T., "The Role of Hellenic Food Safety Authority in Greece Implementation Strategies", *Food Control*, 2006, 170 (4).

[138] Wynn, M., "The Data and Process Requirements for the Recall Coordination", *Computers in Industry*, 2011, 29 (7).

[139] Xiao, J., Yang, D., "Prices and Service Competition of Supply Chains with Risk-averse Retailers Under Demand Uncertainty", *International Journal of Production Economics*, 2008, 115 (11).

[140] Yun, Y., "Reflection and Perfection of the Food Recall System in China", *Agriculture and Agricultural Science Proceed*, 2010, 48 (2).

图书在版编目(CIP)数据

中国食品召回管理模式研究 / 潘文军著. -- 北京 :
社会科学文献出版社, 2021.4
ISBN 978 - 7 - 5201 - 8227 - 0

Ⅰ. ①中… Ⅱ. ①潘… Ⅲ. ①食品 - 质量管理 - 管理
模式 - 研究 - 中国 Ⅳ. ①TS207.7

中国版本图书馆 CIP 数据核字(2021)第 064190 号

中国食品召回管理模式研究

著　　者 / 潘文军

出 版 人 / 王利民
责任编辑 / 高　雁
文稿编辑 / 胡　楠

出　　版 / 社会科学文献出版社 (010) 59367226
地址: 北京市北三环中路甲 29 号院华龙大厦　邮编: 100029
网址: www.ssap.com.cn
发　　行 / 市场营销中心 (010) 59367081　59367083
印　　装 / 三河市尚艺印装有限公司

规　　格 / 开　本: 787mm × 1092mm　1/16
印　张: 18　字　数: 241 千字
版　　次 / 2021 年 4 月第 1 版　2021 年 4 月第 1 次印刷
书　　号 / ISBN 978 - 7 - 5201 - 8227 - 0
定　　价 / 128.00 元